微分方程式と
固有関数展開

微分方程式と固有関数展開

小谷眞一・俣野 博

岩波書店

まえがき

本書は Sturm–Liouville 型と呼ばれる 2 階常微分作用素の固有値問題をテーマとしており，通常の固有関数展開の話に始まって，連続スペクトルが現れる場合の一般固有関数展開定理や固有関数の詳しい性質を解説したものである．第 1 章から第 5 章までと付録 A は小谷が，第 6 章と付録 B は俣野が執筆した．第 5 章までは主にスペクトルの構造や展開定理について述べ，第 6 章では固有関数の性質とその応用について述べた．第 6 章は独立して読める内容になっている．

Sturm–Liouville 作用素の固有値問題，固有関数展開についてはすでに多くの本が出版されている．特に近年，この問題が KdV 方程式をはじめとする‘完全可積分系’と呼ばれるクラスの非線形方程式を解くための手段として見直されているため，それを意識して書かれた本が多い．しかし可積分系への応用もさることながら，Sturm–Liouville 作用素の固有値問題は，数学の他のさまざまな分野とも歴史的に深いつながりをもっている．本書では，そうした他の問題との関連性も重視した．

著者の一人は，大学院を修了後，大学の数学教室に職を得て数学の研究を始めた時期に，M. G. Krein による Sturm–Liouville 作用素のスペクトル理論に興味をもち，関連論文を集中的に勉強した．それらの一連の論文においては，関数解析や関数論の基本的な問題が，例えばモーメント問題，正定値関数の延長の問題，多項式近似問題，直交多項式などの具体的な問題から抽象された形で出てきていて，当時，非常に強烈な印象を受け，数学の発展の仕方の一つの典型を教えられた気がした．第 5 章までの内容は，Krein もしくはその周辺の数学者，とりわけウクライナのオデッサおよびハリコフに拠点を置く関数解析研究者の研究の影響を強く受けて書いた．読者にそのエッセンスが少しでも伝われば著者の喜びとするところである．

第6章の内容は，第5章までとは趣を変え，固有関数の零点の個数や配置についての普遍的な性質を述べたものである．1980年代に入って，この一見何の変哲もない零点の性質を用いて，ある無限次元力学系の構造安定性を示したり，不変多様体の性質を調べる論文が次々と現れた．著者の一人も，1970年代終わりから，この零点の性質の重要性に注目していたが，80年代の研究の発展は，著者の予想を超えるものであった．これらの最近の研究の詳細を本書で紹介することはできないが，零点の性質はSturm–Liouville作用素の固有値問題を語る上で欠かすことのできない一章と考え，本書に付け加えることにした．

なお，Sturm–Liouville作用素の固有値問題は，関数解析の抽象論が具体的な問題の解決にどのように役立つかを見る上で，恰好の材料を提供している．本書が岡本・中村著の『関数解析』(岩波書店，2006)の内容を補完できていれば幸いである．

2006年3月

小谷眞一・俣野博

理論の概要と目標

本書はSturm–Liouville作用素の固有値問題および固有関数展開を取り扱っているが，この問題の歴史的背景および関連する分野については，第1章に整理しておいた．参考にしていただきたい．また，この問題が関数解析の応用対象として恰好の題材であることを念頭に置き，まず第2章で関数解析の基本的事項を述べ，その準備の下に本題に入ることにした．必要な関数解析の知識は大体この章を読めば足りると思う．行列の場合に成り立つ事実が，無限次元空間上の線形作用素に対してどの程度拡張されるかという点を基調にした．一般の関数解析の教科書と少し違うのは，対称作用素の自己共役拡大の問題についてかなり丁寧に述べた点である．これはモーメント問題の一意性あるいはSturm–Liouville作用素の境界の分類(Weylによる)に深く関係しているからである．しかしながら，モーメント問題とか正定値関数の拡張の問題は他の視点から見ることも可能である．例えば正値性をもった線形汎関数の拡張の問題として見ることもできる．数学では対象をつねに複数の視点から見ることが重要である．

第3章では，第2章の関数解析の一般論を利用して，Sturm–Liouville作用素の固有関数展開定理を示した．第2章で対称作用素の不足指数という概念を導入したが，Sturm–Liouville作用素の場合には不足指数が有限である．このため，与えられた対称作用素のすべての自己共役拡大を求めることが可能である．

実は，すべての自己共役拡張を求めることと，Sturm–Liouville作用素に付随する正定値関数のすべての拡張を求める問題は同値である．そして，この事実を，微分作用素を2階の差分作用素に置き換えて考えれば，差分作用素のすべての自己共役拡張を求めることと，それに付随するモーメント問題の解をすべて求めることは同値であることが分かる．この正定値関数と

Sturm–Liouville 作用素の対応は第5章で一層明確になる.

第4章では，ポテンシャルが周期的な Schrödinger 型の Sturm–Liouville 作用素のスペクトルを論じた．基本となるアイデアは，第3章の固有関数展開定理と Floquet の理論を結びつけたものである．このような方法は，ポテンシャルが概周期的な場合に Johnson–Moser により初めて用いられ非常に成功した．ここではその方法を，概周期的な場合より簡単な周期的な場合に適用した．このアプローチをとることにより，周期的な係数をもつ作用素に対する伝統的な方法と比べて，かなり理論が透明になり，同じ問題をより深い視点からとらえ直すことができる．応用として，周期的な1階微分の項(ドリフトあるいは移流項という)が加わった場合の固有関数展開を述べておいた．さらに，周期的な場合の逆スペクトル問題についても，この立場から解説しておいた.

これらの議論では，Floquet 指数が中心的な役割を果たす．この指数は周期的な場合ばかりではなく，概周期的な場合，さらにはランダムな係数の場合にも定義可能な量であり,「指数」と呼ぶと誤解を招きやすいが，その実体は，複素平面の上半で正則で実軸上に特異点をもつ関数である．Floquet 指数は，空間的平行移動に関して不変なポテンシャルをもつ Schrödinger 作用素のスペクトルを研究する上で必須のものといってよい．意欲ある読者は，第4章の議論を概周期的ポテンシャルあるいはランダムな定常過程に拡張することを考えて欲しい．このように拡張してゆくと，Floquet 指数は徐々に chaotic な様相を呈してくる．ちなみに，整数論で重要な Riemann のゼータ関数においても，その神秘的な零点の配置が，何らかの自己共役作用素のスペクトルと深く結びついていると考えられている．著者にとっては，Floquet 指数は何かしら Riemann のゼータ関数のような愛着を覚える存在である.

第5章ではスペクトル逆問題についての古典的な理論を紹介する．この問題は，1950年代以来おもに旧ソ連邦の数学者により精力的に研究されてきた．ここではその流れを3つに分類して述べた．それぞれにおいて少しずつ違う数学の問題が発生する．数学的には M. G. Krein のスペクトル逆問題が最も深い内容を孕んでいるが，紙数の関係で詳述することができなかった.

理論の完全な理解には，巻末にあげた de Branges の本を参考にしていただきたい．

第 6 章では，有限閉区間上での Sturm–Liouville 作用素の固有関数の零点の個数や配置について論じる．固有関数系の直交性や完全性などの性質は，第 2 章で述べた自己共役作用素の一般論からすぐに導かれる結果であるが，この章で取り上げる零点の性質は，Sturm–Liouville 作用素が 2 階の微分作用素であるという事実に由来する特性である．この零点の性質を利用して，進行波の安定性解析や，非線形拡散方程式が生成する無限次元力学系の構造安定性の研究が，1980 年代に著しく進んだ．ここでは紙数の関係上それらの話題に深入りせず，簡単な応用を掲げるにとどめておいた．

最後に，付録 A で Herglotz 関数について補足的な解説を加えた．また，付録 B では，第 6 章の拡張として，Sturm–Liouville 作用素の多次元版，すなわち対称な楕円型偏微分作用素の固有値問題を扱い，その固有関数の零点の性質について調べた．太鼓の膜の振動にたとえれば，付録 B の内容は，膜が固有振動するときの節の部分の幾何学的形状に関する情報を与えるものである．1 次元の場合ほど強い結果ではないが，変分原理が固有値問題の解析にいかに役立つかを示す好例のひとつである．

目　　次

1 固有関数展開の過去と現在

固有値および固有関数は現代数学の中で欠くべからざる地位をしめているが，その形式的な議論を展開する前に具体例にふれながら歴史的発展をたどることが，問題のより深い理解のために重要と思う．それと同時に，固有値問題の近年の話題についても述べる．

§1.1 固有値問題の歴史

(a) 行列の固有値

まず連立1次方程式の解法に関連して17世紀に行列式が考え出された．関孝和も1683年に行列式に相当するものを論じている．そして19世紀になりCauchy, Jacobiにより現在の形に整理された．

一方，変換としての行列が登場するのは19世紀中葉からである．この概念は主にイギリスで発展してSylvester, Hamilton, Cayleyが貢献した．彼らの研究の動機は幾何学や連立1次方程式である．しかし近代的な線形代数の確立に対して決定的な役割を果したのはGrassmannである．彼は幾何学を位置の間の関係の解析として論ずべきであるとするLeibnizの発想の実現をめざし，ベクトルの間の内積，外積を定義した．これにより幾何学の代数化と線形代数の主要な部分が完成した．

固有値に相当するものが最初に現われたのは18世紀の初めである．D.

Bernoulli, d'Alembert, Euler らは糸に固定された n 個の質点の微小振動を表わす方程式

$$y_i''(t) = \sum_{j=1}^{n} a_{ij} y_j(t) \quad (a_{ij} = a_{ji})$$

を考え，これを解く過程で固有値に相当するものを得ている．一方 Euler は 2 次曲面

$$\sum_{1 \leqq i, j \leqq n} a_{ij} x_i x_j = b$$

を座標変換により

$$\sum_{i=1}^{n} \lambda_i x_i^2 = b$$

に直すことを目的とする，いわゆる主軸問題を提案した．このようにして，対称行列の固有値問題が登場したのであるが，固有値が実数になり，対称行列が直交行列により対角化できることを初めて示したのは Cauchy であった．これを $A = (a_{ij})$ が $n \times n$ **Hermite 行列**$(a_{ij} = \overline{a_{ji}})$の場合に述べておく．$n$ 次元複素ベクトル空間 $\mathbb{C}^n$ での内積を

$$(u, v) = \sum_{i=1}^{n} u_i \overline{v_i},$$
$$u = (u_1, u_2, \cdots, u_n), \quad v = (v_1, v_2, \cdots, v_n) \in \mathbb{C}^n$$

で定義する．$\lambda_1, \lambda_2, \cdots, \lambda_m$ を A の異なるすべての**固有値**(eigenvalue)とする．$\lambda_i \in \mathbb{R}$ $(1 \leqq i \leqq m)$ となるが λ_i の**固有空間**を W_i とする．つまり

$$W_i = \{u \in \mathbb{C}^n;\ Au = \lambda_i u\}$$

である．$\{W_i\}_{i=1}^{m}$ は互いに直交し $\mathbb{C}^n$ を張ることが分かる．W_i への直交射影を P_i とすると A は次のように表現できる．

$$A = \sum_{i=1}^{m} \lambda_i P_i . \tag{1.1}$$

これが Hermite 行列の**ユニタリー行列**による対角化の作用素論的言い換えである．

一方，一般の行列に対しては Grassmann が不変部分空間の考え方を発

案し，1870 年に Jordan が **Jordan の標準形**を示した．これを説明しよう．$n\times n$ 行列 A の固有多項式(特性多項式)を $p(\lambda)=\det(\lambda I-A)$，$A$ の最小多項式を $q(\lambda)$ とする．q は p の約数である．p の根全体を $\{\lambda_1,\lambda_2,\cdots,\lambda_m\}$ とする．今度は $\lambda_i\in\mathbb{C}$ である．λ_i は q の根にもなるがその多重度を k_i とする．A の固有値 λ_i に対する**広義固有空間** $\widetilde{W}_i$ を

$$\widetilde{W}_i=\{u\in\mathbb{C}^n;\ (A-\lambda_i I)^{k_i}u=0\}$$

で定義する．$\mathbb{C}^n$ は $\{\widetilde{W}_i\}_{i=1}^m$ の直和(必ずしも直交はしていない)となり，$\widetilde{W}_i$ への射影を $\widetilde{P}_i$ とすると

$$A=\sum_{i=1}^m(\lambda_i\widetilde{P}_i+N_i\widetilde{P}_i)\quad(1\leqq i\leqq m) \tag{1.2}$$

である．ここで N_i は $\widetilde{W}_i$ 上の k_i 次のベキ零作用素である．N_i の単純形を求めれば A の Jordan 標準形が得られる．$\widetilde{W}_i$ の次元は固有多項式 p の根 λ_i の多重度に等しい．

A のレゾルベント(resolvent) $(A-\lambda I)^{-1}$ は(1.2)より次のように書ける．$\lambda\neq\lambda_i$ $(1\leqq i\leqq m)$ とすると

(1.3)

$$(A-\lambda I)^{-1}=-\sum_{i=1}^m\{(\lambda-\lambda_i)^{-1}\widetilde{P}_i+(\lambda-\lambda_i)^{-2}N_i\widetilde{P}_i+\cdots+(\lambda-\lambda_i)^{-k_i}N_i^{k_i-1}\widetilde{P}_i\}$$

となる．つまり λ_i は $(A-\lambda I)^{-1}$ の k_i 次の極である．

(1.1), (1.2)を A の**固有関数展開**(eigenfunction expansion)という．

Hermite 行列の対角化，一般の行列の Jordan 標準形についてはシリーズ『現代数学への入門』の砂田利一著「行列と行列式」(岩波書店，2003)を参考にしていただきたい．

(b)　積分方程式と Fredholm の定理

無限の連立 1 次方程式は 19 世紀の前半に Fourier 級数の係数を求める問題等に自然に登場していた．Fourier はまず有限系の場合に Cramer の公式で解き，次に系を無限に極限移行することにより無限系の解を求めようとしている．さらに Poincaré, von Koch らはこれに関連して無限行列式を導入した．

しかし最初に無限線形系に対して正確な議論をしたのは Fredholm(1903)であった.

C. Neumann は Dirichlet, Neumann 問題を境界上の積分方程式に帰着した. これを2次元の滑らかな境界 ∂D をもつ有界領域 D 内の Dirichlet 問題で説明しよう.

D 上の Dirichlet 問題とは, ∂D 上の連続関数 f に対して

$$\begin{cases} \Delta u = \left(\dfrac{\partial^2}{\partial x^2}+\dfrac{\partial^2}{\partial y^2}\right)u = 0, & (x,y)\in D \\ u|_{\partial D} = f \end{cases}$$

をみたす解を見つけることである. ∂D 上の点をパラメータ $t\in[a,b]$ を使い $p(t)$ で表わし, 点 $p(t)$ での内向き法線ベクトルを n_t とする. $\mu(t)$ を $\mu(a)=\mu(b)$ をみたす連続関数とし Dirichlet 問題の解 $u(p)$ を

$$u(p) = -\int_a^b \mu(t)\frac{\partial}{\partial n_t}\log|p-p(t)|dt$$

の形で求める. u の内部からの極限と外部からの極限は等しくなく, その差は $2\pi\mu(t)$ である. さらに ∂D での法線方向の微分は内向きと外向きで等しい. このことより, μ は次の積分方程式をみたす.

$$g(s) = \mu(s)+\int_a^b K(s,t)\mu(t)dt. \tag{1.4}$$

ここで

$$g(s) = \frac{1}{\pi}\lim_{\substack{p\to p(s)\\ p\in D}} u(p) = \frac{f(s)}{\pi}, \quad K(s,t) = -\frac{1}{\pi}\frac{\partial}{\partial n_t}\log|p(t)-p(s)|$$

である. パラメータ t を ∂D 上の固定点よりの距離とし, $p(t)=(x(t),y(t))$ とすると

$$K(s,t) = \frac{(y(s)-y(t))x'(t)-(x(s)-x(t))y'(t)}{(x(s)-x(t))^2+(y(s)-y(t))^2}$$

であるので, 境界 ∂D が2回連続的に微分可能ならば $K(s,t)$ は連続になり, とくに $K(t,t)$ は $p(t)$ での ∂D の曲率になる. このようにして Dirichlet 問題は積分方程式(1.4)に帰着される.

Fredholm は, (1.4)の近似として

$$f_i + \lambda h \sum_{j=1}^{n} K_{ij} f_j = g_i \tag{1.5}$$

を考えた．ここで $\lambda \in \mathbb{C}$ は補助的なパラメータであり，

$$f_i = f(\xi_i), \quad g_i = g(\xi_i), \quad K_{ij} = K(\xi_i, \xi_j),$$
$$h = (b-a)/n, \quad \xi_i = a + ih$$

である．(1.5)は有限線形系なので Cramer の公式で解ける．行列 $(\delta_{ij} + \lambda h K_{ij})$ の行列式を $\delta_n(\lambda)$，余因子を $\delta_n(\lambda; i, j)$ とすると

$$f_i = g_i + \frac{1}{\delta_n(\lambda)} \sum_{j=1}^{n} (\delta_n(\lambda;\, j, i) - \delta_n(\lambda)\delta_{ij}) g_j \tag{1.6}$$

となる．ここで $n \to \infty$ とすると

$$\delta_n(\lambda) \to \delta(\lambda), \quad h^{-1}(\delta_n(\lambda;\, j, i) - \delta_n(\lambda)\delta_{ij}) \to -\lambda\delta(\lambda;\, s, t)$$

となることが分かる．ただし

$$K\begin{pmatrix} s_1, s_2, \cdots, s_k \\ t_1, t_2, \cdots, t_k \end{pmatrix} = \det(K(s_i, t_j))$$

とおけば

$$\delta(\lambda) = 1 + \sum_{n=1}^{\infty} \frac{\lambda^n}{n!} \int_a^b \cdots \int_a^b K\begin{pmatrix} t_1, t_2, \cdots, t_n \\ t_1, t_2, \cdots, t_n \end{pmatrix} dt_1 \cdots dt_n,$$

$$\delta(\lambda;\, s, t) = K(s, t) + \sum_{n=1}^{\infty} \frac{\lambda^n}{n!} \int_a^b \cdots \int_a^b K\begin{pmatrix} s, t_1, \cdots, t_n \\ t, t_1, \cdots, t_n \end{pmatrix} dt_1 \cdots dt_n$$

である．したがって(1.6)より

$$f(s) = g(s) - \frac{\lambda}{\delta(\lambda)} \int_a^b \delta(\lambda;\, s, t) g(t) dt \tag{1.7}$$

が分かる．

$\delta(\lambda)$ は λ の整関数となるが **Fredholm 行列式**とよばれている．$\delta(\lambda) = 0$ の場合はもう少し計算する必要があるが，結論的には次の定理を得る．

「積分方程式

$$g(s) = f(s) + \lambda \int_a^b K(s, t) f(t) dt$$

がすべての連続関数 g に対して唯一つの解 f をもつための条件は，$g=0$ の

ときの解が $f=0$ のみになることである．これは $\delta(\lambda)\neq 0$ と同値である．」

この定理は第2章で **Fredholm の交代定理**として一般化される．

(c)　Hilbert による線形代数の無限次元化

Fredholm の仕事が出て後，Hilbert は Fredholm の理論を数列空間 $l^2(\mathbb{N})$ で見直すことを考えた．そしてこれは 1904 年から 1910 年の間に 6 篇の報告集として発表された．

$K(s,t)$ を $[a,b]\times[a,b]$ 上の実連続関数とする．$\{\varphi_n(s)\}_{n=1}^{\infty}$ を $L^2([a,b])$ 上の実連続関数の完全正規直交系とする．このとき積分方程式(1.4)は

$$x_n+\sum_{m=1}^{\infty}k_{n,m}x_m=y_n \tag{1.8}$$

$$x_n=\int_a^b f(s)\varphi_n(s)ds,\quad y_n=\int_a^b g(s)\varphi_n(s)ds,$$

$$k_{n,m}=\int_a^b\int_a^b K(s,t)\varphi_n(s)\varphi_m(t)dsdt$$

に帰着される．そこで Hilbert は方程式(1.8)を空間 $l^2(\mathbb{N})$ で考察した．彼はまず双線形形式 $\sum k_{n,m}x_ny_m$ が有界であることを，ある $M<\infty$ が存在し任意の $\sum x_n^2\leqq 1$, $\sum y_n^2\leqq 1$ に対して

$$\left|\sum_{1\leqq n,m\leqq N}k_{n,m}x_ny_m\right|\leqq M\quad (N=1,2,\cdots)$$

をみたすこととして定義している．

注意 1.1　Hellinger–Toeplitz(1910)は各 $x=(x_1,x_2,\cdots)$, $y=(y_1,y_2,\cdots)\in l^2(\mathbb{N})$ に対して極限

$$\lim_{N\to\infty}\sum_{1\leqq n,m\leqq N}k_{n,m}x_ny_m$$

が有限で存在すればこれは有界な双線形形式であることを示している．これは Banach 空間での基礎定理である共鳴定理や閉グラフ定理の原型である．

さらに Hilbert は，$l^2(\mathbb{N})$ で強収束，弱収束を定義し，有界双線形形式 $K(x,y)=\sum k_{n,m}x_ny_m$ が弱収束列を強収束列に写すとき完全連続とよんだ．

そして $\sum k_{n,m}^2 < \infty$ ならば $K(x,y)$ は完全連続になることを注意している．そして彼は，対称($k_{n,m}=k_{m,n}$)な完全連続双線形形式に対して

$$「\qquad x_n + \sum_{m=1}^{\infty} k_{n,m} x_m = y_n, \quad n \in \mathbb{N}$$

が $y=(y_1, y_2, \cdots) \in l^2(\mathbb{N})$ に対して唯一つの解 $x=(x_1, x_2, \cdots) \in l^2(\mathbb{N})$ をもつための必要十分条件は方程式

$$x_n + \sum_{m=1}^{\infty} k_{n,m} x_m = 0$$

の解で $l^2(\mathbb{N})$ に属するものは $x=0$ に限ることである．」
を示し，対称の場合ではあるが Fredholm の定理を一般化している．

また $K(x,y)$ が同じ条件をみたすとき二次形式 $K(x,x)$ は実数値の固有値 $\{\lambda_n\}_{n=1}^{\infty}$ と固有ベクトル $e_n \in l^2(\mathbb{N})$ をもち，$K(x,x)$ に関して $l^2(\mathbb{N})$ 上で主軸問題が解けること，つまり

$$K(x,x) = \sum_{n=1}^{\infty} \lambda_n (x_n')^2, \quad x_n' = (x, e_n)$$

となることを示している．さらに一般の対称有界双線形形式に対しても主軸変換を考察している．

これらの結果は以後の関数解析の方向を決定づけるものであったが，まだ $l^2(\mathbb{N})$ と $L^2([a,b])$ の同等性，$l^2(\mathbb{N})$ の完備性等は意識されていなかった．L^p 空間の完備性，抽象的な Banach 空間およびその上の基礎定理は Schmidt, Fréchet, F. Riesz, Fischer, Banach, Helly, Hahn らにより完成されていった．そしてこれらの理論を可能にしたのは Lebesgue による Lebesgue 積分の理論であった(1902 年)．

(d)　von Neumann–Stone による一般化

l^p や L^p は Banach により Banach 空間として抽象化された(1922 年)．l^2 や L^2 も当初 Banach 空間として理解されていたが，これらが Hilbert 空間として抽象化されるための最後の一撃を与えたのは 20 世紀初頭から発展してきた量子力学であった．1926 年からゲッチンゲン大学に留学していた

von Neumann は，Hilbert や Weyl の影響の下で量子力学の数学的基礎付けに興味をもち，まず l^2, L^2 を抽象化して Hilbert 空間を定義し，その上の線形作用素を論じた(1927 年)．この論文を Stone は知ったが，1929 年 von Neumann と Stone は独立に，非有界な自己共役作用素の定義とそれのスペクトル分解定理を得た．つまり A を自己共役作用素とすると，単位の分解という直交射影族 $\{E(d\xi)\}$ により A は

$$A = \int_{\mathbb{R}} \xi E(d\xi)$$

と表現できるという定理である．これは Hermite 行列の場合の(1.1)の一般化であるが詳細は第 2 章で述べる．

以上が対称行列の対角化から端を発した問題の発展の概略である．その後量子力学の具体的な作用素に対してスペクトル分解が研究されてきたが，わが国の加藤敏夫を中心とするグループの寄与も大きい．

一方 von Neumann は Hilbert 空間上の有界作用素の族のなす代数的構造についても研究したが，これは今日作用素環の理論として結実している．

§1.2　振動と固有値

前節で述べたように人類が最初に固有値を考えた動機の一つは質点系の微小振動の問題であった．この節ではさらに具体的に振動の問題を解説する．

まず弦の振動を考える．弦の両端を固定して平面内で振動させる．弦の座標を (x, y) とする．$0 \leqq x \leqq 1$ で y は時間 t と x の関数である．

この弦の $[0, x]$ 間の質量を $m(x)$ とする．m は単調非減少関数である．この弦の運動エネルギー K は

$$K = \frac{1}{2}\int_0^1 \left(\frac{\partial y}{\partial t}(t, x)\right)^2 dm(x)$$

である．また張力に対するポテンシャルエネルギー U は点 x での弾性率を $p(x)$ とすると

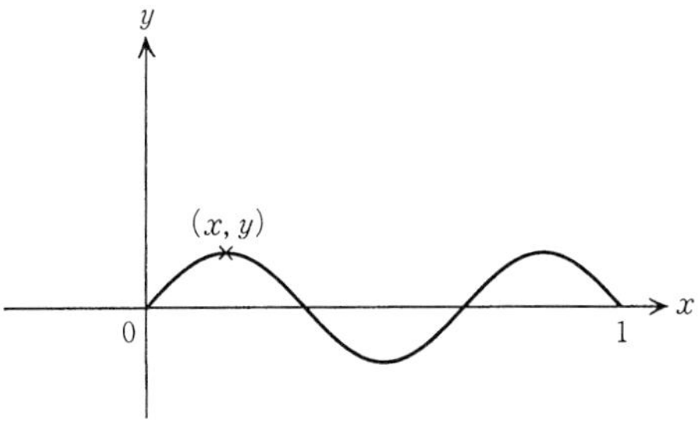

図 1.1

$$U=\int_0^1\left(\sqrt{1+\left(\frac{\partial y}{\partial x}(t,x)\right)^2}-1\right)p(x)dx \quad (p(x)>0)$$

となる．いま弦楽器の弦のような微小な振動のみを考えるとすると U は

$$\frac{1}{2}\int_0^1\left(\frac{\partial y}{\partial x}(t,x)\right)^2 p(x)dx$$

で近似できる．Lagrange によると，弦の運動は $y(t,0)=y(t,1)=0$ をみたす関数族の中で $K-U$ を最小にする y として決定できる．これを変分で計算すると y のみたす方程式は

$$\frac{\partial^2 y}{\partial t^2}=\frac{\partial}{\partial m(x)}\left(p(x)\frac{\partial y}{\partial x}\right) \tag{1.9}$$

となる．これが微小振動の方程式であり，**波動方程式**とよばれている．D. Bernoulli は，この解は固有振動の重ね合せで表わせると述べた．この理念は次のように実現される．

$$\frac{\partial}{\partial m(x)}\left(p(x)\frac{\partial y}{\partial x}(x)\right)=-\lambda y(x), \quad y(0)=y(1)=0 \tag{1.10}$$

をみたす λ は固有値というある正の離散的な値 $\{\lambda_n\}_{n=1}^{\infty}$ のみ許され，各 λ_n に対して解 $\{\varphi_n(x)\}_{n=1}^{\infty}$ が定数倍を除いて唯一つ決まる．$\int_0^1\varphi_n(x)^2dm(x)=1$ を正規化しておく．このとき(1.9)の解で $y(0,x)=f(x)$, $\frac{\partial y}{\partial t}(0,x)=g(x)$ をみたすものは

$$y(t,x)=\sum_{n=1}^{\infty}\left(f_n\cos\sqrt{\lambda_n}\,t+g_n\frac{\sin\sqrt{\lambda_n}\,t}{\sqrt{\lambda_n}}\right)\varphi_n(x)$$

となる．ここで $f_n=\int_0^1 f(x)\varphi_n(x)dm(x)$，$g_n=\int_0^1 g(x)\varphi_n(x)dm(x)$ である．$\sqrt{\lambda_n}$ が n 番目の固有振動数，φ_n が n 番目の固有振動の弦の形を表わしている．

固有値問題(1.10)は Sturm と Liouville(1836)によりその基本的部分が完成された．彼らは

（1）　各固有値は単純で実数であること

（2）　異なる固有値に対する固有関数は直交すること

（3）　n 番目の固有関数は $n-1$ 個の零点をもつこと

（4）　滑らかで境界条件をみたす関数は固有関数の線形結合で近似できること

（5）　この近似の係数と L^2–ノルムの間に Parseval の等式が成立すること

等を示した．この理論は本書の主題の1つである．

同様にして，膜の振動は次の偏微分方程式の固有値問題になる．

$$(1.11)\quad \begin{cases}\dfrac{\partial}{\partial x}\left(p(x,y)\dfrac{\partial u}{\partial x}\right)+\dfrac{\partial}{\partial y}\left(p(x,y)\dfrac{\partial u}{\partial y}\right)=-\lambda\rho(x,y)u \\ u|_{\partial D}=0\end{cases}$$

ただし膜 D の質量分布を $\rho(x,y)dxdy$，弾性率を p とする．この場合の理論的発展の速度は(1次元と比べて)遅く，Green, Schwarz, Poincaré, Hilbert らにより完成されたが19世紀後半のすべてが必要であった．

この過程で直接的に固有値を発見する変分法が考察された．Hermite 行列の場合には表現(1.1)より最小固有値 λ_1 は

$$(1.12)\qquad \lambda_1=\inf_{u\neq 0}\frac{(Au,u)}{(u,u)}$$

と表現できる．これを **Rayleigh の原理**という．これに類似のことが固有値問題(1.11)でも成立する．この場合には $u|_{\partial D}=0$ ならば

$$-\int_D\left\{u\frac{\partial}{\partial x}\left(p\frac{\partial u}{\partial x}\right)+u\frac{\partial}{\partial y}\left(p\frac{\partial u}{\partial y}\right)\right\}dxdy=\int_D p\left\{\left(\frac{\partial u}{\partial x}\right)^2+\left(\frac{\partial u}{\partial y}\right)^2\right\}dxdy$$

となることに注意すれば

$$\lambda_1 = \inf \int_D p\left\{\left(\frac{\partial u}{\partial x}\right)^2 + \left(\frac{\partial u}{\partial y}\right)^2\right\}dxdy \bigg/ \int_D u^2 dxdy$$

が分かる．n 番目の固有値についても同様の表示が成立しミニマックス原理といわれる．詳細は第2章で述べる．

§1.3　熱方程式と固有値問題

一様でない1次元媒質中の**熱方程式**は

$$\frac{\partial u}{\partial t} = \frac{\partial^2 u}{\partial m(x)\partial x} \tag{1.13}$$

である．この方程式は Fourier, Poisson らにより考察され，その過程で，Fourier 級数の考え方が現われたことは有名である．$u(t,x)$ は時刻 t 点 x での熱量の分布を表わしている．(1.13)の境界条件として $u(t,0)=u(t,1)=0$ とする．これは両端を0度に固定することを意味する．このとき(1.13)の解 $u(t,x)$ は初期条件 $u(0,x)=f(x)$ の下で

$$u(t,x) = \sum_{n=1}^{\infty} e^{-\lambda_n t} f_n \varphi_n(x) \tag{1.14}$$

となる．

この(1.13)は微粒子の拡散を表わす**拡散方程式**でもある．このことより方程式(1.13)は代表的な確率過程である**拡散過程**と密接に関係している．つまり $p(t,x,y)$ を(1.13)の基本解とすると，$p(t,x,y)dm(y)$ は x から出発した拡散粒子が時刻 t で dy に到達する確率を表わしているが，(1.14)より

$$p(t,x,y) = \sum_{n=1}^{\infty} e^{-\lambda_n t} \varphi_n(x)\varphi_n(y) \tag{1.15}$$

となる．固有値問題(1.10)を Neumann 境界条件($y'(0)=y'(1)=0$)で考えると最小固有値 $\lambda_1=0$，その固有関数 $\varphi_1(x)=1$ ($\int_0^1 dm(y)=1$ とする) となる．したがって $t\to\infty$ で

$$p(t,x,y)dm(y) \to dm(y),$$

$$p(t,x,y)dm(y)-dm(y)\sim e^{-\lambda_2 t}\varphi_2(x)\varphi_2(y)dm(y)$$

が分かる．したがって確率測度 $dm(y)$ はこの拡散過程の極限分布(平衡分布)を表わし，λ_2 は極限状態への収束の速さを支配している．このように固有値，あるいは一般にスペクトルは熱方程式，拡散方程式の $t\to\infty$ での極限状態を分析する際重要な役割をする．

1次元の拡散過程の遷移確率 $p(t,x,dy)$ は，ある非減少関数 $m(x)$ と単調増大連続関数 $s(x)$ に関係した拡散方程式

$$\frac{\partial p}{\partial t}=\frac{\partial^2 p}{\partial m(x)\partial s(x)}$$

の適当な境界条件の下での基本解 $p(t,x,y)$ により $p(t,x,dy)=p(t,x,y)dm(y)$ となることが分かっている(Feller, 1955)．

多次元の熱方程式，拡散方程式は一般には対称(自己共役)にはならないが，対称になる場合にはスペクトル分解は Dirichlet 形式の理論で本質的である．

§1.4　量子力学と固有値問題

原子レベルのミクロの世界を対象にした力学が量子力学であり20世紀前半に物理学の巨人達により完成された．量子力学は古典力学(Newton 力学)とは非常に異なっていて次の公理から構成されている．

(1)　考察の対象とする系(閉じた)の状態はある Hilbert 空間 $\boldsymbol{H}$ の元(ベクトル)で記述される．

(2)　量子力学的粒子の物理量(位置，エネルギー，運動量等)は $\boldsymbol{H}$ 上の自己共役作用素に対応している．

(3)　いま系の状態が ϕ にあるとき，物理量 A を観測すればその観測値は A の固有値のいずれか(λ_n)になり，λ_n になる確率は $|(\phi,\phi_n)|^2$ に比例する．ただし ϕ_n は λ_n に対応する固有ベクトルである．

(4)　ある物理量 A を観測して固有値 λ_n が現われると，以後の系の状態はその固有ベクトルに変わる．

(5)　ハミルトニアンという $\boldsymbol{H}$ 上の自己共役作用素 H が存在し，この系

の時間発展は方程式(**Schrödinger 方程式**)

$$\frac{h}{2\pi i}\frac{\partial\phi}{\partial t} = -H\phi \quad (h \text{ は Planck の定数})$$

により記述される.

これを1粒子の場合に説明しよう. このとき $\boldsymbol{H} = L^2(\mathbb{R}^3)$ で, ハミルトニアンは

$$H = \frac{1}{2m}\left\{\left(\frac{h}{2\pi i}\frac{\partial}{\partial x}\right)^2 + \left(\frac{h}{2\pi i}\frac{\partial}{\partial y}\right)^2 + \left(\frac{h}{2\pi i}\frac{\partial}{\partial z}\right)^2\right\} + V(x,y,z)$$

となる. ここで m は粒子の質量, V はポテンシャルエネルギーを表わす実関数(掛け算作用素)である(このように古典力学のハミルトニアンから量子力学のハミルトニアンを構成する作業を量子化という). 水素原子の場合には原子核のまわりに1個の電子が存在する系である. このとき, $V = -e^2/r$ ($r = \sqrt{x^2+y^2+z^2}$) であるので, 量子力学の公理(3)により観測されるエネルギー E は固有値問題 $H\phi = E\phi$ を解くことにより決まる. その結果は負のエネルギー領域では固有値が現われ

$$E_n = -\frac{2\pi^2 me^4}{h^2} \times \frac{1}{n^2} \quad (n = 1, 2, \cdots)$$

となることが分かる. この水素原子の電子が何らかの外部的影響によりエネルギー準位 E_n から E_m へ遷移すると $E_m - E_n$ のエネルギーが放出(吸収)される. この結果は水素原子のスペクトルとして観測されるが, 量子力学による理論的計算と完全に一致している.

このように量子力学は数学的には Hilbert 空間上の自己共役作用素の理論である.

§1.5 Riemann 幾何と固有値問題

本書では主に常微分作用素の固有値問題について論じるが, 偏微分作用素の場合にも関連する代表的な問題について解説しておく.

1910 年物理学者の Lorentz はゲッチンゲン大学で "Old and new problems

of physics" という題で連続講演を行なったが，その中で，完全に反射する容器の中に閉じ込められた電磁波の周波数分布は，非常に高周波の領域では容器の体積にしか関係しないという物理学者の予想を述べた．これを聴いたWeylは，早速その証明を試み次の結果を得た．D を $\mathbb{R}^2$ の滑らかな境界をもつ有界な領域とし，その上で以下の固有値問題を考える．

$$(1.16)\qquad \begin{cases} \left(\dfrac{\partial^2}{\partial x^2}+\dfrac{\partial^2}{\partial y^2}\right)u=-\lambda u, & (x,y)\in D \\ u|_{\partial D}=0 \end{cases}$$

$\{\lambda_n\}_{n=1}^{\infty}$ をこの問題の固有値全体とし，$N(\lambda)=\#\{n\geqq 1;\ \lambda_n\leqq\lambda\}$ とおく．

Weylは

$$(1.17)\qquad \frac{N(\lambda)}{\lambda}\to\frac{|D|}{2\pi}\quad (|D|\text{ は }D\text{ の面積})$$

となることをHilbertの開発した積分方程式論により示した．その後Carlemanは，(1.16)を§1.1の(b)のように境界 ∂D 上の積分方程式の問題に帰着させそのGreen関数の漸近的挙動を調べることにより(1.17)を示した．

この方法はPleijelによりさらに発展させられ，次のような漸近展開が得られた．

$$(1.18)\qquad \lambda\sum_{n=1}^{\infty}\frac{1}{\lambda_n(\lambda_n+\lambda)}=\frac{|D|}{4\pi}\log\lambda+C+\sum_{i=1}^{k}a_i\lambda^{-i/2}+F(\lambda).$$

ここで C, $\{a_i\}_{i=1}^{\infty}$ は定数で，F は $F(\lambda)=O(\lambda^{-(k+1)/2})$ $(\lambda\to+\infty)$ をみたす．そして

$$(1.19)\qquad a_1=\frac{|\partial D|}{8},\quad a_2=-\frac{1}{6},\quad a_3=\frac{1}{512}\int_{\partial D}c(s)^2ds$$

を示している．$c(s)$ は ∂D の曲率である．

1966年Kacは，固有値問題(1.16)を次のように言いかえた．

「固有値 $\{\lambda_n\}_{n=1}^{\infty}$ から領域 D の幾何学的な情報がどのくらい分かるか．」

彼はこれを非常に印象的な言葉 "Can one hear the shape of a drum?" で表現した．そしてMinakshisundaram–Pleijelが使った熱方程式の方法をBrown運動に焼き直し，直感的に分かりやすい方法で

$$\sum_{n=1}^{\infty} e^{-\lambda_n t} = \frac{|D|}{4\pi t} - \frac{|\partial D|}{8\sqrt{\pi t}} + o(t^{-1/2}) \quad (t \downarrow 0)$$

を示した．そして D の中に穴が r 個あるならば

$$(1.20) \qquad \sum_{n=1}^{\infty} e^{-\lambda_n t} = \frac{|D|}{4\pi t} - \frac{|\partial D|}{8\sqrt{\pi t}} + \frac{1-r}{3} + o(1) \quad (t \downarrow 0)$$

となることを D および穴が多角形の場合に示した．これは(1.19)と符合する($r=0$)．

一方 Kac より以前(1948 年)に Minakshisundaram–Pleijel は，コンパクトな d 次元 Riemann 多様体 M 上の Laplace 作用素の固有値 $\{\lambda_n\}_{n=1}^{\infty}$ に対して

$$(1.21) \qquad \sum_{n=1}^{\infty} e^{-\lambda_n t} = (4\pi t)^{-d/2}\left(\sum_{i=0}^{k} b_i t^i + O(t^{k+1})\right) \quad (t \downarrow 0)$$

となることを示し，$b_0=1$ を注意しているが，b_1 も注意深く計算をみると $b_1=\kappa/6$ が分かる．ただし κ は M の全曲率である．$d=2$ のときは Gauss–Bonnet の定理により $\kappa=8\pi(1-r)$ が分かるので $b_1=4\pi(1-r)/3$ となり，(1.20)の第 3 項と一致する．(1.20)の $\sqrt{t}$ の項は境界の影響である．

このようにして，$\{\lambda_n\}_{n=1}^{\infty}$ を知ることにより D の面積，∂D の長さ，D の穴の数が分かり，これが Kac の問に対する部分的な解答を与えている．しかしながら，固有値の情報だけから領域を完全に決定することは一般に望めない．というのも，相異なる 2 つの領域 D_1, D_2 が，まったく同じ固有値をもつことが起こり得るからである．これについてはシリーズ『現代数学への入門』の俣野・神保著「熱・波動と微分方程式」(岩波書店，2004)の p. 170 を参照していただきたい．

このように固有値 $\{\lambda_n\}_{n=1}^{\infty}$ と考えている図形の幾何学的性質の間には，完全な 1 対 1 対応でないにしても密接な関係がある．ここで最小固有値 λ_1 と等周不等式の関係について少し触れておく．

平面 $\mathbb{R}^2$ 上の図形 Ω が与えられたとき次の不等式はよく知られている．

$$(1.22) \qquad |\partial\Omega|^2 \leqq 4\pi|\Omega|.$$

そして(1.22)で等号が成立するのは Ω が円 D の場合のみである(高橋陽一郎著『実関数と Fourier 解析』(岩波書店，2006)の p. 85 参照)．この(1.22)よ

り次の事実が分かる．Ω を $\mathbb{R}^2$ 上の滑らかな境界をもつ有界領域とすると

$$|\Omega| = |D| \implies |\partial\Omega| \geqq |\partial D| \tag{1.23}$$

となる．$\mathbb{R}^2$ を一般の2次元 Riemann 多様体 M におきかえて(1.23)が成立するとき(ただし D は $\mathbb{R}^2$ の円とする.) M は**幾何学的等周不等式**をみたすという．領域 Ω での Dirichlet 問題の最小固有値を $\lambda_1(\Omega)$ とすると Faber–Krahn は，もし M が幾何学的等周不等式をみたすなら $\lambda_1(\Omega) \geqq \lambda_1(D)$ がつねに成立し，等号は Ω が D に等距離同相であるときに限ることを示した．この λ_1 の不等式を**物理的等周不等式**という．ちなみに物理的等周不等式は Rayleigh により予想されていた.

以上述べたように Laplace 作用素の固有値問題は，微分方程式，確率論，微分幾何，物理等に関係していて現在も進展中のホットな分野である.

《要約》

1.1　固有値問題は物理の振動，熱伝導等の問題から生じたが，それを数学的に定式化し，解くことが現在の解析学の発展の一つの原動力となった.

1.2　固有値問題は現在では量子力学，微分幾何等と関連して研究されている．第4, 5章で解説する等スペクトル問題，スペクトル逆問題は固有値問題の延長線上にある新しい問題である.

2 作用素のスペクトル

この章では Hilbert 空間上の線形作用素のスペクトルの一般論とその応用について述べる．行列の場合と異なり，無限次元 Hilbert 空間上ではコンパクト作用素と自己共役作用素についてのみそのスペクトルについて一般的に論じることが可能である．

この章の対称性を除いた多くのことは Banach 空間でもそのまま成立する．これについては岡本・中村著『関数解析』を参照してほしい．

§2.1 Hilbert 空間

(a) 直交性，Riesz の定理

まず Hilbert 空間の前段階である pre-Hilbert 空間を考える．

$\boldsymbol{H}_0$ を $\mathbb{C}$ 上の線形空間とする．$\boldsymbol{H}_0\times\boldsymbol{H}_0\to\mathbb{C}$ への写像 $(\ ,\ )$ が次の性質をみたすとき**広義内積**(inner product in the wider sense)という．

(H.1)　$(f,f)\geqq 0,\quad f\in\boldsymbol{H}_0$.

(H.2)　$(f,g)=\overline{(g,f)}$.

(H.3)　$(\alpha_1 f_1+\alpha_2 f_2,g)=\alpha_1(f_1,g)+\alpha_2(f_2,g),\quad \alpha_1,\alpha_2\in\mathbb{C}$.

$\boldsymbol{H}_0$ 上の広義内積 $(\ ,\ )$ がさらに非退化の条件「$(f,f)=0\Longrightarrow f=0$」をみたすとき単に**内積**(inner product)という．広義内積をもった線形空間を **pre-Hilbert 空間**という．

例 2.1　$\boldsymbol{H}_0 = C([a,b])$ ($=[a,b]$ 上の $\mathbb{C}$-値連続関数全体) とし，$f, g \in \boldsymbol{H}_0$ に対して

$$(f,g) = \int_a^b f(x)\overline{g(x)}dx$$

とおくと，(,) は $\boldsymbol{H}_0$ 上の内積である．□

例 2.2　実数列 $\{a_n\}_{n=0}^{\infty}$ が複素数列 $\{c_n\}$ に対してつねに

$$\sum_{n,m \geqq 0} a_{n+m} c_n \overline{c_m} \geqq 0$$

をみたすとき $\{a_n\}_{n=0}^{\infty}$ を**正定値**(positive definite)数列という．$\boldsymbol{H}_0 = \{\mathbb{C}$-係数の多項式全体$\}$ とし，正定値数列 $\{a_n\}_{n=0}^{\infty}$ に対して

$$(p,q) = \sum_{n,m \geqq 0} a_{n-m} p_n \overline{q_m}, \quad p(z) = \sum_{n \geqq 0} p_n z^n, \quad q(z) = \sum_{n \geqq 0} q_n z^n$$

とおくと，(,) は広義内積である．□

例 2.3　$[-2a, 2a]$ 上の関数 ρ が複素数列 $\{c_n\}$ に対して

$$\sum_{n,m \geqq 0} \rho(\xi_n - \xi_m)\, c_n \overline{c_m} \geqq 0$$

をみたすとき**正定値**という．$\boldsymbol{H}_0 = \{[-a, a]$ 上の複素数値加法的集合関数全体$\}$ とする．ρ を $[-2a, 2a]$ 上の正定値連続関数とする．$\sigma, \tau \in \boldsymbol{H}_0$ に対して

$$(\sigma, \tau) = \int_{-a}^{a}\int_{-a}^{a} \rho(\xi - \eta)\sigma(d\xi)\,\overline{\tau(d\eta)}$$

とおくと，(,) は広義内積である．□

補題 2.4 (Schwarz の不等式)　$\boldsymbol{H}_0$ を pre-Hilbert 空間，(,) を広義内積とすると，

$$|(f,g)| \leqq (f,f)^{1/2}(g,g)^{1/2}, \quad f, g \in \boldsymbol{H}_0.$$

［証明］　$\alpha \in \mathbb{C}$ とすると (H.1)–(H.3) より

$$0 \leqq (\alpha f - g, \alpha f - g) = |\alpha|^2(f,f) - \alpha(f,g) - \overline{\alpha}\overline{(f,g)} + (g,g)$$

である．$(f,f) = 0$ とすると，$\alpha \in \mathbb{R}$ に対して上の不等式よりつねに

$$\alpha \operatorname{Re}(f,g) \leqq (g,g)$$

となる．これより $\operatorname{Re}(f,g) = 0$ が分かる．$g \to ig$ とおきかえれば $\operatorname{Im}(f,g) =$

0も分かるので$(f,g)=0$となる．したがって$(f,f)=0$のときは目標の不等式が示せた．$(f,f)>0$とする．この場合には$\alpha=\overline{(f,g)}/(f,f)$とおけばただちに補題の不等式を得る． ∎

補題2.4より$\|f\|=(f,f)^{1/2}$とおくと

(N.1)　$\|f\| \geqq 0$.

(N.2)　$\|\alpha f\| = |\alpha|\,\|f\|,\quad \alpha\in\mathbb{C}$.

(N.3)　$\|f+g\| \leqq \|f\|+\|g\|$.

が分かる．$\mathbb{C}$上の線形空間上の関数$\|\cdot\|$が性質(N.1)–(N.3)をみたすとき**半ノルム**(semi-norm)という．半ノルム$\|\cdot\|$がさらに非退化の条件「$\|f\|=0 \Longleftrightarrow f=0$」をみたすとき単に**ノルム**(norm)という．

$(\ ,\ )$を$\boldsymbol{H}_0$上の広義内積とする．$\boldsymbol{H}_0$上の関係$f\sim g$を$\|f-g\|=0$で定義すると，性質(N.3)より$\sim$は$\boldsymbol{H}_0$上の同値関係となる．そこで$f\in\boldsymbol{H}_0$に対して

$$\begin{cases} \widetilde{f}=\{g\in\boldsymbol{H}_0;\ g\sim f\}\subset\boldsymbol{H}_0 \\ (\widetilde{f},\widetilde{g})=(f,g) \end{cases}$$

と定義すると，$\widetilde{\boldsymbol{H}_0}=\{\widetilde{f};\ f\in\boldsymbol{H}_0\}$は(非退化の)内積をもったpre-Hilbert空間になる．このようにして退化する内積が与えられたときはつねに非退化な内積をもつpre-Hilbert空間を自然に構成することができる．

$\boldsymbol{H}_0$を(非退化な)内積をもったpre-Hilbert空間とする．$f,g\in\boldsymbol{H}_0$に対して$d(f,g)=\|f-g\|$とおけば性質(N.1)–(N.3)より，dは$\boldsymbol{H}_0$上の距離を定義する．距離空間$(\boldsymbol{H}_0,d)$の完備化を$(\widehat{\boldsymbol{H}_0},\widehat{d})$としよう．$i$をこの完備化の埋め込み写像とする．$f,g\in\widehat{\boldsymbol{H}_0}$のときある$\{f_n\},\{g_n\}\subset\boldsymbol{H}_0$が存在して，$i(f_n)\to f,\ i(g_n)\to g$となるので，$\widehat{\boldsymbol{H}_0}$上に内積$(\ ,\ )$を

$$(f,g)=\lim_{n\to\infty}(f_n,g_n)$$

で定義することができる．完備で非退化な内積をもったpre-Hilbert空間を**Hilbert空間**ということにするとこの$\widehat{\boldsymbol{H}_0}$はHilbert空間になる．このようにして広義内積をもったpre-Hilbert空間から出発しても，以上の2段階の操作をへることによりHilbert空間を構成することができる．ちなみに例2.1の

pre-Hilbert 空間の完備化は $L^2([a,b],dx)$ である．一般に測度空間 $(X,\mathfrak{M},\mu)$ に対して

$$\begin{cases} L^2(X,\mu)=\left\{f\colon X\to\mathbb{C};\ \mathfrak{M}\text{–可測},\ \int_X |f(x)|^2\mu(dx)<\infty\right\} \\ (f,g)=\int_X f(x)\,\overline{g(x)}\,\mu(dx) \end{cases}$$

とおくと，$L^2(X,\mu)$ は Hilbert 空間になる．ただし $f,g\in L^2(X,\mu)$ が $f(x)=g(x)$ a.e. $x\in X(\mu)$ なら $f=g$ とする．

ここで次のことを注意しておく．

$\boldsymbol{H}_0$ を pre-Hilbert 空間，(,) を広義内積とすると

(2.1)　　$\|f-g\|^2+\|f+g\|^2=2(\|f\|^2+\|g\|^2)$　（中線定理）

が成立する．

問1　$(X,\mathfrak{M},\mu)$ を測度空間とすると $p\geqq 2$ のとき可測関数 f,g に対して

$$\|f-g\|_p^p+\|f+g\|_p^p\leqq 2^{p-1}(\|f\|_p^p+\|g\|_p^p)$$

となることを示せ．ただし $\|f\|_p^p=\int_X |f(x)|^p\mu(dx)$ とする．

補題 2.5　$\boldsymbol{H}$ を Hilbert 空間，C を $\boldsymbol{H}$ の閉凸集合とする．つまり C は $\boldsymbol{H}$ の閉集合で

$$f,g\in C,\ 0\leqq\alpha\leqq 1\implies \alpha f+(1-\alpha)g\in C$$

となるとする．このとき任意の $f\in\boldsymbol{H}$ に対して次の性質をみたす $g\in C$ が唯一つ存在する．

(2.2)　　$\|f-g\|=d(f,C)=\inf\{\|f-h\|;\ h\in C\}.$

［証明］　$\alpha=d(f,C)$ とおくと，任意の $n\geqq 1$ に対して $g_n\in C$ で $\|f-g_n\|\leqq\alpha+1/n$ をみたすものが存在する．このとき(2.1)を $(f-g_m)/2$, $(f+g_n)/2$ に適用すれば

$$\left\|f-\frac{g_n+g_m}{2}\right\|^2+\frac{1}{4}\|g_n-g_m\|^2=\frac{1}{2}(\|f-g_n\|^2+\|f-g_m\|^2)$$

となる．$(g_n+g_m)/2\in C$ であるから，$n,m\to\infty$ とすると

$$\frac{1}{4}\|g_n-g_m\|^2 \leqq \frac{1}{2}\left\{\left(\alpha+\frac{1}{n}\right)^2+\left(\alpha+\frac{1}{m}\right)^2\right\}-\alpha^2 \to 0$$

が分かる．したがって $\{g_n\}_{n\geqq 1}$ は $\boldsymbol{H}$ で Cauchy 列になる．$\boldsymbol{H}$ の完備性よりある $g\in\boldsymbol{H}$ が存在して $g_n\to g$ となるが，$g_n\in C$ で C は閉集合であるから $g\in C$ となる．このような g の一意性を示すため $\widetilde{g}\in C$ で(2.2)をみたすものが他にあったとすると再び(2.1)より

$$\left\|f-\frac{g+\widetilde{g}}{2}\right\|^2+\|g-\widetilde{g}\|^2 = \frac{1}{2}(\|f-g\|^2+\|f-\widetilde{g}\|^2) = \alpha^2$$

となるが，$(g+\widetilde{g})/2\in C$ より $\|g-\widetilde{g}\|^2\leqq\alpha^2-\alpha^2=0$ となり $g=\widetilde{g}$ が分かる．∎

定理 2.6 F を Hilbert 空間 $\boldsymbol{H}$ の閉部分空間とする．

$$F^\perp = \{f\in\boldsymbol{H};\ (f,g)=0,\ g\in F\}$$

とおくと，$f\in\boldsymbol{H}$ は

$$f=f_1+f_2, \quad f_1\in F, \quad f_2\in F^\perp$$

と一意的に分解できる．

［証明］ F は明らかに閉凸集合なので補題 2.5 より $f\in\boldsymbol{H}$ に対して $f_1\in F$ で $\|f-f_1\|=d(f,F)$ となるものが存在する．$f_2=f-f_1$ とおく．このとき f_1 の定義より任意の $g\in F$ に対して

$$\|f_2\|\leqq\|f_2+f_1-g\|$$

となる．$h\in F$, $\varepsilon>0$ に対して $g=f_1-\varepsilon h\in F$ とおくと

$$(f_2,f_2)=\|f_2\|^2\leqq\|f_2+\varepsilon h\|^2=(f_2,f_2)+\varepsilon(f_2,h)+\varepsilon(h,f_2)+\varepsilon^2(h,h)$$

となる．整理して両辺を ε で割り $\varepsilon\to 0$ とすると

$$\mathrm{Re}(f_2,h)\geqq 0, \quad h\in F \tag{2.3}$$

となる．しかし F は部分空間であるから $-h, ih\in F$ となるが，これと(2.3)が両立するためには $(f_2,h)=0$ となる必要がある．したがって $f_2\in F^\perp$ である．f の分解の一意性は自明である．∎

$F^\perp$ を F の**直交補空間**(orthogonal complement)という．$f\in\boldsymbol{H}$ に対して f_1 を対応させる写像を P_Ff と書き，P_F を F への**射影作用素**(projection operator)とよぶ．

命題 2.7 P_F を F への射影作用素とすると P_F は次の性質をみたす．

（i）（線形性）$P_F(\alpha f+\beta g)=\alpha P_F f+\beta P_F g$.

（ii）（対称性）$(P_F f,g)=(f,P_F g)$.

（iii）（ベキ等性）$P_F^2=P_F$.

［証明］ (i), (iii)は分解の一意性より自明である．$f=f_1+f_2$，$g=g_1+g_2$（F と $F^\perp$ への分解）とすると直交性より

$$(P_F f,g)=(f_1,g_1+g_2)=(f_1,g_1)=(f,g_1)=(f,P_F g)$$

となり(ii)が分かる． ∎

注意 2.8 $\|f\|^2=\|f_1\|^2+\|f_2\|^2 \geqq \|f_1\|^2=\|P_F f\|^2$ より $\|P_F f\| \leqq \|f\|$ であるが，この性質（**縮小性**）は(ii)で $g=P_F f$ とおき

$$\|P_F f\|^2=(f,P_F^2 f)=(f,P_F f) \leqq \|f\|\,\|P_F f\|$$

に注意することによっても分かる．

命題 2.7 の性質(i)–(iii)をみたす $\boldsymbol{H}$ 上の作用素を単に射影作用素という．P を射影作用素とし

$$F=\{f\in\boldsymbol{H};\ Pf=f\}$$

とおけば，F は $\boldsymbol{H}$ の閉部分空間となり $P=P_F$ が分かる．

命題 2.9 F_0 を $\boldsymbol{H}$ の部分空間とする．F_0 が $\boldsymbol{H}$ で稠密，つまり F_0 の閉包 $\overline{F_0}$ が $\boldsymbol{H}$ に一致するための必要十分条件は $F_0^\perp=\{0\}$ となることである．

［証明］ 一般に $F_0^\perp=(\overline{F_0})^\perp$ が成立するので定理 2.6 より自明． ∎

Λ を（添字）集合とし各 $\lambda\in\Lambda$ に対して pre-Hilbert 空間 $\boldsymbol{H}$ の元 e_λ が対応しているとする．$\{e_\lambda\}_{\lambda\in\Lambda}$ が $(e_\lambda,e_\mu)=\delta_{\lambda,\mu}$ $(\lambda,\mu\in\Lambda)$ をみたすとき $\{e_\lambda\}_{\lambda\in\Lambda}$ を $\boldsymbol{H}$ の**正規直交系**(orthonormal system)という．

例 2.10（Fourier 級数）

$$\boldsymbol{H}=L^2([0,1],dx),\quad \Lambda=\mathbb{Z},\ e_n(x)=e^{2\pi in\cdot x}.$$ □

例 2.11（三角多項式） $\boldsymbol{H}=\left\{\sum_\lambda c_\lambda e^{i\lambda\cdot x}\text{（有限和）};\ c_\lambda\in\mathbb{C},\ \lambda\in\mathbb{R}\right\}$，$\Lambda=\mathbb{R}$，$e_\lambda(x)=e^{i\lambda\cdot x}$ とする．$\boldsymbol{H}$ に内積

$$(f,g)=\sum_\lambda c_\lambda\overline{d_\lambda}\quad\left(f(x)=\sum_\lambda c_\lambda e^{i\lambda\cdot x},\ g(x)=\sum_\lambda d_\lambda e^{i\lambda\cdot x}\right)$$

を入れると，$\{e_\lambda\}_{\lambda\in\Lambda}$ は $\boldsymbol{H}$ の正規直交系となる．$\boldsymbol{H}$ の元を**三角多項式**とい

う. □

補題 2.12 $\{e_n\}_{n\in\mathbb{N}}$ を Hilbert 空間 $\boldsymbol{H}$ の(可算)正規直交系とすると任意の $f\in\boldsymbol{H}$ に対して次が成立する.

(i) $\displaystyle\sum_{n=1}^{\infty}|(f,e_n)|^2 \leqq \|f\|^2<\infty$ (**Bessel の不等式**).

(ii) $\displaystyle g=\sum_{n=1}^{\infty}(f,e_n)e_n$ は $\boldsymbol{H}$ で収束し, $f-g$ はすべての e_n と直交する.

[証明] $\displaystyle g_n=\sum_{k=1}^{n}(f,e_k)e_k$ とおく. $\{e_n\}$ の正規直交性より

$$
\begin{aligned}
(2.4)\quad \|f-g_n\|^2 &= \|f\|^2+\|g_n\|^2-(f,g_n)-(g_n,f)\\
&= \|f\|^2+\sum_{k=1}^{n}|(f,e_k)|^2-\sum_{k=1}^{n}|(f,e_k)|^2-\sum_{k=1}^{n}|(f,e_k)|^2\\
&= \|f\|^2-\sum_{k=1}^{n}|(f,e_k)|^2
\end{aligned}
$$

となるので(i)は自明である. 同様の計算により $n\geqq m$ なら

$$\|g_n-g_m\|^2=\sum_{k=m+1}^{n}|(f,e_k)|^2$$

が分かるので $\{g_n\}$ は $\boldsymbol{H}$ の Cauchy 列となり, $\boldsymbol{H}$ の完備性より g_n は $g\in\boldsymbol{H}$ に収束する. $(f-g_n,e_k)=0$ $(k\leqq n)$ であるから $n\to\infty$ とすれば $(f-g,e_k)=0$ が分かる. ∎

そこで $\{e_\lambda\}_{\lambda\in\Lambda}$ を $\boldsymbol{H}$ の正規直交系とし, $\varepsilon>0$ に対して

$$\Lambda_\varepsilon=\{\lambda\in\Lambda;\ |(f,e_\lambda)|\geqq\varepsilon\}\quad (f\in\boldsymbol{H})$$

とおく. Λ が無限集合になるとすると, Λ_ε から可算部分集合 Λ' をとり出し, 正規直交系 $\{e_\lambda\}_{\lambda\in\Lambda'}$ に Bessel の不等式を適用すると

$$\infty=\sum_{\lambda\in\Lambda'}\varepsilon^2\leqq\sum_{\lambda\in\Lambda'}|(f,e_\lambda)|^2\leqq\|f\|^2<\infty$$

となり矛盾である. したがって各 $\varepsilon>0$ に対して Λ_ε は高々有限集合になる.

$$\{\lambda\in\Lambda;\ (f,e_\lambda)\neq 0\}=\bigcup_{n=1}^{\infty}\Lambda_{1/n}$$

であるから (f,e_λ) は高々可算個の $\lambda\in\Lambda$ を除いて 0 になる.

命題 2.13 Hilbert 空間上の正規直交系 $\{e_\lambda\}_{\lambda\in\Lambda}$ に対して次の 3 条件は同

値である．

（i）　$F_0=\left\{\sum_{\lambda} c_\lambda e_\lambda(\text{有限和});\ c_\lambda\in\mathbb{C}\right\}$ とおくとき，F_0 は $\boldsymbol{H}$ で稠密である．

（ii）　$\sum_{\lambda\in\Lambda}|(f,e_\lambda)|^2=\|f\|^2,\quad f\in\boldsymbol{H}$　（**Parseval の等式**）．

（iii）　$f=\sum_{\lambda\in\Lambda}(f,e_\lambda)e_\lambda,\quad f\in\boldsymbol{H}$．

［証明］　上に現われている和はすべて高々可算和であることに注意．(ii)と(iii)の同値性は(2.4)より自明である．(i)を仮定する．補題2.12の(ii)より $f-g\in F_0^\perp$ であるが，命題2.9より $F_0^\perp=\{0\}$ となるので $f=g$，つまり(iii)が出る．(iii)より(i)は自明である．∎

命題2.13のいずれかの条件をみたす $\boldsymbol{H}$ の正規直交系を**完全正規直交系**(complete orthonormal system)という．例2.10の $\{e_n(x)\}_{n\in\mathbb{Z}}$ は完全正規直交系である．例2.11で $\boldsymbol{H}$ を完備化したものを再び $\boldsymbol{H}$ と書くと，$\{e_\lambda(x)\}_{\lambda\in\mathbb{R}}$ は $\boldsymbol{H}$ の完全正規直交系である．

系2.14　Hilbert 空間 $\boldsymbol{H}$ が可分($\boldsymbol{H}$ に可算稠密な部分集合が存在する)であることと $\boldsymbol{H}$ に高々可算個の完全正規直交系が存在することは同値である．

［証明］　$S=\{f_n\}_{n\geqq 1}$ を $\boldsymbol{H}$ の可算稠密集合とする．各 $n\geqq 1$ に対して V_n を $\{f_1,f_2,\cdots,f_n\}$ が張る線形空間とする．$N_n=\dim V_n\leqq n$ で，$V_1\subset V_2\subset\cdots\subset V_n\subset\cdots$ である．Schmidt の直交化により $\boldsymbol{H}$ の正規直交系 $\{e_k\}_{k\geqq 1}$ を作り各 $n\geqq 1$ に対して $\{e_1,e_2,\cdots,e_{N_n}\}$ が V_n の基になるようにできる．

$$S=\bigcup_{n=1}^{\infty}\{f_1,f_2,\cdots,f_n\}\subset\bigcup_{n=1}^{\infty}V_n$$

であるから $\bigcup_{n=1}^{\infty}V_n$ は $\boldsymbol{H}$ で稠密である．命題2.13より $\{e_n\}_{n\geqq 1}$ は $\boldsymbol{H}$ の完全正規直交系となる．逆に $\{e_n\}_{n\geqq 1}$ を $\boldsymbol{H}$ の完全正規直交系とし

$$S=\left\{\sum_{n}c_n e_n;\ \text{有限和},\ c_n\in\mathbb{Q}+i\mathbb{Q}\right\}$$

とすれば S は可算集合である．命題2.13の(iii)より $f\in\boldsymbol{H}$ とすると $f=\sum_{n=1}^{\infty}(f,e_n)e_n$ であるが，これより任意の $\varepsilon>0$ に対し，ある $N<\infty$ があり $\|f-g_N\|<\varepsilon$ $\left(g_N=\sum_{n=1}^{N}(f,e_n)e_n\right)$ となる．(f,e_n) を $c_n\in\mathbb{Q}+i\mathbb{Q}$ で近似すればある $h\in S$ により $\|g_N-h\|<\varepsilon$ とできる．したがって $\|f-h\|<2\varepsilon$ となり S が $\boldsymbol{H}$ で稠密となることが分かる．∎

l が $\boldsymbol{H}$ 上の**連続線形汎関数**(continuous linear functional)とは，$\boldsymbol{H}\to\mathbb{C}$ への連続線形写像のことである．

定理 2.15 (F. Riesz の定理) l を $\boldsymbol{H}$ 上の連続線形汎関数とすると $g\in\boldsymbol{H}$ で次の性質をみたすものが唯一存在する．

$$l(f)=(f,g),\quad f\in\boldsymbol{H}.$$

[証明] $l=0$ のときは $g=0$ とすればよい．$l\neq 0$ とする．$F=\{f\in\boldsymbol{H};\ l(f)=0\}$ とおくと，l の線形性と連続性より F は閉部分空間となる．$f_0\in\boldsymbol{H}$ を $l(f_0)\neq 0$ となるものとし，$f_2=f_0-P_Ff_0$ とおく．$l(f_2)=l(f_0)\neq 0$ であるから $f_2\neq 0$ でもある．$f\in\boldsymbol{H}$ に対して

$$l\left(\frac{l(f)}{l(f_2)}f_2-f\right)=0$$

となるので，$(l(f)/l(f_2))f_2-f\in F$ となる．$f_2\in F^{\perp}$ であるから

$$0=\left(\frac{l(f)}{l(f_2)}f_2-f,\ f_2\right)=\frac{l(f)}{l(f_2)}(f_2,f_2)-(f,f_2)$$

となる．$g=(\overline{l(f_2)}/(f_2,f_2))f_2$ とおけば $l(f)=(f,g)$ が分かる．一意性は自明である． ∎

一般に位相が入った線形空間 $\boldsymbol{V}$ 上の連続線形汎関数全体のつくる線形空間を $\boldsymbol{V}$ の**双対空間**(dual space)または**共役空間**(conjugate space)といい $\boldsymbol{V}^*$ と書くが，この Riesz の定理は，$\boldsymbol{V}$ が Hilbert 空間 $\boldsymbol{H}$ のときは $\boldsymbol{H}^*$ が $\boldsymbol{H}$ と同一視できることを示している．

(b) 一様有界性，弱コンパクト性

Hilbert 空間 $\boldsymbol{H}$ 上の半ノルムはこの節の(a)の性質(N.1)–(N.3)をみたすものとして定義された．Λ を(添字)集合として各 $\lambda\in\Lambda$ に対して $\boldsymbol{H}$ 上の半ノルム p_λ が対応しているとする．

定理 2.16 (**Banach–Steinhaus の定理**) 各 $\lambda\in\Lambda$ に対して p_λ は $\boldsymbol{H}$ 上の連続な半ノルムとする．

$$p(f)=\sup_{\lambda\in\Lambda}p_\lambda(f),\quad f\in\boldsymbol{H}$$

とおく．もし各 $f\in\boldsymbol{H}$ に対して $p(f)<\infty$ なら p も $\boldsymbol{H}$ 上の連続な半ノルムとなる．

［証明］ p が半ノルムになることは自明である．$h\in\boldsymbol{H}$, $\varepsilon>0$ に対して $B(h,\varepsilon)=\{f\in\boldsymbol{H}\,;\|f-h\|\leqq\varepsilon\}$ とおく．まずある h と ε に対して p は $B(h,\varepsilon)$ 上有界であることを示す．そのためこれを否定すると，任意の h と ε に対して p は $B(h,\varepsilon)$ 上有界でない．$h_1\in\boldsymbol{H}$, $\varepsilon_1>0$ を任意に選ぶと，ある $f_1\in B(h_1,\varepsilon_1)$ に対して $p(f_1)>1$ となる．したがってある $\lambda_1\in\Lambda$ があり $p_{\lambda_1}(f_1)>1$ である．p_{λ_1} は連続であるから，ある h_2,ε_2 で $B(h_2,\varepsilon_2)\subset B(h_1,\varepsilon_1)$ をみたし，$p_{\lambda_1}(f)>1$ がすべての $f\in B(h_2,\varepsilon_2)$ で成立するものが存在する．今度は $f_2\in B(h_2,\varepsilon_2)$ があり $p(f_2)>2$ となる．上と同様の手続きで，ある $\lambda_2\in\Lambda$ と h_3,ε_3 で $B(h_3,\varepsilon_3)\subset B(h_2,\varepsilon_2)$ をみたし，$p_{\lambda_2}(f)>2$ がすべての $f\in B(h_3,\varepsilon_3)$ で成立するものがある．これを無限に繰り返していくと，$\lambda_n\in\Lambda$ と $h_n\in\boldsymbol{H}$, $\varepsilon_n>0$ で

$$p_{\lambda_n}(f)>n,\quad f\in B(h_{n+1},\varepsilon_{n+1}),$$
$$B(h_{n+1},\varepsilon_{n+1})\subset B(h_n,\varepsilon_n)$$

となるものを構成することができる．$\varepsilon_n\downarrow 0$ としてよい．$n>m$ とすると $h_n\in B(h_n,\varepsilon_n)\subset B(h_m,\varepsilon_m)$ であるから $\|h_n-h_m\|\leqq\varepsilon_m$ となる．したがって $\{h_n\}$ は $\boldsymbol{H}$ の Cauchy 列となり，$\boldsymbol{H}$ の完備性よりある $h\in\boldsymbol{H}$ に収束することが分かる．各 $n\geqq 1$ に対して $h\in B(h_n,\varepsilon_n)$ であるから $p_{\lambda_n}(h)>n$ $(n=1,2,\cdots)$ となる．しかしこのとき $p(h)>n$，つまり $p(h)=\infty$ となり仮定に矛盾する．よってある $M>0$ と $h_0\in\boldsymbol{H}$, $\varepsilon_0>0$ が存在し

$$\|f-h_0\|\leqq\varepsilon_0 \implies p(f)\leqq M$$

が成立する．$f_1,f_2\in\boldsymbol{H}$, $f_1\neq f_2$ とする．

$$f=\varepsilon_0(f_1-f_2)/\|f_1-f_2\|+h_0\in B(h_0,\varepsilon_0)$$

とおくと p は半ノルムであるから

$$\varepsilon_0\|f_1-f_2\|^{-1}p(f_1-f_2)=p(f-h_0)\leqq p(f)+p(h_0)\leqq M+p(h_0)$$

となるので

$$|p(f_1)-p(f_2)|\leqq p(f_1-f_2)\leqq\varepsilon_0^{-1}(M+p(h_0))\|f_1-f_2\|$$

が分かる．これより p の連続性が分かる． ∎

注意 2.17 この定理の証明中では実質的には次のことを示している.

「完備距離空間 X 上の連続関数族 $\{f_\lambda\}$ が X の各点で有界ならば, X のある開集合上で $\{f_\lambda\}$ は一様有界となる.」

この定理は最初に X が $\mathbb{R}$ の場合に Osgood(1897)により示された. この定理はまた, X 上の有限な下半連続な関数はある開集合上で上に有界であるとも言い換えられる. さらにこの定理は Baire のカテゴリー定理として抽象化されている.

さてここまでは $\boldsymbol{H}$ での収束はノルムで定義された距離による収束のみを考えてきたが, 問題によっては別の収束を考えた方がよいことがある. $\boldsymbol{H}$ の列 $\{f_n\}_{n\geqq 1}$ が $f\in\boldsymbol{H}$ に**弱収束**(weak convergence)するとは, 任意の $\varphi\in\boldsymbol{H}$ に対して $(f_n,\varphi)\to(f,\varphi)$ となるときをいう. これに対して, $\boldsymbol{H}$ の通常のノルムで収束することを**強収束**(strong convergence)するという. 明らかに強収束すれば弱収束する. 逆は必ずしも成立しない. たとえば $\{e_n\}_{n\geqq 1}$ を $\boldsymbol{H}$ の正規直交系とすれば, 補題 2.12 より $\varphi\in\boldsymbol{H}$ に対して $\sum_{n=1}^{\infty}|(\varphi,e_n)|^2<\infty$ であるので $(e_n,\varphi)\to 0$ となる. したがって e_n は 0 に弱収束する. しかし $\|e_n\|=1$ であるから e_n は 0 には強収束しない.

$\boldsymbol{H}$ は可分とし $S=\{\varphi_n\}_{n\geqq 1}$ を $\boldsymbol{H}$ の可算稠密部分集合とする. $\boldsymbol{H}$ の距離 ρ を

$$\rho(f,g)=\sum_{n=1}^{\infty}(|(f-g,\varphi_n)|\wedge 1)/2^n$$

で定義する.

定理 2.18 $\boldsymbol{H}$ を可分 Hilbert 空間とする. $M>0$ に対して $B=\{f\in\boldsymbol{H};\ \|f\|\leqq M\}$ とおく. B 上では距離 ρ による収束と弱収束は同値である. また距離空間 (B,ρ) はコンパクトになる.

［証明］ $f_n\in B$ が $f\in B$ に距離 ρ で収束することは $(f_n,\varphi)\to(f,\varphi)$ $(\varphi\in S)$ となることと同値である. しかし $g\in\boldsymbol{H}$ とすると任意の $\varepsilon>0$ に対し $\varphi\in S$ が存在して $\|g-\varphi\|<\varepsilon$ となるので, Schwarz の不等式より

$$\begin{aligned}|(f_n,g)-(f,g)| &\leqq |(f_n-f,\varphi)|+|(f_n-f,\varphi-g)|\\ &\leqq |(f_n-f,\varphi)|+2M\varepsilon\end{aligned}$$

となるので $\{f_n\}$ は f に弱収束する．逆に弱収束すれば ρ で収束することは自明である．

(B,ρ) は距離空間であるからそれがコンパクトであるための同値条件は B の任意の列 $\{f_n\}$ に対してある部分列 $\{n_k\}$ と $f\in B$ が存在して $\{f_n\}$ が f に ρ で収束することである．そこで二重数列 $a_{n,m}=(f_n,\varphi_m)$ を考える．$|a_{n,1}|\leqq M\|\varphi_1\|$ であるから $\mathbb{C}$ の有界集合のコンパクト性より部分列 $\{n(k,1)\}$ と $a_1\in\mathbb{C}$ があり $a_{n(k,1),1}\to a_1$ $(k\to\infty)$ となる．再び列 $a_{n(k,1),2}$ を考えるとこの絶対値は $M\|\varphi_2\|$ で押さえられるので $\{n(k,1)\}$ の部分列 $\{n(k,2)\}$ と $a_2\in\mathbb{C}$ が存在して $a_{n(k,2),2}\to a_2$ となる．このようにして各 $m\geqq 1$ に対して部分列 $\{n(k,m)\}$ と $a_m\in\mathbb{C}$ をつくっていく．$n_k=n(k,k)$ とすると $n_k\to\infty$ であり各 $m\geqq 1$ に対して $a_{n_k,m}\to a_m$ となる．つまり任意の $\varphi\in S$ に対して $\{(f_{n_k},\varphi)\}$ は収束する．$g\in \boldsymbol{H}$ とする．S は $\boldsymbol{H}$ で稠密であるから任意の $\varepsilon>0$ に対して $\varphi\in S$ が存在して $\|g-\varphi\|<\varepsilon$ となる．よって

$$\begin{aligned}|(f_{n_k},g)-(f_{n_l},g)| &\leqq |(f_{n_k},\varphi)-(f_{n_l},\varphi)|+|(f_{n_k}-f_{n_l},\varphi-g)|\\ &\leqq |(f_{n_k},\varphi)-(f_{n_l},\varphi)|+2M\varepsilon\end{aligned}$$

となるが，$\{(f_{n_k},\varphi)\}$ は Cauchy 列であるから $\{(f_{n_k},g)\}$ も Cauchy 列になり $\{(f_{n_k},g)\}$ は収束する．そこで

$$l(g)=\lim_{k\to\infty}(g,f_{n_k})\quad(g\in\boldsymbol{H})$$

とおく．

$$|l(g_1)-l(g_2)|\leqq\varlimsup_{k\to\infty}|(g_1-g_2,f_{n_k})|\leqq M\|g_1-g_2\|$$

であるから l は $\boldsymbol{H}$ 上の連続線形汎関数になる．したがって Riesz の定理によりある $f\in\boldsymbol{H}$ が存在して $l(g)=(g,f)$ となる．$\{f_{n_k}\}$ は f に弱収束する．$|(g,f_{n_k})|\leqq M\|g\|$ より $|(g,f)|\leqq M\|g\|$ がすべての $g\in\boldsymbol{H}$ で成立する．$g=f$ とすれば $\|f\|^2\leqq M\|f\|$ となり $f\in B$ が分かる． ∎

注意 2.19　$\varphi\in\boldsymbol{H}$ に対して $l_\varphi(f)=(f,\varphi)$ とおく．すべての l_φ を連続にする最弱の $\boldsymbol{H}$ の位相を**弱位相**(weak topology)という．$\boldsymbol{H}$ が可分でないとき定理 2.18 は B がこの弱位相に関してコンパクトになると言い換えれば成立する．

問 2　Hilbert 空間 $\boldsymbol{H}$ の単位球 $=\{f\in\boldsymbol{H};\ \|f\|\leqq 1\}$ がコンパクトなら $\boldsymbol{H}$ は有限次元になることを示せ.

Banach–Steinhaus の定理の弱収束への重要な応用について述べておく.

命題 2.20　Hilbert 空間 $\boldsymbol{H}$ 上で列を $\{f_n\}_{n\geqq 1}$ とする. 任意の $g\in\boldsymbol{H}$ に対して数列 $\{(f_n,g)\}_{n\geqq 1}$ が収束するならば, ある $f\in\boldsymbol{H}$ が存在して $\{f_n\}$ は f に弱収束する. しかもこのとき $\|f\|\leqq\varliminf_{n\to\infty}\|f_n\|\leqq\varlimsup_{n\to\infty}\|f_n\|<\infty$ となる.

［証明］　$l(g)=\lim_{n\to\infty}(g,f_n)$ とおく. l は $\boldsymbol{H}$ 上の線形汎関数である. $p_n(g)=|(g,f_n)|$ とおくと, p_n は $\boldsymbol{H}$ 上の連続半ノルムであり各 $g\in\boldsymbol{H}$ に対して $p(g)=\sup_{n\geqq 1}p_n(g)<\infty$ であるから, 定理 2.16 より p は連続になる. したがって $|l(g_1)-l(g_2)|\leqq p(g_1-g_2)$ より l も連続になる. Riesz の定理によりある $f\in\boldsymbol{H}$ があり $l(g)=(g,f)$ となるので $\{f_n\}$ が f に弱収束することが分かる. また $\|f_n\|=\sup\{p_n(g);\ \|g\|=1\}\leqq\sup\{p(g);\ \|g\|=1\}<\infty$ より $\varlimsup_{n\to\infty}\|f_n\|<\infty$ である. 一方 $g\in\boldsymbol{H}$ が $\|g\|=1$ とすると

$$\|f_n\|=\|f_n\|\,\|g\|\geqq|(f_n,g)|\to|(f,g)|$$

であるから $\varliminf_{n\to\infty}\|f_n\|\geqq|(f,g)|$ となるが, $g=f/\|f\|$ とおけば目的の不等式が分かる. ∎

問 3　$\{f_n\}$ が $f\in\boldsymbol{H}$ に弱収束し $\|f_n\|\to\|f\|$ ならば $\{f_n\}$ は f に強収束することを示せ.

§2.2　有界作用素

(a)　スペクトル

Hilbert 空間 $\boldsymbol{H}$ から $\boldsymbol{H}$ への線形写像 A が連続とすると, $A0=0$ であるから, ある $M>0$ があり $\|f\|\leqq M^{-1}$ である限り $\|Af\|\leqq 1$ となる. したがって任意の $f\in\boldsymbol{H}$ に対して

$$\|Af\|=\left\|A\frac{f}{M\|f\|}\right\|\times M\|f\|\leqq M\|f\| \tag{2.5}$$

となる．したがって A は任意の有界集合上有界となる．逆に線形写像 A が有界集合上有界ならば(2.5)が成立するので

$$\|Af_1-Af_2\| = \|A(f_1-f_2)\| \leqq M\|f_1-f_2\| \quad (f_1, f_2 \in \boldsymbol{H})$$

となり A は連続になる．つまり $\boldsymbol{H}$ から $\boldsymbol{H}$ への線形写像を考える限り有界性(有界集合上有界となること)と連続性は同値である．ある M に対して(2.5)をみたす $\boldsymbol{H}$ から $\boldsymbol{H}$ への線形写像を**有界作用素**(bounded operator)という．

有界作用素 A の(作用素)ノルム(operator norm)を

$$\|A\| = \sup_{f\neq 0}\frac{\|Af\|}{\|f\|} = \sup_{\|f\|=1}\|Af\|$$

で定義する．$\boldsymbol{H}$ から $\boldsymbol{H}$ への有界作用素全体を $\boldsymbol{B}(\boldsymbol{H})$ で表わすと $\boldsymbol{B}(\boldsymbol{H})$ は自然に線形空間となるが上のノルムはノルムの性質(N.1)–(N.3)をみたす．

問4　$\boldsymbol{B}(\boldsymbol{H})$ はこのノルムで距離を入れると完備になることを示せ．

例2.21　$\boldsymbol{H}=L^2([a,b],dx)$ とし $K(x,y)$ を $[a,b]\times[a,b]$ 上の連続関数(必ずしも連続である必要はない)とする．

$$Kf(x) = \int_a^b K(x,y)f(y)dy, \quad Vf(x) = \int_a^x K(x,y)f(y)dy$$

とおくと，$K, V\in \boldsymbol{B}(\boldsymbol{H})$ となる．この K を **Fredholm 積分作用素**，V を **Volterra 積分作用素**という．　□

この節の目的は積分方程式

(2.6)

$$\begin{cases} \displaystyle\int_a^b K(x,y)f(y)dy-\lambda f(x) = g(x) & (\text{Fredholm 型積分方程式}) \\ \displaystyle\int_a^x K(x,y)f(y)dy-\lambda f(x) = g(x) & (\text{Volterra 型積分方程式}) \end{cases}$$

を作用素論的に抽象的に取り扱うことである．

$A\in\boldsymbol{B}(\boldsymbol{H})$ とする．I を $\boldsymbol{H}$ 上の恒等作用素とし

$$\rho(A) = \{\lambda\in\mathbb{C};\ A-\lambda I \text{ は } \boldsymbol{H}\to\boldsymbol{H} \text{ への全単射で } (A-\lambda I)^{-1}\in\boldsymbol{B}(\boldsymbol{H})\}$$

とおく．一般に写像 $f\colon X\to Y$ が全単射とは，f が性質

$$\begin{cases} \text{全射: 任意の } y \in Y \text{ に対してある } x \in X \text{ がありf}(x) = y \text{ となる.} \\ \text{単射: } x_1, x_2 \in X \text{ が} f(x_1) = f(x_2) \text{ なら } x_1 = x_2 \text{ である.} \end{cases}$$

の両方をみたすことである．作用素論の基本定理の 1 つである閉グラフ定理(定理 2.43)によると，$\boldsymbol{H}$ から $\boldsymbol{H}$ への有界作用素が全単射なら自動的にその逆作用素 A^{-1} も有界作用素になるので，実際は $\rho(A)$ の定義で性質 $(A-\lambda I)^{-1} \in \boldsymbol{B}(\boldsymbol{H})$ は述べる必要がない．$\rho(A)$ を A の**レゾルベント集合**(resolvent set)という．$\sigma(A) = \mathbb{C} \backslash \rho(A)$ を A の**スペクトル**(spectrum)という．(2.6)の積分方程式は作用素論的には $(A-\lambda I)f = g$ と書けるので，$\sigma(A)$ の大きさ，構造を知ることは非常に重要である．

$\sigma(A)$ の大きさを見るために次の量を導入する．

$$r(A) = \varlimsup_{n\to\infty} \|A^n\|^{1/n}. \tag{2.7}$$

実は右辺で上極限でなく極限が存在するが，以下では必要ないので $r(A)$ は上極限として定義しておく．$A, B \in \boldsymbol{B}(\boldsymbol{H})$ なら $\|AB\| \leqq \|A\|\,\|B\|$ は容易に分かるので $\|A^n\| \leqq \|A\|^n$ である．よって

$$r(A) \leqq \|A\| \tag{2.8}$$

である．さて形式的に $(A-\lambda I)^{-1}$ を計算しよう．

$$(A-\lambda I)^{-1} = -\lambda^{-1}(I-\lambda^{-1}A)^{-1} = -\lambda^{-1}\sum_{k=0}^{\infty}(\lambda^{-1}A)^k \tag{2.9}$$

であるが，どのような $\lambda \in \mathbb{C}$ に対して最右辺が収束するか考えてみよう．$|\lambda| > r(A)$ とすると，ある $n_0 \geqq 1$ と $r_0 \in (r(A), |\lambda|)$ が存在して $n \geqq n_0$ なら $\|A^n\| \leqq r_0^n$ となる．よって $n > m \leqq n_0$,

$$\left\|\sum_{k=m}^{n}(\lambda^{-1}A)^k\right\| \leqq \sum_{k=m}^{n}\|(\lambda^{-1}A)^k\| \leqq \sum_{k=m}^{n}|\lambda|^{-k}\|A^k\| \leqq \sum_{k=m}^{n}\left(\frac{r_0}{|\lambda|}\right)^k$$

となり右辺は $m\to\infty$ で 0 に収束する．したがって $\boldsymbol{B}(\boldsymbol{H})$ での作用素列 $\left\{\sum_{k=0}^{n}(\lambda^{-1}A)^k\right\}$ は Cauchy 列になり，$\boldsymbol{B}(\boldsymbol{H})$ の完備性より $\sum_{k=0}^{\infty}(\lambda^{-1}A)^k$ に収束する．このようにして定義された(2.9)の最右辺を B とすると

$$B(A-\lambda I) = (A-\lambda I)B = I$$

が容易に分かるので $\lambda \in \rho(A)$ となることが分かる．まとめて

命題 2.22　$A\in \boldsymbol{B}(\boldsymbol{H})$ とすると

$$\sigma(A)\subset\{\lambda\in\mathbb{C};\ |\lambda|\leqq r(A)\}.$$

□

注意 2.23　実は $\sup\{|\lambda|;\ \lambda\in\sigma(A)\}=r(A)$ が分かっている．この $r(A)$ は A の**スペクトル半径**(spectral radius)とよばれている．

$A-\lambda I$ の逆作用素の級数展開(2.9)は非常に重要で **Neumann 級数**とよばれている．$\|\lambda^{-1}A\|<1$ なら右辺は収束していることを注意しておく．

命題 2.24　$\rho(A)$ は開集合，したがって $\sigma(A)$ は閉集合である．

［証明］　$\lambda_0\in\rho(A)$ とする．

$$A-\lambda I=(A-\lambda_0 I)-(\lambda-\lambda_0)I=(A-\lambda_0 I)\{I-(\lambda-\lambda_0)(A-\lambda_0 I)^{-1}\}$$

であるから Neumann 級数の議論により $|\lambda-\lambda_0|\,\|(A-\lambda_0 I)^{-1}\|<1$ ならば上式の右辺の逆作用素が $\boldsymbol{H}$ 上の有界作用素として存在する．よって λ_0 は $\rho(A)$ の内点になり $\rho(A)$ は開集合となる．∎

開集合 $\rho(A)$ 上の λ で定義された $(A-\lambda I)^{-1}$ を A の**レゾルベント**(resolvent)という．

問 5　$A\in\boldsymbol{B}(\boldsymbol{H})$ に対して次のことを示せ．

（1）　$f,g\in\boldsymbol{H}$ とし $\varphi(\lambda)=((A-\lambda I)^{-1}f,g)$ とおくと，φ は $\rho(A)$ 上で正則関数となる．

（2）　$\sigma(A)\neq\varnothing$ である．

A がベキ零(ある $n\geqq 1$ で $A^n=0$)なら $r(A)=0$ であるが，ベキ零でなくても $r(A)=0$ となる例がある．V を $L^2([a,b],dx)$ 上の Volterra 積分作用素とする．$|K(x,y)|\leqq c$ とすると

$$|V^n f(x)|=\left|\int_a^x K(x,y)V^{n-1}f(y)dy\right|\leqq c\int_a^x |V^{n-1}f(y)|dy$$

であるから帰納法により

$$|V^n f(x)|\leqq c^n\int_{a\leqq y_1\leqq y_2\leqq\cdots\leqq y_n\leqq x}|f(y_1)|dy_1dy_2\cdots dy_n$$

$$= \frac{c^n}{(n-1)!}\int_a^x (x-y_1)^{n-1}|f(y_1)|dy_1 \leqq \frac{c^n(b-a)^{n-1/2}}{(n-1)!}\|f\|$$

が分かる．よって

$$\|V^n\| \leqq \frac{c_1\cdot c_2^n}{(n-1)!} \quad (c_1=(b-a)^{-1/2},\ c_2=c(b-a))$$

となるので $r(V)=0$ である．

問6 A を(有限)行列とする．$r(A)=0$ ならばある $n\geqq 1$ に対して $A^n=0$ (つまり A はベキ零行列)となることを示せ．

このように $r(A)=0$ となる $\boldsymbol{H}$ 上の有界作用素はベキ零行列の拡張になっている．

(b) 共役作用素

次に内積を用いて A の共役作用素を定義する．数学では多くの場面で双対(dual)を考える．共役作用素もその一種である．

$A\in\boldsymbol{B}(\boldsymbol{H})$ に対し $g\in\boldsymbol{H}$ を固定して

$$l(f)=(Af,g) \quad (f\in\boldsymbol{H})$$

を考える．A は連続であるから l も連続線形汎関数となる．したがって Riesz の定理により，ある $h\in\boldsymbol{H}$ があり

$$(Af,g)=(f,h)$$

となる．この h を A^*g と書く．A^* を A の**共役作用素**(adjoint operator)という．例2.21の Fredholm 積分作用素 K では，$K^*(x,y)=\overline{K(y,x)}$ とすれば K^* は $K^*(x,y)$ を核にする Fredholm 積分作用素になる．

さて A^* の線形性は自明であるが，さらに

$$\|A^*g\| = \sup_{\|f\|=1}|(f,A^*g)| = \sup_{\|f\|=1}|(Af,g)| \leqq \|A\|\,\|g\|$$

となるので $\|A^*\|\leqq\|A\|<\infty$ が分かる．つまり $A^*\in\boldsymbol{B}(\boldsymbol{H})$ となる．したがって再び $(A^*)^*$ が考えられるが

$$(f,(A^*)^*g)=(A^*f,g)=(f,Ag)$$

であるから $(A^*)^*=A$ となる．これと前の不等式より

$$\|A\|=\|(A^*)^*\|\leqq\|A^*\|$$

が分かる．つまり $\|A\|=\|A^*\|$ である．これと $(AB)^*=B^*A^*$ を合わせると $r(A)=r(A^*)$ も分かる．さらに $A\in\boldsymbol{B}(\boldsymbol{H})$ が有界な逆作用素 A^{-1} をもつとき，等式 $AA^{-1}=A^{-1}A=I$ で両辺の共役をとれば

$$I=I^*=(A^{-1})^*A^*=A^*(A^{-1})^*$$

となる．よって $(A^{-1})^*=(A^*)^{-1}$ である．したがって $\rho(A^*)=\overline{\rho(A)}$, $\sigma(A^*)=\overline{\sigma(A)}$ が分かる．まとめて，

命題 2.25　$A\in\boldsymbol{B}(\boldsymbol{H})$ とすると $A^*\in\boldsymbol{B}(\boldsymbol{H})$ で次の等式が成立する．

(i)　$\|A^*\|=\|A\|$,　$r(A^*)=r(A)$,　$\sigma(A^*)=\overline{\sigma(A)}$.

(ii)　$(A^*)^*=A$ でありもし $A^{-1}\in\boldsymbol{B}(\boldsymbol{H})$ なら $(A^{-1})^*=(A^*)^{-1}$ となる．

(iii)　$\overline{A(\boldsymbol{H})}=(\mathrm{Ker}\,A^*)^\perp$,　$\overline{A^*(\boldsymbol{H})}=(\mathrm{Ker}\,A)^\perp$

　　$(\mathrm{Ker}\,A=\{f\in\boldsymbol{H};\,Af=0\})$.

［証明］　(iii)を示せばよいが，等式 $(Af,g)=(f,A^*g)$ により，$A(\boldsymbol{H})\subset(\mathrm{Ker}\,A^*)^\perp$, $A(\boldsymbol{H})^\perp\subset\mathrm{Ker}\,A^*$ が分かるので $\overline{A(\boldsymbol{H})}=(\mathrm{Ker}\,A^*)^\perp$ となる．　■

§2.3　コンパクト作用素

一般の有界作用素に対してこれ以上行列の類似を追求するのは困難である．そこで積分作用素を例として含む少し狭いクラスの有界作用素を定義する．

$K\in\boldsymbol{B}(\boldsymbol{H})$ が $\boldsymbol{H}$ の有界集合を相対コンパクト集合(閉包がコンパクト)に写すとき K を**コンパクト作用素**という．K は完全連続作用素ともよばれる．$\boldsymbol{H}$ 上のコンパクト作用素全体を $\boldsymbol{B}_c(\boldsymbol{H})$ で表わす．

命題 2.26　$K\in\boldsymbol{B}(\boldsymbol{H})$ とすると次の条件は同値である．

(i)　$K\in\boldsymbol{B}_c(\boldsymbol{H})$.

(ii)　$\{f_n\}$ が $\boldsymbol{H}$ の有界な数列なら，ある部分列 $\{n_k\}$ が存在して $\{Kf_{n_k}\}$ は強収束する．

(iii)　$\{f_n\}$ が f に弱収束するなら $\{Kf_n\}$ は Kf に強収束する．

(iv)　(Hilbert) 双一次形式 $\Phi(f,g)=(Kf,g)$ は弱連続，つまり $\{f_n\},\{g_n\}$ がそれぞれ f,g に弱収束するなら $\Phi(f_n,g_n)\to\Phi(f,g)$ となる．

［証明］　(i) $\Longrightarrow$ (ii)は自明．(ii) $\Longrightarrow$ (i)を示す．S を $\boldsymbol{H}$ の有界集合とする．$K(S)$ が $\boldsymbol{H}$ で相対コンパクトになることを示すためには，$\boldsymbol{H}$ が距離空間であるので，$K(S)$ の列 $\{Kf_n\}$ $(f_n\in S)$ がつねに収束する部分列をもつことを言えば十分である．$f_n\in S$ であるから $\{f_n\}$ は有界列である．

$$F=\overline{\{\{f_n\}\text{ を含む最小の }\boldsymbol{H}\text{ の部分空間}\}}$$

とおくと，F は $\boldsymbol{H}$ の閉部分空間として可分な Hilbert 空間になる．よって定理 2.18 よりある部分列 $\{n_k\}$ を選び $\{f_{n_k}\}$ は $f\in F$ に(F の中で)弱収束するようにできる．ところが $g\in\boldsymbol{H}$ とすると $g=g_1+g_2$ $(g_1\in F,\ g_2\in F^{\perp})$ と直交分解(定理 2.6)できるので

$$(f_{n_k},g)=(f_{n_k},g_1)\to(f,g_1)=(f,g)$$

となる．したがって $\{f_{n_k}\}$ は f に $\boldsymbol{H}$ の中で弱収束する．したがって(ii)より $\{Kf_{n_k}\}$ は Kf に強収束する．(i)と(iii)の同値性もほぼ同様である．

(iii) $\Longrightarrow$ (iv)を示すためには，$\{h_n\}$ が h に強収束し $\{g_n\}$ が g に弱収束するとき $(h_n,g_n)\to(h,g)$ が成立することに注意すればよい．(iv) $\Longrightarrow$ (iii)を示そう．$h_n=Kf_n$, $h=Kf$ とおくと任意の弱収束列 $\{g_n\}$ に対して $(h_n,g_n)\to(h,g)$ が成立している．恒等的に $g_n=g$ とすることにより $\{h_n\}$ は h に弱収束していることが分かる．次に $g_n=h_n$ とおけば $\|h_n\|\to\|h\|$ が分かり結局 $\{h_n\}$ は h に強収束していることが分かる(問 3 参照)． ∎

$A\in\boldsymbol{B}(\boldsymbol{H})$ とし，$\{f_n\}$ が f に弱収束するとする．$g\in\boldsymbol{H}$ に対して

$$(Af_n,g)=(f_n,A^*g)\to(f,A^*g)=(Af,g)$$

であるから $\{Af_n\}$ は Af に弱収束する．つまり有界作用素は弱連続(弱収束列を弱収束列に写す)となる．これに注意すると命題 2.26 より容易に次の命題 2.27 を得る．

命題 2.27

(i)　$\boldsymbol{B}_c(\boldsymbol{H})$ は $\boldsymbol{B}(\boldsymbol{H})$ の閉部分空間である．

(ii)　$\boldsymbol{B}_c(\boldsymbol{H})$ は $\boldsymbol{B}(\boldsymbol{H})$ でイデアルをなす，つまり $K\in\boldsymbol{B}_c(\boldsymbol{H})$, $A\in\boldsymbol{B}(\boldsymbol{H})$ なら AK, $KA\in\boldsymbol{B}_c(\boldsymbol{H})$ となる．

(iii)　$K \in \boldsymbol{B}_c(\boldsymbol{H}) \Longleftrightarrow K^* \in \boldsymbol{B}_c(\boldsymbol{H})$.　□

コンパクト作用素の例を考えよう．$K \in \boldsymbol{B}(\boldsymbol{H})$ の像空間 $K(\boldsymbol{H})$ が有限次元とすると，$K(\boldsymbol{H})$ の有界集合は相対コンパクトになるので K はコンパクト作用素になる．したがって

$$Kf = \sum_{k=1}^{n} (f, \varphi_k)\psi_k, \quad \varphi_k, \psi_k \in \boldsymbol{H}$$

はコンパクト作用素になる．$K(\boldsymbol{H})$ が有限次元空間になるとき**有限階数の作用素**(operator of finite rank)といい，その全体を $\boldsymbol{B}_f(\boldsymbol{H})$ と書く．$\boldsymbol{H}$ が可分のとき $\boldsymbol{B}_f(\boldsymbol{H})$ は $\boldsymbol{B}_c(\boldsymbol{H})$ で稠密であることが知られている．

非自明なコンパクト作用素の例としては Hilbert–Schmidt 作用素がある．$\boldsymbol{H}$ を可分とする．$\{e_n\}_{n=1}^{\infty}$, $\{f_n\}_{n=1}^{\infty}$ を $\boldsymbol{H}$ の2つの完全正規直交系とし，$K \in \boldsymbol{B}(\boldsymbol{H})$ に対し和

$$\|K\|_{\text{H.S.}}^2 = \sum_{n,m \geqq 1} |(Ke_n, f_m)|^2 = \sum_{n,m \geqq 1} |(K^* f_m, e_n)|^2$$

を考える．Parseval の等式より

$$\|K\|_{\text{H.S.}}^2 = \sum_{n=1}^{\infty} \|Ke_n\|^2 = \sum_{m=1}^{\infty} \|K^* f_m\|^2$$

となるので，$\|K\|_{\text{H.S.}}$ は $\{e_n\}_{n \geqq 1}$，$\{f_n\}_{n \geqq 1}$ のとり方によらない値となる．$\|K\|_{\text{H.S.}}$ を K の **Hilbert–Schmidt ノルム**といい，このノルムが有限な作用素を **Hilbert–Schmidt 作用素**という．$f \in \boldsymbol{H}$ が $\|f\|=1$ をみたすなら不等式

$$\|Kf\|^2 = \sum_{m \geqq 1} |(Kf, f_m)|^2 = \sum_{m \geqq 1} |(f, K^* f_m)|^2 \leqq \sum_{m \geqq 1}^{\infty} \|K^* f_m\|^2 = \|K\|_{\text{H.S.}}^2$$

より

$$\|K\| \leqq \|K\|_{\text{H.S.}} \tag{2.10}$$

である．

命題 2.28　Hilbert–Schmidt 作用素はコンパクト作用素である．

[証明]　$\{e_n\}_{n \geqq 1}$ を $\boldsymbol{H}$ の完全正規直交系とする．

$$K_n f = \sum_{m=1}^{n} (Kf, e_m) e_m$$

とおくと，$\|f\|=1$ のとき

$$\|Kf-K_nf\|^2 = \sum_{m\geqq n+1} |(Kf, e_m)|^2 = \sum_{m\geqq n+1} |(f, K^* e_m)|^2$$

であるが，$f=e_k$ とおき k について無限和をとると

$$\|K-K_n\|_{\mathrm{H.S.}}^2 = \sum_{m\geqq n+1} \|K^* e_m\|^2 \to 0$$

となるので，(2.10)と命題2.27の(i)より $K\in \boldsymbol{B}_c(\boldsymbol{H})$ が分かる． ∎

積分作用素の場合に Hilbert–Schmidt ノルムを計算してみよう．D を $\mathbb{R}^n$ の領域とし $K(x,y)$ を $D\times D$ 上の Lebesgue 可測関数で $K\in L^2(D\times D, dxdy)$ となるものとする．

$$Kf(x) = \int_D K(x,y) f(y) dy, \quad f\in L^2(D, dx)$$

とおく．$L^2(D,dx)$ は可分であるから完全正規直交系 $\{e_n\}_{n\geqq 1}$ をもつ．

$$(Ke_n, e_m) = \int_{D\times D} K(x,y)\, e_n(x)\, \overline{e_m(y)} dxdy$$

であるが，$\{\overline{e_n}\otimes e_m\}_{n,m\geqq 1}$ は $L^2(D\times D, dxdy)$ の完全正規直交系になるので Parseval の等式より

$$\|K\|_{\mathrm{H.S.}}^2 = \sum_{n,m\geqq 1} |(Ke_n, e_m)|^2 = \int_{D\times D} |K(x,y)|^2 dxdy = \|K\|_{L^2}^2$$

となる．結局 $\|K\|_{\mathrm{H.S.}} = \|K\|_{L^2}$ である．このような積分作用素を **Hilbert–Schmidt 型の積分作用素**という．

さてコンパクト作用素に対して Fredholm の定理を示そう．A が(有限)正方行列の場合には次のことが成立することを知っている．

「方程式 $Ax=y$ について

(i) 任意の y について解 x が存在することと，$Ax=0$ なら $x=0$ となることとは同値である．

(ii) 解 x が存在する必要十分条件は $z\in \mathrm{Ker}\, A^*$ に対して $(y,z)=0$ とな

ることである.

(iii)　$\dim \operatorname{Ker} A = \dim \operatorname{Ker} A^*$　($\operatorname{Ker} A = \{x;\, Ax = 0\}$).」

Hilbert 空間上の有界作用素 A に対して類似の結果を得られないか考えると，すでに命題 2.25 により $\overline{A(\boldsymbol{H})} = (\operatorname{Ker} A^*)^\perp$ は分かっているので，(iii) と $A(\boldsymbol{H})$ が閉集合であることが分かれば作用素 A に対して(i), (ii)も分かることになる．一般の $A \in \boldsymbol{B}(\boldsymbol{H})$ に対しては $A(\boldsymbol{H})$ が閉集合になることは期待できないが，$A = I - K$ ($K \in \boldsymbol{B}_c(\boldsymbol{H})$) の形の作用素については $A(\boldsymbol{H})$ が閉集合であることと(iii)が示せる.

そのために次の 2 つの補題を準備する.

補題 2.29　$K \in \boldsymbol{B}_c(\boldsymbol{H})$ とし $A = I - K$ とおくと

(i)　$A(\boldsymbol{H})$ は閉集合である.

(ii)　A が全単射なら $A^{-1} \in \boldsymbol{B}(\boldsymbol{H})$ となる.

(iii)　A が全射なら A は単射でもある.

[証明]　$g_n = Af_n \in A(\boldsymbol{H})$ とし $g_n \to g$ と仮定する．$\operatorname{Ker} A$ は $\boldsymbol{H}$ の閉部分空間となるので定理 2.6 により

$$f_n = h'_n + h_n, \quad h'_n \in \operatorname{Ker} A, \quad h_n \in (\operatorname{Ker} A)^\perp$$

と分解できる．$Ah_n = g_n$ であるが，もし $\{\|h_n\|\}$ が有界でないならある部分列 $\{n_k\}$ をとると $\|h_{n_k}\| \to \infty$ となる．$\varphi_k = h_{n_k}/\|h_{n_k}\|$ とおくと

$$g_{n_k}/\|h_{n_k}\| = A\varphi_k = \varphi_k - K\varphi_k$$

であるから，$k \to \infty$ とすれば左辺は 0 に強収束する．一方 K はコンパクト作用素であるから命題 2.26 の(ii)より $\{k\}$ のある部分列をとれば $\{K\varphi_k\}$ は強収束する．簡単のため $\{K\varphi_k\}$ 自身が収束するとする．上のことを合わせると $\{\varphi_k\}$ はある φ に強収束していることが分かる．$\|\varphi_k\| = 1$ より $\|\varphi\| = 1$ であるが，$K\varphi = \varphi$ となるので $\varphi \in \operatorname{Ker} A$ である．しかし $\varphi_k \in (\operatorname{Ker} A)^\perp$ であるから $\varphi \in (\operatorname{Ker} A)^\perp$，したがって $\varphi = 0$ となる．これは $\|\varphi\| = 1$ に矛盾する．よって $\{\|h_n\|\}$ は有界でなければならない．するとまた同様の議論をすることにより，$\{h_n\}$ の部分列で $\{Kh_n\}$ が強収束するものがあるので結局その部分列自身が $h \in \boldsymbol{H}$ に収束する．したがって $g = Ah \in A(\boldsymbol{H})$ となり，(i)が示せた.

(ii)を示すために任意の $n \geqq 1$ に対して $f_n \in \boldsymbol{H}$ で $\|f_n\|=1$, $\|Af_n\| \leqq n^{-1}$ となるものが存在するとする．$\{f_n\}$ から弱収束列 $\{f_{n_k}\}$ をとり出すと $\{Kf_{n_k}\}$ は強収束するので，上の評価より $\{f_{n_k}\}$ はある f に強収束し $Af=0$ となる．一方 $\|f_n\|=1$ より $\|f\|=1$，したがって $f \neq 0$ であるが，これは $\operatorname{Ker} A=\{0\}$ に矛盾する．したがってある $M>0$ があり $\|f\|=1$ なら $\|Af\| \geqq M$ となるがこれは A^{-1} の有界性を示している．

(iii)を示すために広義の固有空間 $F_n=\operatorname{Ker} A^n$ を考える．F_n は $\boldsymbol{H}$ の増大する閉部分空間である．$F_1=\operatorname{Ker} A \neq \{0\}$ と仮定しよう．まず $g_1\ (\neq 0) \in F_1$ を任意にとり帰納的に g_n を $Ag_{n+1}=g_n$ で定めていく．g_n には自由性があるが今 A は全射と仮定しているので可能である．このとき

$$\begin{cases} A^n g_n = A^{n-1} g_{n-1} = \cdots = A g_1 = 0 \\ A^{n-1} g_n = A^{n-2} g_{n-1} = \cdots = A g_2 = g_1 \neq 0 \end{cases}$$

であるから $g_n \in F_n \backslash F_{n-1}$ $(n=2,3,\cdots)$ となる．したがって $F_1 \neq \{0\}$ と仮定すればすべての $n \geqq 2$ に対して $F_n \supsetneqq F_{n-1}$ となる．そこで $f_n \in F_n$ で $\|f_n\|=1$, $f_n \perp F_{n-1}$ をみたすものをとれば

$$d(f_n, F_{n-1}) = \inf\{\|f_n - f\|;\ f \in F_{n-1}\} = 1$$

となる．一方 $n>m>1$ のとき $f_m - Af_m + Af_n \in F_{n-1}$ に注意すれば

$$\|Kf_n - Kf_m\| = \|f_n - (f_m - Af_m + Af_n)\| \geqq 1$$

となるが，これは $\{Kf_n\}$ のどんな部分列も強収束しないことを言っており K がコンパクト作用素であることに矛盾する．したがって $\operatorname{Ker} A=\{0\}$ でなければならない．∎

これよりただちに次の命題を得る．

命題 2.30 $K \in \boldsymbol{B}_c(\boldsymbol{H})$, $A=I-K$ とすると

$$\operatorname{Ker} A = \{0\} \iff A(\boldsymbol{H}) = \boldsymbol{H}.$$

［証明］ 補題 2.29 の(iii)より $\Longleftarrow$ は分かっている．(i)より $A(\boldsymbol{H})$, $A^*(\boldsymbol{H})$ は閉集合であるから命題 2.25 (iii)より $\operatorname{Ker} A=\{0\} \Longrightarrow A^*(\boldsymbol{H})=\boldsymbol{H}$ が分かるが，再び前補題の(iii)より $\operatorname{Ker} A^*=\{0\}$ となり $A(\boldsymbol{H})=\boldsymbol{H}$ が分かる．∎

$\lambda \in \mathbb{C}$ が $\operatorname{Ker}(A-\lambda I) \neq \{0\}$ をみたすとき λ を A の**固有値**(eigenvalue)と

いい，$W_\lambda = \mathrm{Ker}(K-\lambda I)$ を**固有空間**(eigenspace)という．A の固有値全体を $\sigma_{\mathrm{p}}(A)$ と書き，A の**点スペクトル**(point spectrum)という．明らかに $\sigma_{\mathrm{p}}(A) \subset \sigma(A)$ である．$\lambda \in \sigma_{\mathrm{p}}(A)$ のとき，$\dim W_\lambda$ を λ の**重複度**(multiplicity)という．

補題 2.31　$K \in \boldsymbol{B}_c(\boldsymbol{H})$ とすると $\sigma_{\mathrm{p}}(K)$ の集積点はもし存在するとすれば 0 のみである．また固有値 $\lambda\ (\neq 0)$ の重複度は有限である．

［証明］　K の相異なる固有値の列 $\{\lambda_n\}$ が λ に収束しているとする．$Kf_n = \lambda_n f_n\ (f_n \neq 0)$ とすると $\{f_n\}_{n \geqq 1}$ は一次独立である．なぜなら $c_1, c_2, \cdots, c_n \in \mathbb{C}$ に対して

$$c_1 f_1 + c_2 f_2 + \cdots + c_n f_n = 0$$

とすると K を作用させることにより

$$c_1 \lambda_1^k f_1 + c_2 \lambda_2^k f_2 + \cdots + c_n \lambda_n^k f_n = 0 \quad (0 \leqq k \leqq n-1)$$

となるが，行列

$$\begin{pmatrix} 1 & 1 & 1 & \cdots & 1 \\ \lambda_1 & \lambda_2 & \lambda_3 & \cdots & \lambda_n \\ \lambda_1^2 & \lambda_2^2 & \lambda_3^2 & \cdots & \lambda_n^2 \\ \vdots & \vdots & \vdots & & \vdots \\ \lambda_1^{n-1} & \lambda_2^{n-1} & \lambda_3^{n-1} & \cdots & \lambda_n^{n-1} \end{pmatrix}$$

は $\lambda_i \neq \lambda_j\ (i \neq j)$ のとき逆行列をもつので各 i に対して $c_i f_i = 0$ となる．$f_i \neq 0$ であるから $c_i = 0$ となり，$\{f_n\}_{n \geqq 1}$ の一次独立性が分かる．そこで F_n を $\{f_1, f_2, \cdots, f_n\}$ の張る有限次元部分空間とすると，F_n は $\boldsymbol{H}$ の閉部分空間で

$$F_1 \subset \cdots \subset F_n \subset F_{n+1} \subset \cdots, \quad KF_n \subset F_n \quad (n = 1, 2, \cdots)$$

をみたす．また $f_n \in F_n \backslash F_{n-1}$ であるから

$$f_n = g_n + h_n, \quad g_n \in F_{n-1}^{\perp}, \quad h_n \in F_{n-1}$$

と分解すると $g_n \neq 0$ である．$f_n' = f_n/\|g_n\|$，$g_n' = g_n/\|g_n\|$，$h_n' = h_n/\|g_n\|$ とおく．$n > m$ のとき

$$\begin{aligned} \|Kg_n' - Kg_m'\| &= \|Kf_n' - Kh_n' - Kg_m'\| \\ &= \|\lambda_n f_n' - Kh_n' - Kg_m'\| = \|\lambda_n g_n' - (Kh_n' + Kg_m' - \lambda_n h_n')\| \end{aligned}$$

であるが $Kh_n' + Kg_m' - \lambda_n h_n' \in F_{n-1}$ に注意すると

$$\|Kg_n' - Kg_m'\| \geqq |\lambda_n|\,\|g_n'\| = |\lambda_n|$$

となる．K はコンパクト作用素であるから $\{Kg_n'\}$ のある部分列は強収束す

る．したがって$\lambda=0$でなければならない．

$\dim \mathrm{Ker}(K-\lambda I)=\infty$とすると，閉部分空間$\mathrm{Ker}(K-\lambda I)$の正規直交系$\{f_n\}_{n\geqq 1}$がとれる．$\|Kf_n-Kf_m\|=|\lambda|\ \|f_n-f_m\|\geqq|\lambda|\ (n\neq m)$であるから上と同じ議論で$\lambda\neq 0$なら矛盾する．∎

Fredholm の交代定理も含む最終的な結果は次のようになる．

定理 2.32（**Riesz–Schauder の定理**）　$K\in \boldsymbol{B}_c(\boldsymbol{H})$に対して$A=I-K$とおくと，

（i）　$A(\boldsymbol{H})=(\mathrm{Ker}\,A^*)^{\perp},\quad A^*(\boldsymbol{H})=(\mathrm{Ker}\,A)^{\perp}$.

（ii）　$\dim \mathrm{Ker}\,A=\dim \mathrm{Ker}\,A^*<\infty$.

［証明］　(i)はすでに示した．(ii)を示そう．次元の有限性は補題 2.31 より明らかである．そこで$m=\dim \mathrm{Ker}\,A$, $n=\dim \mathrm{Ker}\,A^*$とおく．$\{f_1,f_2,\cdots,f_m\}$, $\{\varphi_1,\varphi_2,\cdots,\varphi_n\}$をそれぞれ$\mathrm{Ker}\,A$, $\mathrm{Ker}\,A^*$の正規直交基底とする．さて$m<n$と仮定しよう．

$$\widetilde{A}f=Af+\sum_{j=1}^{m}(f,f_j)\varphi_j$$

と定義する(明らかに$\widetilde{A}$もある$L\in\boldsymbol{B}_c(\boldsymbol{H})$により$\widetilde{A}=I-L$となる)．$Af\in A(\boldsymbol{H})=(\mathrm{Ker}\,A^*)^{\perp}$であるから$\widetilde{A}f$の第1項と第2項は直交している．したがって$f\in\mathrm{Ker}\,\widetilde{A}$なら$f\in\mathrm{Ker}\,A$で，かつ$(f,f_j)=0\ (1\leqq j\leqq m)$となる．しかし$\{f_j\}_{j=1}^m$の定義より$f=0$となるので$\mathrm{Ker}\,\widetilde{A}=\{0\}$である．したがって命題 2.30 より$\widetilde{A}(\boldsymbol{H})=\boldsymbol{H}$となる．したがってある$f\in\boldsymbol{H}$で$\widetilde{A}f=\varphi_{m+1}$をみたすものがある．このとき

$$1=\|\varphi_{m+1}\|^2=(\widetilde{A}f,\varphi_{m+1})=0$$

となり矛盾である．したがって$n\leqq m$であるが$A^{**}=A$より$m\leqq n$でもある．よって$n=m$となる．∎

問 7　$\widetilde{K}=K+R$, $K\in\boldsymbol{B}_c(\boldsymbol{H})$, $r(R)<1$となる$\widetilde{K}$に対して$A=I-\widetilde{K}$とおく．このAに対しても定理 2.32 が成立することを示せ．(例えばPが$\|P\|=1$のときPからコンパクト作用素を引けばスペクトル半径を1未満にすることができるとき等有効であり，確率論において多用される.)

定理2.32を利用するとKのスペクトルに関して次のことが分かる.

定理 2.33　$K\in \boldsymbol{B}_c(\boldsymbol{H})$とすると

（i）　$\sigma(K)\backslash\{0\}=\sigma_{\mathrm{p}}(K)\backslash\{0\}$で$\sigma_{\mathrm{p}}(K)$の集積点の可能性は0のみである. 各$\lambda\in\sigma_{\mathrm{p}}(K)\backslash\{0\}$に対してその重複度は有限である.

（ii）　$\sigma(K)=\overline{\sigma(K^*)}$で$\dim \mathrm{Ker}(K-\lambda I) = \dim \mathrm{Ker}(K^*-\overline{\lambda}I)$.

［証明］　(ii)は命題2.25に含まれる. (i)を示すためには$\lambda(\neq 0)\in\sigma(K)$なら$\lambda\in\sigma_{\mathrm{p}}(K)$を言えばよいが, $\lambda\in\sigma(K)$でかつ$\mathrm{Ker}(K-\lambda I)=\{0\}$とすると, $A=I-\lambda^{-1}K$に命題2.30を適用すれば$K-\lambda I$は全射にもなる. したがって補題2.29の(ii)により$(K-\lambda I)^{-1}\in\boldsymbol{B}(\boldsymbol{H})$となり, これは$\lambda\in\sigma(K)$に矛盾する. よって$\lambda\in\sigma(K)$で$\lambda\neq 0$なら$\lambda\in\sigma_{\mathrm{p}}(K)$となる. ∎

Volterra積分作用素はコンパクト作用素であるがスペクトルは$\{0\}$のみである. しかし対称性を仮定すればスペクトルは豊富になる.

§2.4　自己共役コンパクト作用素

(a)　展開定理

$A\in\boldsymbol{B}(\boldsymbol{H})$が$A=A^*$をみたすとき$A$を**自己共役作用素**(self-adjoint operator)という. ここでは$K\in\boldsymbol{B}_c(\boldsymbol{H})$で$K=K^*$のとき$K$のスペクトルと$K$の展開定理を考察する.

まず次の補題を注意しておく.

補題 2.34

（i）　$A\in\boldsymbol{B}(\boldsymbol{H})$が自己共役作用素なら任意の$f\in\boldsymbol{H}$に対して$(Af,f)\in\mathbb{R}$であり, $A\neq 0$ならある$f\in\boldsymbol{H}$に対して$(Af,f)\neq 0$となる.

（ii）　$K\in\boldsymbol{B}_c(\boldsymbol{H})$が自己共役作用素である$f\in\boldsymbol{H}$に対して$(Kf,f)>0$なら次のような$f_0\in\boldsymbol{H}$が存在する.

$$\lambda_0 = \sup_{\|f\|\leqq 1}(Kf,f)\ \text{とすると}\quad \lambda_0=(Kf_0,f_0),\quad \|f_0\|=1.$$

このときさらに$Kf_0=\lambda_0 f_0$となる.

［証明］　$A^*=A$より$(Af,f)=\overline{(f,Af)}=\overline{(Af,f)}$となるので$(Af,f)\in\mathbb{R}$

が分かる．またすべての $f\in \boldsymbol{H}$ に対し $(Af,f)=0$ とすると，任意の $g\in \boldsymbol{H}$ に対し

$$0=(A(f+g),f+g)=(Af,f)+(Ag,g)+(Af,g)+(Ag,f)$$
$$=(Af,g)+\overline{(Af,g)}=2\,\mathrm{Re}(Af,g)\,.$$

f を if におきかえれば $(Af,g)=0$ がすべての $f,g\in \boldsymbol{H}$ で成立することが分かる．$g=Af$ とおけば $\|Af\|^2=0$ となり $A=0$ が分かる．

(ii)を示そう．sup の定義より任意の $n\geqq 1$ に対して $f_n\in \boldsymbol{H}$ で $\|f_n\|\leqq 1$, $(Kf_n,f_n)\geqq \lambda_0-n^{-1}$ となるものが存在する．$\{f_n\}$ から弱収束部分列 $\{f_{n_k}\}$ を選びその極限を f_0 とする．K はコンパクトであるから $\{Kf_{n_k}\}$ は Kf_0 に強収束する．したがって $(Kf_{n_k},f_{n_k})\to(Kf_0,f_0)=\lambda_0$ となる．仮定より $\lambda_0>0$ であるから $f_0\neq 0$ である．$\|f_0\|\leqq 1$ であるが $\|f_0\|<1$ とすると

$$\left(K\left(\frac{f_0}{\|f_0\|}\right),\frac{f_0}{\|f_0\|}\right)=\frac{\lambda_0}{\|f_0\|^2}>\lambda_0$$

となり λ_0 が最大値を与えることに矛盾する．よって $\|f_0\|=1$ である．

そこで $(g,f_0)=0$ とし $\varepsilon\in\mathbb{C}$ に対し

$$g_\varepsilon=\frac{f_0+\varepsilon g}{\|f_0+\varepsilon g\|},\quad Q(\varepsilon)=(Kg_\varepsilon,g_\varepsilon)$$

とおくと

$$Q(\varepsilon)=Q(0)+2\varepsilon(Kf_0,g)+O(\varepsilon^2)\quad(\varepsilon\to 0)$$

となる．もし $(Kf_0,g)\neq 0$ ならば十分小さいある $\varepsilon\in\mathbb{C}$ に対して $Q(\varepsilon)>Q(0)$ とできるが，これは $Q(0)$ が最小値であることに矛盾する．したがって $(Kf_0,g)=0$ である．以上より $F=\{cf_0;\ c\in\mathbb{C}\}$ とおけば $Kf_0\in(F^\perp)^\perp=F$ となるので，ある $\alpha\in\mathbb{C}$ に対して $Kf_0=\alpha f_0$ である．このとき $\lambda_0=(Kf_0,f_0)$ $=\alpha$. ∎

定理 2..35 (Hilbert–Schmidt の展開定理) $K\in \boldsymbol{B}_c(\boldsymbol{H})$ で $K=K^*$ とすると次のことが成立する．

(i) $\sigma(K)\subset\mathbb{R}$ で $\lambda,\mu\in\sigma(K)\backslash\{0\}$, $\lambda\neq\mu$ とすると

$$\mathrm{Ker}(K-\lambda I)\ni f,\quad \mathrm{Ker}(K-\mu I)\ni g\implies (f,g)=0\,.$$

(ii) $\{\lambda_n\}_{n\geqq 1}$ を K の 0 以外のすべての固有値全体とする．ただし重複度

が2以上の固有値はその数だけ同じものを並べるとする．$e_n \in \mathrm{Ker}(K-\lambda_n I)$ で $\|e_n\|=1$ とすると，$\{e_n\}_{n\geqq 1}$ は $(\mathrm{Ker}\,K)^{\perp}=\overline{K(\boldsymbol{H})}$ の完全正規直交系であり

$$Kf=\sum_{n=1}^{\infty}\lambda_n(f,e_n)e_n$$

と直交展開できる．$\{\lambda_n\}$ はもし無限個あれば $\lambda_n\to 0$ となる．

［証明］　$\lambda\in\sigma(K)\backslash\{0\}=\sigma_{\mathrm{p}}(K)\backslash\{0\}$，$f\in\mathrm{Ker}(K-\lambda I)$ で $\|f\|=1$ とすると，$\lambda=\lambda(f,f)=(Kf,f)\in\mathbb{R}$（補題2.34より）となるので $\sigma(K)\subset\mathbb{R}$ が分かる．$\lambda,\mu\in\sigma(K)\backslash\{0\}$ で $\lambda\neq\mu$ とすると

$$(\lambda-\mu)(f,g)=(\lambda f,g)-(f,\mu g)=(Kf,g)-(f,Kg)=0$$

より $(f,g)=0$ となる．

$F=\left\{\sum_{n\geqq 1}c_n e_n;\ c_n\in\mathbb{C},\ \sum_{n\geqq 1}|c_n|^2<\infty\right\}$ とおくと F は $\boldsymbol{H}$ の閉部分空間であり $F\subset(\mathrm{Ker}\,K)^{\perp}$ となっている．$F=(\mathrm{Ker}\,K)^{\perp}$ を示そう．明らかに $K(F)\subset F$ であり $K=K^*$ でもあるから $K(F^{\perp})\subset F^{\perp}$ となる．つまり K は Hilbert 空間 $F^{\perp}$ に制限でき，そこでも自己共役作用素になっている．そこでもし $F^{\perp}$ 上でも K が零作用素でないとすると補題2.34よりある $\lambda_0\neq 0$ となる固有値が存在する．したがってある $e_0\in F^{\perp}$ で $\|e_0\|=1$，$Ke_0=\lambda_0 e_0$ となるものがあるが，λ_0 は K を $\boldsymbol{H}$ 全体で見たときの固有値でもあるので e_0 は F にも含まれているはずである．しかしこれは $e_0=0$ となり $\|e_0\|=1$ と矛盾する．よって K は $F^{\perp}$ 上では零作用素である．つまり $F^{\perp}\subset\mathrm{Ker}\,K$ となる．これより $F=(\mathrm{Ker}\,K)^{\perp}$ が分かる．したがって $\{e_n\}_{n\geqq 1}$ は $(\mathrm{Ker}\,K)^{\perp}$ の完全正規直交系となる．そこで $Kf\in\overline{K(\boldsymbol{H})}=(\mathrm{Ker}\,K)^{\perp}$ を $\{e_n\}_{n\geqq 1}$ で展開すると

$$Kf=\sum_{n\geqq 1}(Kf,e_n)e_n=\sum_{n\geqq 1}(f,Ke_n)e_n=\sum_{n\geqq 1}\lambda_n(f,e_n)e_n$$

となる．　∎

Hilbert–Schmidt の展開定理は考えている Hilbert 空間でのノルムでの収束である．しかし K が連続な核をもっているときは一様収束することも期待できる．これに関しては Mercer の定理がある．

D を $\mathbb{R}^d$ の領域とし各 $\lambda \in \mathbb{R}$ に対して D 上の連続関数 $\varphi_\lambda(x)$ が対応していて，2 変数の関数 $\mathbb{R}\times D \ni (\lambda, x) \to \varphi_\lambda(x)$ は Borel 可測で $\mathbb{R}\times D$ の有界集合上有界とする．σ を $\mathbb{R}$ 上の測度で有界集合上では有限な値をもつとする．

$$K_n(x,y) = \int_{|\lambda| \leqq n} \varphi_\lambda(x)\overline{\varphi_\lambda(y)}\,\sigma(d\lambda)$$

とおく．一方，別に $D\times D$ 上の連続な関数 $K(x,y)$ に対して

$$K\varphi(x) = \int_D K(x,y)\varphi(y)\,dy\,,$$

$$\varphi \in C_0(D) = \{\text{台が}\,D\,\text{内のコンパクト集合になる連続関数全体}\}$$

とおく．$\boldsymbol{H} = L^2(D, dy)$ とする．

命題 2.36（**Mercer の定理**） 任意の $\varphi \in C_0(D)$ に対して，$K_n\varphi, K\varphi \in \boldsymbol{H}$ であり $\boldsymbol{H}$ のノルムで $K_n\varphi \to K\varphi$ $(n\to\infty)$ と仮定する．このとき $D\times D$ の各コンパクト集合上 $\{K_n(x,y)\}$ は $K(x,y)$ に一様収束する．とくに各 $x, y \in D$ に対して

$$K(x,y) = \int_{\mathbb{R}} \varphi_\lambda(x)\overline{\varphi_\lambda(y)}\,\sigma(d\lambda)$$

と積分表示できる．右辺の積分は絶対収束する．

［証明］ $\varphi \in C_0(D)$ に対して，仮定より $(K_n\varphi, \varphi) \to (K\varphi, \varphi)$ となるが，$n \geqq m \geqq 1$ のとき

$$(K_n\varphi, \varphi) - (K_m\varphi, \varphi) = \int_{m<|\lambda|\leqq n} |(\varphi, \varphi_\lambda)|^2 \sigma(d\lambda) \geqq 0$$

に注意すれば

$$(K_n\varphi, \varphi) \leqq (K\varphi, \varphi)$$

が分かる．したがって

$$0 \leqq K_m(x,x) \leqq K_n(x,x) \leqq K(x,x), \quad x \in D$$

となる．そこで C を D 内のコンパクト集合とし

$$\varphi \in C_0(D), \quad \operatorname{supp}\varphi \subset C, \quad M = \max_{x\in C} K(x,x)$$

とすると，Schwarz の不等式より

$$\begin{aligned}&|K_n\varphi(x)-K_m\varphi(x)|^2\\&\leqq \int_{m<|\lambda|\leqq n}|\varphi_\lambda(x)|^2\sigma(d\lambda)\int_C dy\int_{m<|\lambda|\leqq n}|\varphi_\lambda(y)|^2\sigma(d\lambda)\|\varphi\|_\infty\\&\leqq M^2\|\varphi\|_\infty\Big(\int_C K_n(y,y)dy-\int_C K_m(y,y)dy\Big)\end{aligned}$$

が分かるので，$\{K_n\varphi(x)\}$ は C 上一様収束する．その極限を $B\varphi(x)$ とすると $B\varphi(x)$ は D 上連続になる．仮定より $K_n\varphi$ は $K\varphi$ に L^2–収束しているので $K\varphi(x)=B\varphi(x)$ a.e. $x\in D$ となるが，$K\varphi(x)$ も連続であるから，すべての $x\in D$ で $K\varphi(x)=B\varphi(x)$ となる．

一方，核 $K_n(x,y)$ 自身については同様の計算で

$$|K_n(x,y)-K_m(x,y)|^2\leqq M^2\int_{m<|\lambda|\leqq n}|\varphi_\lambda(x)|^2\sigma(d\lambda)$$

が分かるので，$x\in D$ を固定するごとに $\{K_n(x,y)\}$ はある $B(x,y)$ に C 上一様収束する．したがって

$$B\varphi(x)=\int_D B(x,y)\varphi(y)dy$$

となる．$x\in D$ を固定すれば $B(x,y),K(x,y)$ は y について連続であるから $B(x,y)=K(x,y)$ が分かる．とくに

$$K(x,x)=\lim_{n\to\infty}\int_{|\lambda|\leqq n}|\varphi_\lambda(x)|^2\sigma(d\lambda)=\int_{\mathbb{R}}|\varphi_\lambda(x)|^2\sigma(d\lambda)$$

となる．この収束は Dini の定理より D の各コンパクト集合上一様収束であることが分かる．したがって不等式

$$|K_n(x,y)-K_m(x,y)|^2\leqq\int_{m<|\lambda|\leqq n}|\varphi_\lambda(x)|^2\sigma(d\lambda)\int_{m<|\lambda|\leqq n}|\varphi_\lambda(y)|^2\sigma(d\lambda)$$

より $\{K_n(x,y)\}$ も $D\times D$ の各コンパクト集合上 $K(x,y)$ に一様収束する． ∎

D を $\mathbb{R}^d$ のコンパクト集合とし，$D\times D$ 上の連続関数 $K(x,y)$ に対し

$$Kf(x)=\int_D K(x,y)f(y)dy,\quad f\in L^2(D)$$

とおく．命題 2.28 より K は $L^2(D)$ 上のコンパクト作用素になる．K の(0

でない)固有値を $\{\lambda_n\}_{n\geqq 1}$，対応する固有関数を $\{\varphi_n(x)\}$ とする．$(\varphi_n,\varphi_m)=\delta_{n,m}$ としてよい．$K(x,y)$ の連続性より $\varphi_n(x)$ は連続になる．

系 2.37 もし K がすべての $f\in L^2(D)$ に対し $(Kf,f)\geqq 0$ をみたすなら $\lambda_n>0$ で，核 $K(x,y)$ は次のように展開される．

$$K(x,y)=\sum_{n=1}^{\infty}\lambda_n\varphi_n(x)\overline{\varphi_n(y)}\quad (D\times D\text{ 上一様収束}).$$

［証明］ $\lambda_n=\lambda_n(\varphi_n,\varphi_n)=(K\varphi_n,\varphi_n)\geqq 0$ より $\lambda_n>0$ となる．$\sigma(d\lambda)=\sum_{n\geqq 1}\lambda_n\delta_{\{n\}}(d\lambda)$，$\varphi_{\lambda_n}(x)=\varphi_n(x)$ とし

$$K_n(x,y)=\sum_{1\leqq m\leqq n}\lambda_m\varphi_m(x)\overline{\varphi_m(y)}=\int_{|\lambda|\leqq n}\varphi_\lambda(x)\overline{\varphi_\lambda(y)}\sigma(d\lambda)$$

とおけば，定理 2.35 と命題 2.36 より $K_n(x,y)\to K(x,y)$ ($D\times D$ で一様収束)が分かる． ∎

(b) ミニマックス原理

補題 2.34 で 1 つの固有値 λ_0 を (Kf,f) の上限として求めた．この方法を一般化することにより他のすべての固有値もある種の変分問題として求めることができる．

自己共役な $K\in \boldsymbol{B}_c(\boldsymbol{H})$ と $h_1,h_2,\cdots,h_n\in \boldsymbol{H}$ に対して

$$\begin{aligned}\nu_+(h_1,h_2,\cdots,h_n)&=\sup\{(Kf,f);\ \|f\|\leqq 1,\ (f,h_i)=0,\ 1\leqq i\leqq n\},\\ \nu_-(h_1,h_2,\cdots,h_n)&=\inf\{(Kf,f);\ \|f\|\leqq 1,\ (f,h_i)=0,\ 1\leqq i\leqq n\},\\ \nu_+&=\sup\{(Kf,f);\ \|f\|\leqq 1\},\\ \nu_-&=\inf\{(Kf,f);\ \|f\|\leqq 1\}\end{aligned}$$

とおく．

K の正，負の固有値全体を $\{\lambda_n^+\}_{n\geqq 1}$，$\{\lambda_n^-\}_{n\geqq 1}$ とする．

$$\lambda_1^+\geqq\lambda_2^+\geqq\cdots\geqq\lambda_n^+\geqq\cdots\geqq 0\geqq\cdots\geqq\lambda_n^-\geqq\lambda_{n-1}^-\geqq\cdots\geqq\lambda_1^-.$$

ただし固有値は重複度だけ同じものを並べるとする．$\lambda_n^\pm$ に対応して $\varphi_n^\pm(\neq 0)\in \mathrm{Ker}(K-\lambda_n^\pm I)$ を正規直交系となるように選ぶ．このとき

定理 2.38（ミニマックス原理） $K\in \boldsymbol{B}_c(\boldsymbol{H})$ に対して

$$\lambda_n^+ = \inf\{\nu_+(h_1, h_2, \cdots, h_{n-1});\ h_1, h_2, \cdots, h_{n-1} \in \boldsymbol{H}\},$$
$$\lambda_n^- = \sup\{\nu_-(h_1, h_2, \cdots, h_{n-1});\ h_1, h_2, \cdots, h_{n-1} \in \boldsymbol{H}\},$$
$$\nu_+ = \lambda_1^+, \quad \nu_- = \lambda_1^-$$

で，さらに $\lambda_n^+ = \nu_+(\varphi_1^+, \varphi_2^+, \cdots, \varphi_{n-1}^+)$，$\lambda_n^- = \nu_-(\varphi_1^-, \varphi_2^-, \cdots, \varphi_{n-1}^-)$ となる．ただしある $f, g \in \boldsymbol{H}$ に対して $(Kf, f) > 0$，$(Kg, g) < 0$ となる．

［証明］　定理 2.35 より $(f, \varphi_i^+) = 0$ $(1 \leqq i \leqq n-1)$ なら

$$(Kf, f) = \sum_{i=n}^{\infty} \lambda_i^+ |(f, \varphi_i^+)|^2 + \sum_{i=1}^{\infty} \lambda_i^- |(f, \varphi_i^-)|^2 \leqq \sum_{i=n}^{\infty} \lambda_i^+ |(f, \varphi_i^+)|^2$$

となるので，$\nu_+(\varphi_1^+, \varphi_2^+, \cdots, \varphi_{n-1}^+) = \lambda_n^+$ で sup は $f = \varphi_n^+$ で達成される．したがって $\lambda_n^+ \leqq \nu_+(h_1, h_2, \cdots, h_{n-1})$ を示せばよい．方程式

$$\sum_{i=1}^{n} x_i (\varphi_i^+, h_k) = 0$$

の非自明な解を $\{x_i\}_{i=1}^n$ とする．$\sum_{i=1}^{n} |x_i|^2 = 1$ と仮定してよい．

$$f = \sum_{i=1}^{n} x_i \varphi_i^+$$

とおくと，

$$\|f\|^2 = \sum_{i=1}^{n} |x_i|^2 = 1, \quad (f, h_k) = \sum_{i=1}^{n} x_i (\varphi_i^+, h_k) = 0 \quad (1 \leqq k \leqq n-1)$$

であるから

$$\nu_+(h_1, h_2, \cdots, h_{n-1}) \geqq (Kf, f) = \sum_{i=1}^{n} \lambda_i^+ |x_i|^2 \geqq \lambda_n^+$$

となる．$\{\lambda_n^-\}$ については $-K$ に上の議論を適用すればよい．　▌

系 2.39　$K, L \in \boldsymbol{B}_c(\boldsymbol{H})$ で K, L は自己共役とする．もしすべての $f \in \boldsymbol{H}$ に対して $(Kf, f) \geqq (Lf, f)$ ならば $n = 1, 2, \cdots$ に対して $\lambda_n^+ \geqq \mu_n^+$，$\lambda_n^- \geqq \mu_n^-$ となる．ただし $\{\lambda_n^\pm\}, \{\mu_n^\pm\}$ はそれぞれ K, L の固有値を正，負に分け大きさの順に並べたものである．

Volterra 作用素

Hilbert 空間 $\boldsymbol{H}$ 上の線形作用素 V がコンパクトでスペクトル半径 $r(V)$ が 0 であるとき V を Volterra 作用素という．Volterra 積分作用素は典型的な例である．Volterra 作用素はベキ等行列の拡張概念である．A がベキ零行列ならば A は

$$J=\begin{pmatrix} 0 & 1 & & & \\ & \ddots & \ddots & & \\ & & \ddots & \ddots & \\ & & & \ddots & 1 \\ & & & & 0 \end{pmatrix}$$

の形の Jordan 細胞の直和行列と相似になる．J と相似になる行列はその行列の不変部分空間が包含関係で全順序付けられることとして特徴付けられる．そこで Hilbert 空間上の有界作用素 V の任意の不変部分空間 H_1, H_2 が $H_1 \subset H_2$ または $H_2 \subset H_1$ をみたすとき V を **unicellular** 作用素という．コンパクトな unicellular 作用素は Volterra 作用素になる．したがって unicellular 作用素の構造の研究と Volterra 作用素を unicellular 作用素の直和に分解することが重要になる．

分解については，Kisilevsky により，「(単純な) Volterra 作用素 V が $\operatorname{Im} V=(2i)^{-1}(V-V^*)\geqq 0$ (正定値)をみたし $\operatorname{Im} V$ が跡族ならば V は unicellular 作用素の直和に分解できる.」ことが示されている．

unicellular 作用素の構造についても，例えば Lifshic により，「(単純な) Volterra 作用素 V で $\operatorname{Im} V$ の rank が 1 次元なら V は積分作用素

$$Jf(t)=2i\int_0^t f(s)ds, \quad f\in L^2([0,1])$$

とユニタリー同値になり unicellular になる.」ことが知られている．J の unicellularity は演算子論で基本的な Titchmarsh の convolution に関する定理より示される．しかし行列の場合と異なり無限次元では互いに相似でない無限個の unicellular 作用素が存在する．

作用素の unicellularity は微分方程式のスペクトル逆問題と深く関係するなど非常に興味ある性質である(§5.2 参照)．

§2.5　非有界自己共役作用素

(a)　閉作用素

次の例を考えよう．

例 2.40　$\boldsymbol{H}=L^2(\mathbb{R},dx)$，$C_0^1(\mathbb{R})=\{$台がコンパクトな $\mathbb{R}$ 上1回連続的微分可能な関数全体$\}$ に対し

$$Af(x)=i\frac{d}{dx}f(x),\quad f\in C_0^1(\mathbb{R})$$

とおく．作用素 A を $\boldsymbol{H}$ 全体で定義することは不可能であり，$C_0^1(\mathbb{R})$ 等に制限しなければならない．□

このようにこの節では定義域が $\boldsymbol{H}$ 全体でない作用素について考察する．

$\mathcal{D}(A)$ を Hilbert 空間 $\boldsymbol{H}$ の部分空間とする．A を $\mathcal{D}(A)$ を定義域にもつ $\boldsymbol{H}$ の中への線形作用素とする．$\boldsymbol{H}^2=\boldsymbol{H}\times\boldsymbol{H}=\{\{f,g\};\ f,g\in\boldsymbol{H}\}$ とし，$\boldsymbol{H}^2$ の中に内積を

$$(\{f_1,g_1\},\{f_2,g_2\})=(f_1,f_2)+(g_1,g_2)$$

で定義すると，$\boldsymbol{H}^2$ は Hilbert 空間になる．A の**グラフ** $G(A)$ を

$$G(A)=\{\{f,g\}\in\boldsymbol{H}^2;\ f\in\mathcal{D}(A),\ g=Af\}$$

で定める．$G(A)$ は $\boldsymbol{H}^2$ の部分空間である．

問 8　$\boldsymbol{H}^2$ の部分空間 G が $\boldsymbol{H}$ のある線形作用素のグラフであるための必要十分条件は $\{0,g\}\in G$ ならば $g=0$ となることである．

非有界作用素の場合，連続性，有界性に代わる性質を導入しよう．定義域 $\mathcal{D}(A)$ をもつ $\boldsymbol{H}$ の線形作用素 A のグラフ $G(A)$ が $\boldsymbol{H}^2$ の閉部分空間であるとき A を**閉作用素**(closed operator)という．また閉包 $\overline{G(A)}$ がある作用素のグラフになるとき A を**可閉**(closable)という．A が閉作用素とはつねに

$$\mathcal{D}(A)\ni f_n\to f,\ Af_n\to g\implies f\in\mathcal{D}(A),\ g=Af$$

となることと同値であり，A が可閉とは

$$\mathcal{D}(A) \ni f_n \to 0,\ Af_n \to g \implies g = 0$$

となることと同値である．

次に A の共役作用素を定義しよう．そのために $V: \boldsymbol{H}^2 \to \boldsymbol{H}^2$ を $V\{f,g\} = \{g,-f\}$ で定める．V は $\boldsymbol{H}^2$ から $\boldsymbol{H}^2$ の上へのノルムを変えない線形作用素で $V^2 = -I$ をみたす．$\boldsymbol{H}$ 上の線形作用素 A のグラフ $G(A)$ に対して $\widehat{G}(A) = \{V(G(A))\}^{\perp}$ とおく．$\widehat{G}(A)$ がある線形作用素のグラフになるためには

$$\{0,g\} \in \widehat{G}(A) \to g = 0$$

が成立することが必要十分であるが，これは $\mathcal{D}(A)$ が稠密になることと同値である．このとき $\widehat{G}(A)$ が定義する線形作用素を A^* とかき A の**共役作用素**という．$\widehat{G}(A)$ は閉部分空間であるから A^* はつねに閉作用素である．$\mathcal{D}(A)$ が稠密のとき

$$(Af,g) = (f,A^*g), \quad f \in \mathcal{D}(A),\ g \in \mathcal{D}(A^*)$$

であるが，$\mathcal{D}(A^*)$ はある $g^* \in \boldsymbol{H}$ があり任意の $f \in \mathcal{D}(A)$ に対し

$$(Af,g) = (f,g^*)$$

が成立する $g\,(\in \boldsymbol{H})$ 全体と定義してもよい．このとき $g^* = A^*g$ とすればよい．§2.2の(b)で，$\boldsymbol{H}$ の有界作用素に対して共役作用素を定義したが，上の定義は A が有界のときはこれと一致する．

命題2.41　$\boldsymbol{H}$ 上の線形作用素 A について

(i)　$\overline{\mathcal{D}(A)} = \boldsymbol{H}$, $\mathrm{Ker}\,A = \{0\}$, $\overline{A(\boldsymbol{H})} = \boldsymbol{H}$ ならば $\mathrm{Ker}\,A^* = \{0\}$, $\overline{A^*(\boldsymbol{H})} = \boldsymbol{H}$ で $(A^*)^{-1} = (A^{-1})^*$ となる．

(ii)　$\overline{\mathcal{D}(A)} = \boldsymbol{H}$ とすると

$$\overline{\mathcal{D}(A^*)} = \boldsymbol{H} \iff A \text{ は可閉}$$

さらにこのとき $\overline{G(A)} = G(A^{**})$，つまり A^{**} は A の(最小)閉拡大作用素となる．

［証明］　$U: \boldsymbol{H}^2 \to \boldsymbol{H}^2$ を $U\{f,g\} = \{g,f\}$ で定めると，$G(A^{-1}) = UG(A)$ となるが，容易に $G((A^{-1})^*) = UG(A^*)$ が分かるので $(A^*)^{-1}$ が存在して $(A^*)^{-1} = (A^{-1})^*$ となることが分かる．

(ii)を示す．$\overline{\mathcal{D}(A^*)} = \boldsymbol{H}$ とすると A^{**} が定義できるが

$$G(A^{**}) = \{V(G(A^*))\}^{\perp} = \overline{V^2(G(A))} = \overline{G(A)}$$

となるので A は可閉になる．逆に A が可閉とする．$h\in\mathcal{D}(A^*)^\perp$ とすると

$$\{0,h\}\in\{V(G(A^*))\}^\perp=\overline{G(A)}$$

であるが，A は可閉であるから $\overline{G(A)}$ はある線形作用素のグラフになる．したがって $h=0$ でなければならない．つまり $\overline{\mathcal{D}(A^*)}=\boldsymbol{H}$ である．∎

問9　例2.40の作用素 A に対して A^*, A^{**} を求めよ．

系2.42　A を $\overline{\mathcal{D}(A)}=\boldsymbol{H}$ をみたす閉作用素とすると

(i)　$\overline{\mathcal{D}(A^*)}=\boldsymbol{H}$,　$A^{**}=A$.

(ii)　$\mathrm{Ker}\,A=\{0\}$, $\overline{A(\boldsymbol{H})}=\boldsymbol{H}$ ならば A^{-1} も閉作用素である．□

定理2.43（**閉グラフ定理**）　A が $\mathcal{D}(A)=\boldsymbol{H}$ をみたす閉作用素ならば A は有界作用素になる．

［証明］　まず A^* が有界になることを示す．もし有界でないとすると，ある $g_n\in\mathcal{D}(A^*)$ で $\|g_n\|=1$, $\|A^*g_n\|\to\infty$ となるものがある．$\boldsymbol{H}$ 上の半ノルム p_n を $p_n(f)=|(Af,g_n)|=|(f,A^*g_n)|$ で定めると $f\in\boldsymbol{H}$ に対して $p_n(f)\leqq\|Af\|$ であるから定理2.16より，ある $C>0$ があり $p_n(f)\leqq C\|f\|$ がすべての $f\in\boldsymbol{H}$ で成立する．$f=A^*g_n$ とおけば

$$\|A^*g_n\|^2=p_n(A^*g_n)\leqq C\|A^*g_n\|$$

となるので $\|A^*g_n\|\leqq C$ となり，仮定に矛盾する．よって A^* は有界である．系2.42の(i)より $\overline{\mathcal{D}(A^*)}=\boldsymbol{H}$ であるから，$f\in\boldsymbol{H}$ に対してある $f_n\in\mathcal{D}(A^*)$ が存在して $f_n\to f$ となる．一方 A^* は有界であるから，ある $g\in\boldsymbol{H}$ があり $A^*f_n\to g$ となる．しかし一般に A^* は閉作用素であるから $f\in\mathcal{D}(A^*)$ で $g=A^*f$ となる．したがって A^* は $\boldsymbol{H}$ 全体で定義された有界作用素になる．系2.42の(i)より $A=A^{**}$ に再びこの議論を繰り返すと A が有界であることが分かる．∎

系2.44　A が $\boldsymbol{H}$ 上の閉作用素で $\mathrm{Ker}\,A=\{0\}$, $A(\boldsymbol{H})=\boldsymbol{H}$ ならば A^{-1} は有界作用素になる．□

(b) 対称作用素と自己共役拡大

$\boldsymbol{H}$ の部分空間 $\mathcal{D}(A)$ を定義域にもつ線形作用素 A が**対称**(symmetric)であるとは

$$(Af, g) = (f, Ag), \quad f, g \in \mathcal{D}(A)$$

が成立することである．例えば例 2.40 の作用素は部分積分により対称であることが容易に分かる．

A, B を $\boldsymbol{H}$ 上の作用素とする．B が A の**拡大**であるとは

$$\mathcal{D}(A) \subset \mathcal{D}(B) \text{ で } \quad Af = Bf \ (f \in \mathcal{D}(A))$$

が成立するときをいう．このとき $A \subset B$ とかく．

さて A を $\overline{\mathcal{D}(A)} = \boldsymbol{H}$ をみたす対称作用素とする．A^* の定義より容易に $A \subset A^*$ が分かる．したがって $\overline{\mathcal{D}(A^*)} = \boldsymbol{H}$ であるから，A^{**} が定義できるが命題 2.41 より A^{**} は A の最小閉拡大であるから

$$A \subset A^{**} \subset A^*$$

となっている．$(A^{**})^* \supset A^{**}$ でもあるから A^{**} も対称である．つまり稠密な定義域をもつ対称作用素は可閉でありその最小閉拡大は再び対称になる．

$\boldsymbol{H}$ で稠密な定義域 $\mathcal{D}(A)$ をもつ作用素 A が $A = A^*$ をみたすとき**自己共役**(self-adjoint)作用素という．与えられた対称作用素またはその最小閉拡大が自己共役であるかどうか見究めることはそれほど単純ではない．ここではその方法と，さらに自己共役でない場合に自己共役拡大の可能性について考察する．

A を $\boldsymbol{H}$ 上の線形作用素で定義域を $\mathcal{D}(A)$ とする．$\mathcal{D}(A)$ は $\boldsymbol{H}$ で稠密とは仮定しない．$\lambda \in \mathbb{C}$ がある $k > 0$ に対し

$$\|(A - \lambda I)f\| \geqq k\|f\|, \quad f \in \mathcal{D}(A)$$

をみたすとき λ を A の**準レゾルベント点**という．A の準レゾルベント点全体を $\rho_0(A)$ で表わし**準レゾルベント集合**という．レゾルベント集合 $\rho(A)$ は $\rho_0(A)$ の部分集合である．

$\lambda_0 \in \rho_0(A)$ とし $\|(A - \lambda_0 I)f\| \geqq k_0\|f\|$ とする．$|\lambda - \lambda_0| \leqq k_0/2$ とすると $f \in \mathcal{D}(A)$ に対し

(2.11)　$\|(A-\lambda I)f\| \geqq \|(A-\lambda_0 I)f\| - |\lambda-\lambda_0|\,\|f\| \geqq \dfrac{k_0}{2}\|f\|$

となるので $\lambda\in\rho_0(A)$ が分かる．つまり $\rho_0(A)$ は $\rho(A)$ と同様に $\mathbb{C}$ で開集合になる．

A を対称，$\lambda=x+iy$ $(y\neq 0)$ とすると $f\in\mathcal{D}(A)$ に対し

(2.12)
$$\begin{aligned}\|(A-\lambda I)f\|^2 &= \|(A-xI)f-iyf\|^2\\ &= \|(A-xI)f\|^2+y^2\|f\|^2 \geqq y^2\|f\|^2\end{aligned}$$

であるので $\lambda\in\rho_0(A)$ となる．つまり $\mathbb{C}\backslash\mathbb{R}\subset\rho_0(A)$ である．

命題 2.45　$\lambda\in\mathbb{C}$ に対し

$$N(\lambda)=\{(A-\lambda I)\mathcal{D}(A)\}^{\perp},\quad n(\lambda)=\dim N(\lambda)$$

とおくと，$\rho_0(A)$ の連結成分 Γ 上で $n(\lambda)$ は一定である．

［証明］　$\lambda_0\in\rho_0(A)$ とするとある $k_0>0$ があり

$$\|(A-\lambda_0 I)f\| \geqq k_0\|f\|,\quad f\in\mathcal{D}(A)$$

となる．(2.11)より $|\lambda-\lambda_0|\leqq k_0/3$ ならば

$$\|(A-\lambda I)f\| \geqq \frac{2k_0}{3}\|f\|,\quad f\in\mathcal{D}(A)$$

である．閉部分空間 $N(\lambda_0), N(\lambda)$ への射影をそれぞれ P, Q とする．$h\in N(\lambda)$ とすると

(2.13)
$$\begin{aligned}\|(1-P)h\| &= \sup\{|(h,g)|;\ \|g\|=1,\ g\in(A-\lambda_0 I)\mathcal{D}(A)\}\\ &= \sup\left\{\frac{|(h,(A-\lambda_0 I)f)|}{\|(A-\lambda_0 I)f\|};\ f\in\mathcal{D}(A),\ f\neq 0\right\}\\ &= \sup\left\{\frac{|(h,(A-\lambda I)f)+(\lambda-\lambda_0)(h,f)|}{\|(A-\lambda_0 I)f\|};\ f\in\mathcal{D}(A),\ f\neq 0\right\}\\ &= |\lambda-\lambda_0|\sup\left\{\frac{|(h,f)|}{\|(A-\lambda_0 I)f\|};\ f\in\mathcal{D}(A),\ f\neq 0\right\}\\ &\leqq \frac{k_0}{3}\times\frac{1}{k_0}\times\|h\| \leqq \frac{\|h\|}{2}\end{aligned}$$

となる．同様に $h\in N(\lambda_0)$ とすると

$$\|(1-Q)h\| \leqq \frac{k_0}{3} \times \frac{3}{2k_0} \times \|h\| = \frac{\|h\|}{2} \tag{2.14}$$

となる．そこで $T: P(\boldsymbol{H}) \to Q(\boldsymbol{H})$ を $Tf = Qf$ で定義すると $h \in P(\boldsymbol{H})$ なら(2.14)より

$$\|h\|^2 \geqq \|Th\|^2 = \|h\|^2 - \|(1-Q)h\|^2 \geqq \frac{3}{4}\|h\|^2$$

が分かる．したがって，T は $P(\boldsymbol{H})$ より $Q(\boldsymbol{H})$ への1対1連続作用素で，$T(P(\boldsymbol{H}))$ は $Q(\boldsymbol{H})$ の閉部分空間になる．$T(P(\boldsymbol{H})) = Q(\boldsymbol{H})$ を示そう．そのために $f \in Q(\boldsymbol{H}) \cap \{T(P(\boldsymbol{H}))\}^{\perp}$ とすると

$$0 = (f, Th) = (f, Qh) = (f, h)$$

がすべての $h \in P(\boldsymbol{H})$ で成立するので $f \in \{P(\boldsymbol{H})\}^{\perp}$ となる．したがって $Pf = 0$ である．一方(2.13)で $h = f$ とすると，

$$\|f\| \leqq \frac{1}{2}\|f\| \implies \|f\| = 0 \implies f = 0$$

となる．つまり $T(P(\boldsymbol{H}))$ は $Q(\boldsymbol{H})$ で稠密になる．したがって T は $P(\boldsymbol{H}) \to Q(\boldsymbol{H})$ の全単射両連続作用素になる．これより $\dim P(\boldsymbol{H}) = \dim Q(\boldsymbol{H})$ が分かり，結局 Γ 上で $n(\lambda)$ は一定になる． ∎

注意 2.46　実際は $P(\boldsymbol{H})$ から $Q(\boldsymbol{H})$ の上への等距離作用素が存在することが分かる．

上の命題により $n(\lambda) = \dim N(\lambda)$ は $\rho_0(A)$ の領域 Γ 上で一定の値 n_Γ をとるがこの値を A の Γ での**不足指数**(deficiency index)とよぶ．A が対称作用素のとき(2.12)より $\mathbb{C}_\pm$ 上で $n(\lambda)$ は一定の値 $n_\pm$ になる．これを (n_+, n_-) と書く．

A を定義域が稠密な閉対称作用素とする．$\lambda \in \mathbb{C}_+ = \{z \in \mathbb{C};\ \mathrm{Im}\, z > 0\}$ とする．

$$M(\lambda) = (A - \lambda I)\mathcal{D}(A)$$

とおくと，不等式(2.12)と A が閉作用素であることより $M(\lambda)$ は $\boldsymbol{H}$ の閉部分空間となる．

(2.15)
$$V=(A-\lambda I)(A-\overline{\lambda}I)^{-1}$$
とおく．V は $M(\overline{\lambda})$ から $M(\lambda)$ への全単射作用素である．さらに(2.12)より $\|(A-\lambda I)f\|=\|(A-\overline{\lambda}I)f\|$ が分かるので $\|Vf\|=\|f\|$，つまり V は等距離作用素である．

定理 2.47　A を $\boldsymbol{H}$ で稠密な定義域 $\mathcal{D}(A)$ をもつ対称作用素とする．このとき

（i）　$N(\lambda)=\mathrm{Ker}(A^*-\overline{\lambda}I)$.

（ii）　A の最小閉拡大($=A^{**}$)が自己共役であることと $n_+=n_-=0$ となることは同値である．

（iii）　A が自己共役な拡大をもつことと $n_+=n_-$ となることは同値である．

［証明］　(i)は自明である．(ii)を示すため B を A の最小閉拡大($=A^{**}$)とすると $\{(A-\lambda I)\mathcal{D}(A)\}^{\perp}=\{(B-\lambda I)\mathcal{D}(B)\}^{\perp}$ となる．一方，$B=B^*$ なら(2.12)より
$$\mathrm{Ker}(B^*-\overline{\lambda}I)=\mathrm{Ker}(B-\overline{\lambda}I)=\{0\}$$
であるから $n_-=\dim\mathrm{Ker}(B^*-\lambda I)=0$ となる．同様に $n_+=0$ でもある．逆に $n_+=n_-=0$ とすると B に対応する n_+, n_- も 0 である．そこで $g\in\mathcal{D}(B^*)$, $\lambda\in\mathbb{C}_+$ とする．$n_+=0$ より $(B-\lambda I)$ は $\mathcal{D}(B)\to\boldsymbol{H}$ への全単射である．したがって $f\in\mathcal{D}(B)$ で
$$(B-\lambda I)f=(B^*-\lambda I)g$$
となるものがある．$B\subset B^*$ であるから $f-g\in\mathrm{Ker}(B^*-\lambda I)$ となるが，$n_-=0$ より $\mathrm{Ker}(B^*-\lambda I)=\{0\}$ である．よって $g=f\in\mathcal{D}(B)$ となる．つまり $B=B^*$ が分かった．

(iii)を示そう．A^{**} を考えることにより A は閉対称作用素としてよい．B を A の自己共役拡大とする．$\lambda\in\mathbb{C}_+$ を固定して
$$U=(B-\lambda I)(B-\overline{\lambda}I)^{-1}$$
とおくと(2.15)での考察より U は $\boldsymbol{H}$ から $\boldsymbol{H}$ への全単射等距離作用素となる．一方

(2.16)
$$(Uf,g)=(f,(B-\overline{\lambda}I)(B-\lambda I)^{-1}g)$$
であるが，$g\in M(\lambda)$ とすると

$$(B-\overline{\lambda}I)(B-\lambda I)^{-1}g = (A-\overline{\lambda}I)(A-\lambda I)^{-1}g$$

となるので，$f \in N(\overline{\lambda}) = M(\overline{\lambda})^{\perp}$ とすると(2.16)の 右辺$=0$ となる．したがって $U(N(\overline{\lambda})) \subset M(\lambda)^{\perp} = N(\lambda)$ となる．しかし $U^{-1}(N(\lambda)) \subset N(\overline{\lambda})$ も同様に分かり結局 $U(N(\overline{\lambda})) = N(\lambda)$ となる．これより $n_+ = n_-$ となる．

逆に $n_+ = n_-$ とする．$\dim N(\lambda) = \dim N(\overline{\lambda})$ であるから $N(\overline{\lambda})$ から $N(\lambda)$ への全単射等距離作用素 V_1 を適当に定めることができ，

$$Uf = \begin{cases} Vf, & f \in M(\overline{\lambda}) \\ V_1 f, & f \in N(\overline{\lambda}) \end{cases}$$

と定めると U を $\boldsymbol{H}$ 上の全単射等距離作用素にできる．そこで $\mathrm{Ker}(U-I) = \{0\}$ を示す．$Uh-h=0$ とすると $f=(U-I)g$ の形の元に対して

$$(h,f) = (h,Ug)-(h,g) = (h,Ug)-(Uh,Ug) = 0$$

となるが，$V \subset U$ であるから h は $(V-I)M(\overline{\lambda})$ と直交する．ところが，$(V-I)M(\overline{\lambda}) = \mathcal{D}(A)$ であるから h は $\mathcal{D}(A)$ と直交するが，$\overline{\mathcal{D}(A)} = \boldsymbol{H}$ より $h=0$ となる．よって $\mathrm{Ker}(U-I)=\{0\}$ であるが，これより $(U-I)(\boldsymbol{H})$ は $\boldsymbol{H}$ で稠密になる．したがって

$$B = (\overline{\lambda}U - \lambda I)(U-I)^{-1}$$

とおけば B は自己共役になり，かつ $B \supset A$ となる． ∎

$n_+ = n_- = 0$ となる対称作用素 A を**本質的に自己共役作用素**(essentially self-adjoint operator)という．$n_+ = n_-$ となる簡単な十分条件をあげておこう．

J を $\boldsymbol{H}$ から $\boldsymbol{H}$ への全単射で

$$\begin{cases} J(\alpha f + \beta g) = \overline{\alpha}J(f) + \overline{\beta}J(g) \\ J^2 = I \\ (Jf, Jg) = \overline{(f,g)} \end{cases}$$

をみたす作用素とする．$L^2(X,\mu)$ で $Jf(x) = \overline{f(x)}$ (複素共役)とすれば J の例になる．$\boldsymbol{H}$ 上の作用素 A が $AJ=JA$ をみたすとき**実作用素**(real operator)という．

命題2.48　A を $\boldsymbol{H}$ 上の対称作用素で不足指数を (n_+, n_-) とする．

（i）　A が実作用素なら $n_+ = n_-$ となる．

（ii）　A が下に半有界，つまりある $c > -\infty$ に対して

$$(Af, f) \geqq c\|f\|^2, \quad f \in \mathcal{D}(A)$$

ならば $n_+ = n_-$ である．

［証明］　(i)は，J が $N(\lambda)$ を $N(\overline{\lambda})$ に全単射に写すことより自明である．(ii)については，$\lambda\,(\in\mathbb{R})$ が $\lambda < c$ をみたすなら

$$\|(A-\lambda I)f\|\,\|f\| \geqq ((A-\lambda I)f, f) \geqq (c-\lambda)\|f\|^2$$

であるから $\|(A-\lambda I)f\| \geqq (c-\lambda)\|f\|$ となり $(-\infty, c) \subset \rho_0(A)$ となるが，命題2.45より $n_+ = n_-$ が分かる．■

問10　$A = i\dfrac{d}{dx}$ とし $\boldsymbol{H}$ および $\mathcal{D}(A)$ を次のように定める．

（i）　$\boldsymbol{H} = L^2(\mathbb{R}, dx), \quad \mathcal{D}(A) = C_0^1(\mathbb{R})$．

（ii）　$\boldsymbol{H} = L^2([0,\infty), dx), \quad \mathcal{D}(A) = \{f \in C_0^1([0,\infty));\ f(0) = 0\}$．

（iii）　$\boldsymbol{H} = L^2([0,1], dx), \quad \mathcal{D}(A) = \{f \in C^1([0,1]);\ f(0) = f(1) = 0\}$．

それぞれの場合において A の不足指数を求めよ．

(c)　自己共役作用素のスペクトル分解

§2.2で有界作用素のレゾルベント，スペクトルを定義したが，非有界作用素に対しても同様に定義できる．完全のため再びそれらを定義しておく．

A を $\boldsymbol{H}$ 上の稠密な定義域をもつ閉作用素とする．

$$\begin{cases} \rho(A) = \{\lambda \in \mathbb{C};\ \mathrm{Ker}(A-\lambda I) = \{0\}\ \text{で}\ (A-\lambda I)\mathcal{D}(A) = \boldsymbol{H}\}, \\ \sigma(A) = \mathbb{C}\backslash\rho(A) \end{cases}$$

とおき，$\rho(A)$ を A のレゾルベント集合，$\sigma(A)$ を A のスペクトルという．A が閉作用素なら $A-\lambda I$ も閉作用素であるが，$\lambda \in \rho(A)$ なら系2.42と定理2.43より $(A-\lambda I)^{-1}$ は $\boldsymbol{H}$ 上の有界作用素になる．したがってこの $\rho(A)$ の定義は有界作用素の場合の $\rho(A)$ の定義と一致する．$\rho(A)$ は命題2.24と同じ証明により $\mathbb{C}$ の開集合になることが分かる．

命題 2.49　A を $\boldsymbol{H}$ 上の自己共役作用素とすると，$\rho_0(A)=\rho(A)$ となる．

［証明］　$\rho(A)\subset\rho_0(A)$ は自明である．$\lambda\in\rho_0(A)$ とするとある $k>0$ があり

$$\|(A-\lambda I)f\|\geqq k\|f\|,\quad f\in\mathcal{D}(A) \tag{2.17}$$

となるが，A が閉作用素であることより $(A-\lambda I)\mathcal{D}(A)$ は $\boldsymbol{H}$ の閉部分空間になる．一方，定理 2.47 より

$$\{(A-\lambda I)\mathcal{D}(A)\}^{\perp}=N(\lambda)=\mathrm{Ker}(A^*-\overline{\lambda}I)=\mathrm{Ker}(A-\overline{\lambda}I)$$

であるが，(2.12) より A が対称作用素なら $\|(A-\lambda I)f\|=\|(A-\overline{\lambda}I)f\|$ が分かるので (2.17) より $\mathrm{Ker}(A-\overline{\lambda}I)=\{0\}$ となる．よって $(A-\lambda I)\mathcal{D}(A)=\boldsymbol{H}$，したがって $\lambda\in\rho(A)$ となる．∎

系 2.50　A が自己共役作用素なら $\sigma(A)\subset\mathbb{R}$ である．□

$\lambda\in\rho(A)$ のとき $R_\lambda=(A-\lambda I)^{-1}$ を A の**レゾルベント** (resolvent) という．$R_\lambda\in\boldsymbol{B}(\boldsymbol{H})$ であるが $\{R_\lambda\}_{\lambda\in\rho(A)}$ は次の関係式をみたす．

$$\left\{\begin{array}{l} R_\mu-R_\lambda=(\mu-\lambda)R_\mu R_\lambda=(\mu-\lambda)R_\lambda R_\mu,\quad \lambda,\mu\in\rho(A). \\ \dfrac{\partial R_\lambda}{\partial\lambda}=\lim\limits_{\varepsilon\to 0}\dfrac{R_{\lambda+\varepsilon}-R_\lambda}{\varepsilon}=R_\lambda^2\quad\text{（作用素ノルムで収束）}. \end{array}\right. \tag{2.18}$$

第 2 の等式により R_λ は Banach 空間 $\boldsymbol{B}(\boldsymbol{H})$ に値をとる $\rho(A)$ 上の作用素値関数として正則であることが分かる．

補題 2.51　A を $\boldsymbol{H}$ 上の自己共役作用素とすると，$f,g\in\boldsymbol{H}$ に対し $(R_\lambda f,g)$ は $\mathbb{C}\backslash\mathbb{R}$ 上で正則になり次が成立する．

$$0\leqq\mathrm{Im}(R_\lambda f,f)\leqq(\mathrm{Im}\,\lambda)^{-1}\|f\|^2,\quad\lambda\in\mathbb{C}_+,$$
$$\lim_{y\to+\infty}\|iyR_{iy}f+f\|=0.$$

［証明］　正則性は (2.18) より自明である．(2.12) より $g\in\mathcal{D}(A)$ ならば，$\|(A-\lambda I)g\|\geqq|\mathrm{Im}\,\lambda|\,\|g\|$ となるので

$$\|R_\lambda f\|\leqq|\mathrm{Im}\,\lambda|^{-1}\|f\| \tag{2.19}$$

が分かる．一方 $R_\lambda^*=R_{\overline{\lambda}}$ に注意すると (2.18) より

$$\begin{aligned}(R_\lambda f,f)-\overline{(R_\lambda f,f)}&=(R_\lambda f,f)-(f,R_\lambda f)\\&=(R_\lambda f,f)-(R_{\overline{\lambda}}f,f)\end{aligned}$$

$$= (\lambda-\overline{\lambda})(R_{\overline{\lambda}}R_\lambda f, f) = (\lambda-\overline{\lambda})\|R_\lambda f\|^2$$

であるから $\mathrm{Im}(R_\lambda f, f) = (\mathrm{Im}\,\lambda)\|R_\lambda f\|^2 \geqq 0$ となる．さらに(2.19)により $\mathrm{Im}(R_\lambda f, f) \leqq (\mathrm{Im}\,\lambda)(\mathrm{Im}\,\lambda)^{-2}\|f\|^2 = (\mathrm{Im}\,\lambda)^{-1}\|f\|^2$ $(\lambda \in \mathbb{C}_+)$ も分かる．

次に等式

(2.20)　$\lambda R_\lambda = \lambda(A-\lambda I)^{-1} = \{(\lambda I - A)+A\}(A-\lambda I)^{-1} = -I + AR_\lambda$

に注意する．$\mathcal{D}(A)$ が $\boldsymbol{H}$ で稠密であることより，$f \in \boldsymbol{H}$ なら任意の $\varepsilon > 0$ に対してある $f' \in \mathcal{D}(A)$ で $\|f-f'\| < \varepsilon$ となるものがある．したがって(2.19)，(2.20)より

$$\begin{aligned}\|AR_{iy}f\| &\leqq \|AR_{iy}(f-f')\| + \|AR_{iy}f'\| \\ &\leqq 2\|f-f'\| + \|R_{iy}Af'\| \leqq 2\varepsilon\|f-f'\| + y^{-1}\|Af'\|\end{aligned}$$

となる．よって $\|AR_{iy}f\| \to 0$ $(y \to +\infty)$ である．再び(2.20)を使うと $y \to +\infty$ のとき

$$\|iyR_{iy}f + f\| = \|AR_{iy}f\| \to 0$$

が分かる．∎

さて $\boldsymbol{H}$ の射影作用素全体を $\mathbb{P}(\boldsymbol{H})$ と書く．各 $\Delta \in \mathcal{B}(\mathbb{R})$ に対し $E(\Delta) \in \mathbb{P}(\boldsymbol{H})$ が対応していて次の性質をみたすとき $\{E(\Delta)\}$ を**単位の分解**(resolution of identity)という．

(U.1)　$E(\varnothing) = 0$,　$E(\mathbb{R}) = I$.

(U.2)　$E(\Delta_1 \cap \Delta_2) = E(\Delta_1)E(\Delta_2)$.

(U.3)　$\{\Delta_n\}$ が $\Delta_n \cap \Delta_m = \varnothing$ $(n \neq m)$ をみたすなら $f \in \boldsymbol{H}$ に対し

$$\left\|(E(\Delta_1)+E(\Delta_2)+\cdots+E(\Delta_n))f - E\left(\bigcup_{n=1}^{\infty}\Delta_n\right)f\right\| \to 0 \quad (n \to \infty).$$

ここで次の補題を注意しておく．

補題 2.52　$P_n \in \mathbb{P}(\boldsymbol{H})$ $(n=1,2,\cdots)$ が $n \geqq m$ に対して $P_nP_m = P_mP_n = P_m$ をみたすとすると，$P \in \mathbb{P}(\boldsymbol{H})$ があり $f \in \boldsymbol{H}$ に対して次が成立する．

$$\|P_nf - Pf\| \to 0 \quad (n \to \infty).$$

［証明］　$n \geqq m$ のとき

$$0 \leqq \|P_mf\|^2 = (P_mP_nf, P_mP_nf) \leqq \|P_nf\|^2 \leqq \|f\|^2$$

であるから $\{\|P_nf\|^2 = (P_nf, f)\}$ は有界単調増大列となり収束する．一方

$$\|P_nf-P_mf\|^2 = \|P_nf\|^2-\|P_mf\|^2-\|P_mf\|^2+\|P_mf\|^2$$
$$= \|P_nf\|^2-\|P_mf\|^2$$

となるので $\{P_nf\}$ はある $g\in \boldsymbol{H}$ に強収束する．$Pf=g$ とおく．$P\in\mathbb{P}(\boldsymbol{H})$ は自明である． ∎

したがって性質(U.3)は外見上弱い条件である

(U.3′) $$((E(\varDelta_1)+E(\varDelta_2)+\cdots+E(\varDelta_n))f,\, g)\to\left(E\left(\bigcup_{n=1}^{\infty}\varDelta_n\right)f,\, g\right)$$

で置き換えてもよい．$f,g\in\boldsymbol{H}$ に対して $(E(d\xi)f,g)$ は $\mathbb{C}$–値加法的集合関数であることを注意しておく．

φ を $\mathbb{R}$ 上の Borel 可測関数で $f\in\boldsymbol{H}$ に対して $\varphi\in L^2(\mathbb{R},(E(d\xi)f,f))$ とする．φ が単関数のとき，つまり

$$\varphi(\xi)=\sum_{i=1}^{n}\alpha_i 1_{\varDelta_i}(\xi),\quad \alpha_i\in\mathbb{C},\ \varDelta_i\cap\varDelta_j=\varnothing\ (i\neq j)$$

のとき

$$\int_{\mathbb{R}}\varphi(\xi)E(d\xi)f=\sum_{i=1}^{n}\alpha_i E(\varDelta_i)f\in\boldsymbol{H}$$

と定める．このとき

(2.21) $$\left\|\int_{\mathbb{R}}\varphi(\xi)E(d\xi)f\right\|^2=\sum_{i=1}^{n}|\alpha_i|^2(E(\varDelta_i)f,f)$$
$$=\int_{\mathbb{R}}|\varphi(\xi)|^2(E(d\xi)f,f)$$

となる．したがって一般の $\varphi\in L^2(\mathbb{R},(E(d\xi)f,f))$ に対しては φ を単関数の $L^2(\mathbb{R},(E(d\xi)f,f))$–極限として近似しておけば，$\int_{\mathbb{R}}\varphi(\xi)E(d\xi)f$ が $\boldsymbol{H}$ の中での極限として定義でき，等式(2.21)が極限でも成立する．

さて

$$\mathcal{D}(A)=\left\{f\in\boldsymbol{H};\ \int_{\mathbb{R}}\xi^2(E(d\xi)f,f)<\infty\right\}$$

とおき，$f\in\mathcal{D}(A)$ に対して

$$Af = \int_{\mathbb{R}} \xi E(d\xi) f$$

と定める．このとき A は自己共役作用素となる．まず $\overline{\mathcal{D}(A)} = \boldsymbol{H}$ となることは $f \in \boldsymbol{H}$ に対し $f_n = E([-n,n])f$ とおくと

$$\int_{\mathbb{R}} \xi^2 (E(d\xi)f_n, f_n) = \int_{[-n,n]} \xi^2 (E(d\xi)f, f) \leqq n^2 \|f\|^2 < \infty$$

で $\|f - f_n\| = \|E([-n,n]^c)f\| \to 0$ ((U.3)より)となることより分かる．また $f, g \in \mathcal{D}(A)$ とすると

$$(Af, g) = \int_{\mathbb{R}} \xi (E(d\xi)f, g) = (f, Ag)$$

となるので $A \subset A^*$ である．一方 $\lambda \in \mathbb{C} \backslash \mathbb{R}$ とすると $(\xi - \lambda)^{-1} \in L^2(\mathbb{R}, (E(d\xi)f, f))$ であるから

$$R_\lambda f = \int_{\mathbb{R}} \frac{1}{\xi - \lambda} E(d\xi) f$$

が定義できるが，$\Delta \in \mathcal{B}(\mathbb{R})$ に対し

$$E(\Delta) R_\lambda f = \int_{\Delta} \frac{1}{\xi - \lambda} E(d\xi) f$$

であるから

$$\int_{\mathbb{R}} \xi^2 (E(d\xi) R_\lambda f, R_\lambda f) = \int_{\mathbb{R}} \frac{\xi^2}{|\xi - \lambda|^2} (E(d\xi)f, f) < \infty$$

となる．したがって $R_\lambda f \in \mathcal{D}(A)$ であり，

$$AR_\lambda f = \int_{\mathbb{R}} \xi E(d\xi) R_\lambda f = \int_{\mathbb{R}} \frac{\xi}{\xi - \lambda} E(d\xi) f$$

となる．これより $(A - \lambda I) R_\lambda = I$ が分かる．同様に $R_\lambda (A - \lambda I) = I$ ($\mathcal{D}(A)$ 上)である．したがって $\mathrm{Ker}(A - \lambda I) = \{0\}$ で $(A - \lambda I)\mathcal{D}(A) = \boldsymbol{H}$ が同時に成立し，$R_\lambda = (A - \lambda I)^{-1}$ となる．$R_\lambda \in \boldsymbol{B}(\boldsymbol{H})$ であるから系 2.42 より $A - \lambda I$，したがって A が閉作用素となる．明らかに不足指数 (n_+, n_-) は $(0, 0)$ であるから A は自己共役となる．

逆を示そう．

定理 2.53 A を $\boldsymbol{H}$ 上の自己共役作用素とすると，ある単位の分解 $\{E(\Delta)\}$ があり次が成立する.

$$\mathcal{D}(A)=\left\{f\in\boldsymbol{H};\ \int_{\mathbb{R}}\xi^2(E(d\xi)f,f)<\infty\right\},$$

$$Af=\int_{\mathbb{R}}\xi E(d\xi)f,\quad f\in\mathcal{D}(A).$$

［証明］ 補題 2.51 より $h(\lambda)=(R_\lambda f,f)$ は $\mathbb{C}_+$ で正則な関数でその虚部は非負で，しかも $iyh(iy)\to-(f,f)$ $(y\to+\infty)$ となる．したがって，付録の定理 A.3 より，ある測度 $\sigma(d\xi:f)$ があり

$$(R_\lambda f,f)=h(\lambda)=\int_{\mathbb{R}}\frac{\sigma(d\xi:f)}{\xi-\lambda},\quad \sigma(\mathbb{R}:f)=\|f\|^2 \tag{2.22}$$

となる．(2.22)は $\lambda\in\mathbb{C}\backslash\mathbb{R}$ に対して成立している．ここで

$$\begin{aligned}(R_\lambda f,g)=\frac{1}{4}\{&(R_\lambda(f+g),f+g)-(R_\lambda(f-g),f-g)\\&+i(R_\lambda(f+ig),f+ig)-i(R_\lambda(f-ig),f-ig)\}\end{aligned}$$

に注意し $\mathbb{C}$–値加法的集合関数 $\sigma(\Delta:f,g)$ を

$$\sigma(\Delta:f,g)=\frac{1}{4}\{\sigma(\Delta:f+g)-\sigma(\Delta:f-g)+i\sigma(\Delta:f+ig)-i\sigma(\Delta:f-ig)\}$$

で定めると(2.22)より

$$(R_\lambda f,g)=\int_{\mathbb{R}}\frac{\sigma(d\xi:f,g)}{\xi-\lambda}\quad(\sigma\text{ の Stieltjes 変換}) \tag{2.23}$$

が成立する．R_λ の線形性と Stieltjes 変換の一意性より $\sigma(\Delta:f,g)$ は f について線形，g について反線形になる．また $\sigma(\Delta:f,f)=\sigma(\Delta:f)\geqq 0$ であるから Schwarz の不等式より

$$|\sigma(\Delta:f,g)|^2\leqq\sigma(\Delta:f)\sigma(\Delta:g)\leqq\|f\|^2\|g\|^2 \tag{2.24}$$

となる．$g\in\boldsymbol{H}$ を固定して $\boldsymbol{H}$ 上の連続線形汎関数

$$\boldsymbol{H}\ni f\to\sigma(\Delta:f,g)$$

を表現する $\boldsymbol{H}$ の元を $E(\Delta)g$ と書くと

$$\sigma(\Delta:f,g)=(f,E(\Delta)g)$$

となる．(2.24)より

$$\|E(\Delta)g\| = \sup\{|(f, E(\Delta)g)|;\ \|f\| \leqq 1\} \leqq \|g\|$$

であるから $E(\Delta) \in \boldsymbol{B}(\boldsymbol{H})$ である．$(f, E(\Delta)f) = \sigma(\Delta : f) \in \mathbb{R}$ より $E(\Delta)$ は自己共役にもなる．つまり

$$(R_\lambda f, g) = \int_{\mathbb{R}} \frac{(E(d\xi)f, g)}{\xi - \lambda} \tag{2.25}$$

となる．そこで $\lambda, \mu \in \mathbb{C}\backslash\mathbb{R}$ とする．関係式(2.18)より

$$\begin{aligned}(R_\lambda f, R_{\overline{\mu}} g) = (R_\mu R_\lambda f, g) &= \frac{1}{\mu - \lambda}\{(R_\mu f, g) - (R_\lambda f, g)\} \\ &= \int_{\mathbb{R}} \frac{1}{(\xi - \lambda)(\xi - \mu)}(E(d\xi)f, g) \\ &= \int_{\mathbb{R}} \frac{1}{\xi - \lambda}\tau(d\xi), \quad \tau(\Delta) = \int_\Delta \frac{1}{\xi - \mu}(E(d\xi)f, g)\end{aligned}$$

となる．一方

$$(R_\lambda f, R_{\overline{\mu}} g) = \int_{\mathbb{R}} \frac{1}{\xi - \lambda}(E(d\xi)f, R_{\overline{\mu}} g)$$

であるから Stieltjes 変換の一意性より $\tau(\Delta) = (E(\Delta)f, R_{\overline{\mu}} g)$ となる．したがって

$$\tau(\Delta) = (R_\mu E(\Delta)f, g) = \int_{\mathbb{R}} \frac{1}{\xi - \mu}(E(d\xi)E(\Delta)f, g)$$

となるが，再び Stieltjes 変換の一意性より $(E(\Delta_1)E(\Delta)f, g) = (E(\Delta_1 \cap \Delta)f, g)$，つまり $E(\Delta_1)E(\Delta) = E(\Delta_1 \cap \Delta)$ が分かる．これにより $E(\Delta) \in \mathbb{P}(\boldsymbol{H})$ と性質(U. 2)が出る．$\{E(\Delta)\}$ が性質(U. 1), (U. 3)をみたすことは，(U. 3)と(U. 3′)が同値であることと，(U. 3′)は $(E(\Delta)f, g) = \sigma(\Delta : f, g)$ で右辺が加法的集合関数であることより示される．この単位の分解 $\{E(\Delta)\}$ により，A が定理のように積分表示できることは A のレゾルベント R_λ が表現(2. 25)をもつことより自明である．∎

自己共役作用素スペクトル分解定理を正定値関数の表現定理に応用しよう．そのための補題を1つ用意しておく．

補題 2. 54 (M. S. Lifshic)　Hilbert 空間 $\boldsymbol{H}$ 上の自己共役作用素 A の単位

の分解を $\{E(\Delta)\}$ とする．もし $f\in\boldsymbol{H}$ に対し区間 (α,β) 上の C^1–級の関数 $f(\xi)$ と $v\in\boldsymbol{H}$ があり

$$f-f(\xi)v\in(A-\xi I)\mathcal{D}(A),\quad \xi\in(\alpha,\beta)$$

ならば $\Delta\subset(\alpha',\beta')$ $(\alpha<\alpha'<\beta'<\beta)$ なる Borel 集合 Δ に対し

$$E_\Delta f=\int_\Delta f(\xi)E(d\xi)v$$

となる．

［証明］ $\alpha<t_0<t_1<\beta$ とし $t_0\leqq\xi\leqq t_1$ に対し

$$w(\xi)=\int_{[t_0,\xi)}E(d\eta)f-\int_{[t_0,\xi)}f(\eta)E(d\eta)v$$

とおく．$w(\xi)=0$ を示す．仮定よりある $g_\xi\in\mathcal{D}(A)$ があり

$$f-f(\xi)v=(A-\xi I)g_\xi$$

となるので，$\varepsilon>0$ に対し

$$\begin{aligned}w(\xi+\varepsilon)-w(\xi)&=\int_{[\xi,\xi+\varepsilon)}E(d\eta)f-\int_{[\xi,\xi+\varepsilon)}f(\eta)E(d\eta)v\\&=\int_{[\xi,\xi+\varepsilon)}E(d\eta)(A-\xi I)g_\xi-\int_{[\xi,\xi+\varepsilon)}(f(\eta)-f(\xi))E(d\eta)v\\&=\int_{(\xi,\xi+\varepsilon)}(\eta-\xi)E(d\eta)g_\xi-\int_{(\xi,\xi+\varepsilon)}(f(\eta)-f(\xi))E(d\eta)v\end{aligned}$$

より $0\leqq\theta\leqq1$ があり

$$\|w(\xi+\varepsilon)-w(\xi)\|\leqq\varepsilon\|E((\xi,\xi+\varepsilon))g_\xi\|+\varepsilon|f'(\xi+\theta\varepsilon)|\,\|E((\xi,\xi+\varepsilon))v\|$$

と評価できる．よって

$$\|w(\xi+\varepsilon)-w(\xi)\|/\varepsilon\to0\quad(\varepsilon\downarrow0)$$

となる．同様に $\|w(\xi-\varepsilon)-w(\xi)\|/\varepsilon\to0$ $(\varepsilon\downarrow0)$ も分かるので $w'(\xi)=0$ となるが $w(t_0)=0$ であるから $w(\xi)=0$ となる． ∎

例題 2.55（モーメント問題） 実数列 $\{a_n\}_{n\geqq0}$ が正定値とする（例 2.2 参照）．このとき $(\mathbb{R},\mathcal{B}(\mathbb{R}))$ 上の測度 σ があり $\{a_n\}_{n\geqq0}$ は

$$a_n=\int_{\mathbb{R}}\xi^n\sigma(d\xi)\quad(n=0,1,2,\cdots)$$

と表現できる．

［解］ $\boldsymbol{H}_0=\{\mathbb{C}$-係数の多項式全体$\}$ とし $\boldsymbol{H}_0$ 上に広義内積を例2.2のように定義し，$\boldsymbol{H}_0$ 上の作用素 A_0 を $(A_0p)(z)=zp_0(z)$ で定める．まず $\|p\|=0$ なら $\|A_0p\|=0$ に注意する．これより A_0 は $\widetilde{\boldsymbol{H}_0}$ 上に自然に拡張可能になる．$\widetilde{\boldsymbol{H}_0}$ を完備化した Hilbert 空間を $\boldsymbol{H}$ とし A_0 に対応する作用素 A を

$$Af=i(A_0f_0)\quad (f=i(f_0),\ f_0\in\widetilde{\boldsymbol{H}_0})$$

で定める．i は $\widetilde{\boldsymbol{H}_0}$ を $\boldsymbol{H}$ へ埋め込む写像である．$\mathcal{D}(A)=i(\widetilde{\boldsymbol{H}_0})$ であるから $\overline{\mathcal{D}(A)}=\boldsymbol{H}$ である．A は $\boldsymbol{H}$ で対称になることが容易に分かる．さらに J: $\boldsymbol{H}\to\boldsymbol{H}$ を $p(z)\to\overline{p(\overline{z})}$ の $\boldsymbol{H}$ への自然な拡張とすると，$AJ=JA$ は自明であるから A は実作用素になる．したがって命題2.48より A の不足指数は $n_+=n_-$ をみたし，定理2.47より A はある自己共役拡大 B をもつ．$p\in\boldsymbol{H}_0$ に対し

$$g_\xi(z)=\frac{p(z)-p(\xi)}{z-\xi}$$

とおくと $g_\xi\in\boldsymbol{H}_0$ であるから，$v=i(\widetilde{1})$ とおくと

$$i(\widetilde{p})-p(\xi)v=(B-\xi I)g_\xi\in(B-\xi I)\mathcal{D}(B)$$

となっている．したがって補題2.54を適用すると $\mathbb{R}$ の Borel 集合 Δ に対し

$$E(\Delta)(i(\widetilde{p}))=\int_\Delta p(\xi)E(d\xi)v$$

となる．よって $\sigma(d\xi)=(E(d\xi)v,v)$ とおくと

$$(p,1)=(\widetilde{p},\widetilde{1})=(E(\mathbb{R})\,i(\widetilde{p}),i(\widetilde{1}))=\int_{\mathbb{R}}p(\xi)\,\sigma(d\xi)$$

となるが，とくに $p(z)=z^n$ とすれば

$$a_n=(z^n,1)=\int_{\mathbb{R}}\xi^n\sigma(d\xi)\quad (n=0,1,2,\cdots)$$

が得られる． ∎

例題2.56（**M. G. Krein の拡張定理**） ρ を $[-2a,2a]$ で定義された連続な正定値関数（例2.3参照）とする．ρ は $(\mathbb{R},\mathcal{B}(\mathbb{R}))$ 上の全測度有限な測度 μ により

$$\rho(x)=\int_{\mathbb{R}} e^{i\xi x}\mu(d\xi) \quad (|x|\leqq 2a)$$

と表現できる．

［解］

$$\boldsymbol{H}_0=\left\{f;\ f(\lambda)=\int_{-a}^{a} e^{ix\lambda}\tau(dx),\ \tau \text{ は } \mathbb{C}\text{–値加法的集合関数}\right\}$$

とおき $f,g\in\boldsymbol{H}_0$ が表現測度 σ,τ をもつとき

$$(f,g)=\int_{-a}^{a}\rho(x-y)\,\sigma(dx)\,\overline{\tau(dy)}$$

と定めると $\boldsymbol{H}_0$ は pre-Hilbert 空間になる．簡単のためこの広義内積は非退化とする．$\boldsymbol{H}_0$ の完備化を $\boldsymbol{H}$ とし $\boldsymbol{H}_0$ の $\boldsymbol{H}$ への埋め込みを i とする．

$$\begin{cases}\mathcal{D}(A)=\{i(\varphi),\ \varphi\in\boldsymbol{H}_0;\ \lambda\varphi(\lambda)\in\boldsymbol{H}_0\}\\ A(i(\varphi))=i(f) \quad (f(\lambda)=\lambda\varphi(\lambda))\end{cases}$$

と定めると $\mathcal{D}(A)$ は $\boldsymbol{H}$ で稠密になり A は対称作用素になることが分かる．A は実作用素にもなるので A の不足指数は等しく，定理 2.47 より A は自己共役拡大 B をもつ．一方 $f\in\boldsymbol{H}_0$ とすると $\xi\in\mathbb{R}$ に対し

$$g_\xi(\cdot)=\frac{f(\cdot)-f(\xi)}{\cdot-\xi}\in\boldsymbol{H}_0$$

が分かるので $v=i(1)$ とすれば

$$i(f)-f(\xi)v=(A-\xi I)\,i(g_\xi)=(B-\xi I)\,i(g_\xi)\in(B-\xi I)\mathcal{D}(B)$$

となる．したがって補題 2.54 により

$$E(\varDelta)\,i(f)=\int_{\varDelta} f(\xi)E(d\xi)v,$$

よって $f=e^{ix\cdot}$, $g=e^{iy\cdot}$ $(x,y\in[-a,a])$ とすれば

$$\rho(x-y)=(f,g)=(i(f),i(g))=\int_{\mathbb{R}} e^{i(x-y)\xi}\sigma(d\xi)$$

となる．ただし $\sigma(d\xi)=(E(d\xi)v,v)$ とした．∎

注意 2.57　上の 2 つの例題において実は $n_+=n_-=0$ または $n_+=n_-=1$ であ

ることが分かる．前者の場合には $\{a_n\}_{n\geqq 0}$ または $\{\rho(x)\}$ を表現する測度は一意的であり，後者の場合には一意的でない．後者の場合に表現測度全体を求めることも可能である．$\{a_n\}_{n\geqq 0}$ の場合にはこの問題は2階の差分作用素と密接に関連しており次章で考察する．$\{\rho(x)\}$ の場合は一般化された2階の微分作用素と関連している．この問題について ρ が実数値の場合を第5章で考察する．

《要約》

2.1　(正方)行列の基本的事実である可解性と一意性の同値性は無限次元の場合には，線形作用素が恒等作用素とコンパクト作用素の差しかない場合には成立する．

2.2　自己共役作用素に対してはHermite行列のユニタリー行列による対角化に相当することが成立する．

2.3　対称作用素の自己共役拡大可能性は方程式 $A^*f=\lambda f$ を調べることにより判定できる．

演習問題

2.1　Hilbert空間 $\boldsymbol{H}$ の部分集合 F に対して F の任意の点列 $\{f_n\}_{n\geqq 1}$ から弱収束する部分列が取り出せれば F は有界であることを示せ．

2.2　Hilbert空間 $\boldsymbol{H}$ 全体で定義された線形作用素 A が $\boldsymbol{H}$ の弱収束列を弱収束列に写せば A は有界作用素であることを示せ．

2.3　$\rho(\xi)$ を $\mathbb{R}$ 上のLebesgue可測関数とする．任意の $f\in L^2(\mathbb{R},d\xi)$ に対して $\rho f\in L^2(\mathbb{R},d\xi)$ となるなら ρ はLebesgue測度に関して本質的に有界になることを示せ．

2.4　$k\in L^1(\mathbb{R},dx)$ とし $\boldsymbol{H}=L^2(\mathbb{R},dx)$ 上の作用素 K を

$$Kf(x)=\int_{\mathbb{R}}k(x-y)f(y)dy$$

で定義する．このとき次のことを示せ．

(1)　K は $\boldsymbol{H}$ 上の有界作用素になる．

(2)　$\sigma(K)=\{0\}\cup\{\widehat{k}(\xi)\in\mathbb{C};\ \xi\in\mathbb{R}\}$,　$\widehat{k}(\xi)=\int_{\mathbb{R}}e^{-2\pi i\xi\cdot x}k(x)dx$.

2.5　D を $\mathbb{R}^2$ の有界で境界 ∂D が滑らかな凸領域とし，$A=\dfrac{\partial^2}{\partial x^2}+\dfrac{\partial^2}{\partial y^2}$, $\mathcal{D}(A)=C_0^2(\overline{D})=\{\varphi\in C^2(\overline{D});\ \varphi|_{\partial D}=0\}$ とする．このとき，ある $\lambda_1>0$ があり任意の $\varphi\in\mathcal{D}(A)$ に対して $(A\varphi,\varphi)\leqq-\lambda_1(\varphi,\varphi)$ となることを示せ．ただし $(\ ,\ )$ は $\boldsymbol{H}=L^2(D)$ での内積である．

3

Sturm–Liouville 作用素の一般展開定理

この章では 2 階の線形常微分作用素である Sturm–Liouville 作用素を L^2 上の対称作用素と見なし，前章の自己共役拡大とスペクトル展開定理を応用する．この展開は境界が特異性をもつ場合には通常の固有関数展開ではなく，一般化された固有関数による展開になるため一般展開定理とよばれる．この定理は歴史的には Weyl, Stone, Titchmarsh, 小平により完成されたが近年その重要性が見直されている．

§3.1　境界の分類と自己共役拡大

(a)　2 階常微分作用素の標準形

有限または無限区間 (l_-, l_+) 上の 2 階常微分作用素 L は適当に滑らかな (l_-, l_+) 上の実関数 $a(x)$, $b(x)$, $c(x)$ により

$$L = a(x)\frac{d^2}{dx^2} + b(x)\frac{d}{dx} + c(x)$$

で表わされる．$a(x)$ が (l_-, l_+) 上で零点をもつ場合にはそこで 1 階の微分作用素に退化して一般論を展開するのが困難になるので (l_-, l_+) 上で $a(x) \neq 0$ と仮定する．$a(x) > 0$ としても一般性は失われない．簡単のため $l_- < 0 < l_+$ とする．まず

$$s(x) = \int_0^x a(y)^{-1/2}\,dy$$

により s–変数に変数変換すると L は

$$\begin{aligned}(\widetilde{L}f)(s(x)) &= L(f(s(x)))\\ &= f''(s(x)) + \widetilde{b}(s(x))f'(s(x)) + \widetilde{c}(s(x))f(s(x))\end{aligned}$$

となる．ここで $\widetilde{b}(s(x)) = a(x)s''(x) + b(x)s'(x)$ である．同様に $\widetilde{c}(s)$ を定義する．さらに1階の項 $\widetilde{b}$ を消去するために

$$r(s) = \exp\Big\{-\int_0^s \widetilde{b}(t)dt/2\Big\}$$

を用いて相似変換 $r^{-1}\widetilde{L}r\cdot$ を計算すると

$$(r^{-1}\widetilde{L}(rf))(s) = f''(s) - q(s)f(s) \tag{3.1}$$

となる．ここで $x(s)$ を $s(x)$ の逆関数として

$$\begin{aligned}q(s) &= \frac{1}{2}\widetilde{b}'(s) + \frac{1}{4}\widetilde{b}(s)^2 - \widetilde{c}(s)\\ &= \left(\frac{3}{16}\frac{(a')^2}{a} - \frac{1}{4}a'' + \frac{1}{2}b' - \frac{ba'}{2a} + \frac{b^2}{4a} - c\right)(x(s))\end{aligned}$$

である．この L から $r^{-1}\widetilde{L}r\cdot$ への変換を **Liouville 変換**という．このように a が C^2–級，b が C^1–級ならば L は(3.1)の **Schrödinger 型**に変換することができる．この Schrödinger 型は少なくとも形式的には $L^2((s(l_-), s(l_+)), ds)$ で対称になる．

一方次のような変換も考えられる．正の関数 $m(x)$, $s(x)$ で

$$Lf(x) = \frac{1}{m(x)}\frac{d}{dx}\left(\frac{1}{s(x)}\frac{d}{dx}f\right) + c(x)f(x)$$

となるものを求めると

$$s(x) = \exp\left(-\int_0^x \frac{b(y)}{a(y)}dy\right), \quad m(x) = a(x)^{-1}\exp\left(\int_0^x \frac{b(y)}{a(y)}dy\right)$$

となる．この変換を **Feller 変換**とよび，この型を**拡散過程型**という．これは Feller により1次元拡散過程の標準形として考えられ，$S(x) = \int_0^x s(y)dy$ をスケール，$m\,dx$ をスピード測度といい，それぞれ確率論的意味をもつ．L

を新しいスケール S で見ると

$$M(s) = \int_0^{x(s)} m(x)\,dx \quad (x(s) \text{ は } S(x) \text{ の逆関数})$$

とおくことにより

$$\widetilde{L} = \frac{d^2}{dM(s)ds} + c(x(s)) \tag{3.2}$$

と変換される．$\widetilde{L}$ は一般の単調増大関数 $M(s)$ に対しても定義可能であり，Feller はこのような一般化された微分作用素を考察した．dM が離散的な測度の場合には上の $\widetilde{L}$ は 2 階の定差作用素になる．したがって拡散過程型の微分作用素は定差作用素も含んだ形をしている．この拡散過程型の場合には $\widetilde{L}$ は $L^2((S(l_-), S(l_+)), dM(s))$ で対称になる．

このように 2 階の非退化な常微分作用素は 2 通りの方法で対称化される．どちらの対称化を選ぶかは対象にする問題による．以下の議論は Schrödinger 型で行なうが，拡散過程型でも類似のことが成立する．

なお Sturm–Liouville は，有限区間 $[a,b]$ で

$$\begin{cases} (p(x)u')' - q(x)u + \lambda r(x)u = 0 \\ u(a) + \kappa_1 u'(a) = 0, \quad u(b) + \kappa_2 u'(b) = 0 \end{cases}$$

の形の固有値問題を考えた．歴史的な事情を考慮して Schrödinger 型および拡散過程型の作用素を **Sturm–Liouville 作用素**とよぶ．

(b) 境界の分類

$q(x)$ を $[0,l)$ 上の実数値 Lebesgue 可測関数で任意の $b<l$ に対して $q \in \boldsymbol{H} = L^2([0,b], dx)$ とする．以下の議論では適当な修正により $q \in L^1([0,b], dx)$ でも同様の事実が成立するが微分作用素の定義域が複雑になるので 2 乗可積分性を仮定した．

$l \leqq +\infty$ であるが $l < +\infty$ の場合でも q は l の近傍で発散している可能性がある．そこで q に対して Schrödinger 型の微分作用素 L を

(3.3)

$$\begin{cases} \mathcal{D}(L)=\{\varphi\in C_0^1([0,l));\ \varphi'(0)=0,\ \varphi' \text{ は } [0,l) \text{ で絶対連続で } \varphi''\in \boldsymbol{H}\} \\ L\varphi=-\varphi''+q\varphi, \quad \varphi\in\mathcal{D}(L) \end{cases}$$

$C_0^1([0,l))$ は $[0,l)$ 上コンパクトな台をもった1回連続的微分可能関数全体とする．ここでの問題は L に対して境界 l の特異性の分類である．なお境界0では **Neumann 境界条件** $\varphi'(0)=0$ を考えている．**Dirichlet 境界条件** $\varphi(0)=0$ を課すこともできるが議論は類似している．

上の L は $\boldsymbol{H}=L^2([0,l),dx)$ で稠密な定義域をもつ対称作用素になる．また L は実作用素にもなるので命題2.48より $n_+=n_-$ である．一方，超関数論的な議論により

(3.4)

$$\begin{cases} \mathcal{D}(L^*)=\left\{\varphi\in C^1([0,l));\ \begin{array}{l}\varphi'(0)=0,\ \varphi' \text{ は } [0,l) \text{ の各有限区間で} \\ \text{絶対連続で } -\varphi''+q\varphi\in\boldsymbol{H}\end{array}\right\} \\ L^*\varphi=-\varphi''+q\varphi, \quad \varphi\in\mathcal{D}(L^*) \end{cases}$$

となることが分かる．これにより $n_+\,(=n_-)$ の可能性が決まる．なぜなら $f\in \mathrm{Ker}(L^*-\lambda I)$ は $f'(0)=0$, $-f''+qf-\lambda f=0$ をみたすが，2階常微分方程式 $-f''+qf-\lambda f=0$ は初期条件 $f(0), f'(0)$ が与えられれば一意的に解けるので $n_+=0$ または1となる．

この事情をもう少し詳しく見るため $\lambda\in\mathbb{C}$ に対して，方程式

$$-f''+qf=\lambda f \tag{3.5}$$

を考え，初期条件 $f(0)=1$, $f'(0)=0$ をみたす解を $\varphi_\lambda(x)$，初期条件 $f(0)=0$, $f'(0)=1$ をみたす解を $\psi_\lambda(x)$ とする．$\varphi_\lambda, \psi_\lambda$ はそれぞれ積分方程式

$$\begin{cases} \varphi_\lambda(x)=1+\displaystyle\int_0^x (x-y)(q(y)-\lambda)\varphi_\lambda(y)\,dy \\ \psi_\lambda(x)=x+\displaystyle\int_0^x (x-y)(q(y)-\lambda)\psi_\lambda(y)\,dy \end{cases} \tag{3.6}$$

の唯一つの解となる．これは逐次近似で解くことができ，その評価により $\varphi_\lambda, \psi_\lambda$ は λ に関して $\mathbb{C}$ で正則になることが分かる．

さて $0<b<l$ に対して次の不等式を考える．

$$(3.7)\qquad \int_0^b |\psi_\lambda(x)-h\varphi_\lambda(x)|^2\,dx \leqq \frac{\operatorname{Im} h}{\operatorname{Im}\lambda}.$$

そして $\lambda\in\mathbb{C}_+$ に対して

$$\varDelta(b)=\{h\in\mathbb{C}_+;\ h\text{ は(3.7)をみたす}\}$$

とおく．$\varDelta(b)\neq\varnothing$ であることが次のようにして分かる．

f を(3.5)の解とし

$$\rho(x)=\frac{1}{2i}(\overline{f(x)}f'(x)-f(x)\overline{f'(x)})=\operatorname{Im}(\overline{f(x)}f'(x))$$

とおく．ρ を微分すれば

$$\rho'(x)=\frac{1}{2i}(f''(x)\overline{f(x)}-f(x)\overline{f''(x)})=-(\operatorname{Im}\lambda)\,|f(x)|^2$$

となるので，$0<b<l$ に対して

$$(3.8)\qquad (\operatorname{Im}\lambda)\int_0^b |f(x)|^2dx=\rho(0)-\rho(b)$$

が分かる．これより

補題 3.1　$\lambda\in\mathbb{C}_+$，$\rho(b)\geqq 0$ とする．このとき $\rho(0)\geqq 0$ で，もし $\rho(0)=0$ となるなら f は恒等的に 0 になる．　□

そこで初期条件を $x=b$ で与え方程式(3.5)を解くことにより，(3.5)の解で $\rho(b)\geqq 0$ をみたす 0 でない解が必ず存在することが分かる．それを f とすると補題 3.1 より $\rho(0)>0$ となる．$f(0)\neq 0$，$f'(0)\neq 0$ であるが，$f'(0)=1$ と正規化しておくと

$$f(x)=\psi_\lambda(x)-h\varphi_\lambda(x),\quad h=-f(0)$$

と表わせる．$\rho(0)=\operatorname{Im} h$ であるから(3.8)より h は不等式(3.7)をみたすことが分かる．したがって $\varDelta(b)\neq\varnothing$ である．

逆に $h\in\mathbb{C}_+$ が(3.7)をみたせば $f(x)=\psi_\lambda(x)-h\varphi_\lambda(x)$ に対して(3.8)を適用すれば $\rho(b)\geqq 0$ が分かる．つまり次のことが分かる．

補題 3.2　$\lambda\in\mathbb{C}_+$ とすると $\varDelta(b)\neq\varnothing$ であり

$$h\in\varDelta(b)\iff \operatorname{Im}(\overline{f(b)}f'(b))\geqq 0.$$

ただし $f(x)=\psi_\lambda(x)-h\varphi_\lambda(x)$ とする．　□

$\varDelta(b)$ の形をみよう．(3.7)の左辺を展開すると，$h\in\varDelta(b)$ は

$$(3.9)\quad |h|^2(\varphi_\lambda,\varphi_\lambda)-h(\varphi_\lambda,\psi_\lambda)-\overline{h}(\psi_\lambda,\varphi_\lambda)+(\psi_\lambda,\psi_\lambda)-\frac{h-\overline{h}}{\lambda-\overline{\lambda}}\leqq 0$$

と同値であるが，(3.9)は$\mathbb{C}$での閉円板を表わす表現式である．したがって $\varDelta(b)$ は $\mathbb{C}_+$ 内の空でない閉円板になっている．$\varDelta(b)$ の定義より，$0<b_1<b_2<l$ なら $\varDelta(b_1)\supset\varDelta(b_2)$ であるから

$$\varDelta(l-)=\bigcap_{b<l}\varDelta(b)$$

は$\mathbb{C}_+$ の一点になるか閉円板になる．$\varDelta(l-)$ が一点になるとき境界 l を**極限点型**(limit point type)，$\varDelta(l-)$ が閉円板であるとき l を**極限円型**(limit circle type)という．この境界の分類は Weyl による．この定義は一見 $\lambda\in\mathbb{C}_+$ に依存しているように見えるが実は $\lambda\in\mathbb{C}_+$ には無関係である．それを見るため $\lambda\in\mathbb{C}$ に対して Volterra 積分作用素

$$(3.10)\qquad V_\lambda f(x)=\int_0^x(\varphi_\lambda(x)\psi_\lambda(y)-\varphi_\lambda(y)\psi_\lambda(x))f(y)\,dy$$

を考える．ロンスキアンが一定であることより

$$\varphi_\lambda(x)\psi'_\lambda(x)-\varphi'_\lambda(x)\psi_\lambda(x)=1$$

に注意すれば

$$(3.11)\qquad u=V_\lambda f\iff\begin{cases}-u''+(q-\lambda)u=f\\ u(0)=u'(0)=0\end{cases}$$

が分かる．これにより容易に次を得る．

補題 3.3　すべての $\lambda,\mu\in\mathbb{C}$ に対して

(i)　$V_\lambda=V_\mu(I-(\lambda-\mu)V_\mu)^{-1}$.

(ii)　$\varphi_\lambda=(I-(\lambda-\mu)V_\mu)^{-1}\varphi_\mu,\quad \psi_\lambda=(I-(\lambda-\mu)V_\mu)^{-1}\psi_\mu$.　□

さらにこれより

補題 3.4　ある $\lambda_0\in\mathbb{C}$ に対して $\varphi_{\lambda_0},\psi_{\lambda_0}\in\boldsymbol{H}$ なら任意の $\lambda\in\mathbb{C}$ に対して $\varphi_\lambda,\psi_\lambda\in\boldsymbol{H}$ である．

[証明]　$\varphi_{\lambda_0},\psi_{\lambda_0}\in\boldsymbol{H}$ ならば V_{λ_0} は $\boldsymbol{H}$ で Hilbert–Schmidt 作用素になる．

任意の $\lambda\in\mathbb{C}$ に対して作用素 $I-(\lambda-\lambda_0)V_{\lambda_0}$ が $\boldsymbol{H}$ で有界な逆作用素をもつことを示せば補題3.3の(ii)より $\varphi_\lambda,\psi_\lambda\in\boldsymbol{H}$ が分かる．しかし V_{λ_0} はコンパクト作用素であるから命題2.30より $\mathrm{Ker}\{I-(\lambda-\lambda_0)V_{\lambda_0}\}=0$ を言えばよいが，これは $\varphi\in\mathrm{Ker}(I-(\lambda-\lambda_0)V_{\lambda_0})$ なら

$$\begin{cases} -\varphi''+q\varphi-\lambda\varphi=0 \\ \varphi(0)=\varphi'(0)=0 \end{cases}$$

となり，上の微分方程式は $\varphi=0$ のみしか解をもたないことより分かる．∎

注意3.5　$I-(\lambda-\lambda_0)V_{\lambda_0}$ が有界な逆作用素をもつことは Volterra 型積分方程式を逐次近似法で直接解いても示せる．

以上の考察により次の命題を得る．

命題3.6　次の命題は同値である．

(i)　$n_+=n_-=1$.

(ii)　l は極限円型である．

(iii)　ある $\lambda_0\in\mathbb{C}$ に対して(3.5)のすべての解は $\boldsymbol{H}$ の元である．

(iv)　すべての $\lambda\in\mathbb{C}$ に対して(3.5)のすべての解は $\boldsymbol{H}$ の元である．

さらに l が極限円型の場合，閉円板 $\Delta(l-)$ は次のようにパラメータ付けができる．

$$(3.12)\qquad h\in\Delta(l-)\iff h=\frac{C(\lambda)+\Omega D(\lambda)}{A(\lambda)+\Omega B(\lambda)},$$
$$\Omega\in\overline{\mathbb{C}}_+=\{z\in\mathbb{C};\ \mathrm{Im}\,z\geqq 0\}\cup\{\infty\}.$$

ここで A,B,C,D は

$$A(\lambda)=\lambda(\varphi_\lambda,\varphi_0),\quad B(\lambda)=\lambda(\varphi_\lambda,\psi_0)+1,$$
$$C(\lambda)=\lambda(\psi_\lambda,\varphi_0)-1,\quad D(\lambda)=\lambda(\psi_\lambda,\psi_0)$$

で定義される $\mathbb{C}$ 上の正則関数で恒等式 $A(\lambda)D(\lambda)-B(\lambda)C(\lambda)=1$ をみたす．

[証明]　(i)を仮定すると $\lambda\in\mathbb{C}\setminus\mathbb{R}$ のときある $f\in\mathrm{Ker}(L^*-\lambda I)$ で $f\neq 0$ となるものが存在する．しかし(3.4)より f は方程式(3.5)と境界条件 $f'(0)=0$ をみたす．したがってある定数 $c\neq 0$ により $f=c\varphi_\lambda$ となる．したがって

$\varphi_\lambda = c^{-1} f \in \boldsymbol{H}$ となる．一方つねに $\Delta(l-) \neq \varnothing$ であるから $h \in \Delta(l-)$ とすると $\psi_\lambda - h\varphi_\lambda \in \boldsymbol{H}$ であるが，$\varphi_\lambda \in \boldsymbol{H}$ であったから結局 $\psi_\lambda \in \boldsymbol{H}$ でもある．このことと補題3.4により(i)–(iv)の同値性が分かる．

$\Delta(l-)$ のパラメータ付けは次のように考えればよい．まず $b<l$ として $\Delta(b)$ のパラメータ付けを考える．$h \in \Delta(b)$ に対して $f = \psi_\lambda - h\varphi_\lambda$ とおくと補題3.2より，$f(b) \neq 0$ とすると

$$0 \leqq \mathrm{Im}(\overline{f(b)} f'(b)) = |f(b)|^2 \,\mathrm{Im}\,\frac{f'(b)}{f(b)}$$

となるので $h \in \Delta(b)$ と $\mathrm{Im}(f'(b)/f(b)) \geqq 0$ は同値である．$f'(b)/f(b) = -W^{-1}$ とおけば $\Delta(b)$ のパラメータ付け

$$h = \frac{\psi_\lambda(b) + W\psi_\lambda'(b)}{\varphi_\lambda(b) + W\varphi_\lambda'(b)}, \quad W \in \overline{\mathbb{C}}_+ \tag{3.13}$$

を得る．$b \nearrow l$ としたとき $\varphi_\lambda, \psi_\lambda$ 達が収束するかどうかは分からないので $\varphi_\lambda(b), \varphi_\lambda'(b), \psi_\lambda(b), \psi_\lambda'(b)$ を

$$\begin{cases} A_b(\lambda) = \lambda \displaystyle\int_0^b \varphi_\lambda(x)\varphi_0(x)\,dx, & B_b(\lambda) = \lambda \displaystyle\int_0^b \varphi_\lambda(x)\psi_0(x)\,dx + 1 \\ C_b(\lambda) = \lambda \displaystyle\int_0^b \psi_\lambda(x)\varphi_0(x)\,dx - 1, & D_b(\lambda) = \lambda \displaystyle\int_0^b \psi_\lambda(x)\psi_0(x)\,dx \end{cases}$$

で表わすことを考える．$\varphi_\lambda, \psi_\lambda$ のみたす方程式(3.5)を A_b 達の積分に代入し，部分積分により変形していくと A_b 達が $\{\varphi_\lambda(b), \varphi_\lambda'(b), \psi_\lambda(b), \psi_\lambda'(b), \varphi_0(b), \varphi_0'(b), \psi_0(b), \psi_0'(b)\}$ で表現されることが分かる．そこでロンスキアン恒等式 $\varphi_0(b)\psi_0'(b) - \varphi_0'(b)\psi_0(b) = 1$ に注意してこの表現を逆に解くと

$$\begin{cases} \varphi_\lambda(b) = B_b(\lambda)\varphi_0(b) - A_b(\lambda)\psi_0(b), & \varphi_\lambda'(b) = B_b(\lambda)\varphi_0'(b) - A_b(\lambda)\psi_0'(b) \\ \psi_\lambda(b) = D_b(\lambda)\varphi_0(b) - C_b(\lambda)\psi_0(b), & \psi_\lambda'(b) = D_b(\lambda)\varphi_0'(b) - C_b(\lambda)\psi_0'(b) \end{cases}$$

となる．これを(3.13)に代入すると

$$h = \frac{C_b(\lambda) + zD_b(\lambda)}{A_b(\lambda) + zB_b(\lambda)}, \quad z = -\frac{\varphi_0(b) + W\varphi_0'(b)}{\psi_0(b) + W\psi_0'(b)} \tag{3.14}$$

となる．ところが φ_0, ψ_0 は実数値であるから

$$\operatorname{Im} z = \frac{\operatorname{Im} W}{|\psi_0(b)+W\psi_0'(b)|^2} \geqq 0$$

である．したがって W が $\overline{\mathbb{C}}_+$ 全体を動くとき z も $\overline{\mathbb{C}}_+$ 全体を動く．つまり(3.14)も $\Delta(b)$ のパラメータ付けである．$b \nearrow l$ とすれば $\Delta(l-)$ のパラメータ付けを得る．∎

l が極限円型のときはある意味で q は l で特異的でないが次のような十分条件がある．

例題 3.7　$l<\infty$, $\int_0^l |q(x)|\,dx<\infty$ ならば l は極限円型である．

［解］

$$\phi_0(x)=1,\quad \phi_n(x)=\int_0^x (x-y)(q(y)-\lambda)\phi_{n-1}(y)\,dy \ (n\geqq 1)$$

で逐次的に $\{\phi_n\}_{n\geqq 1}$ を定めていき $\varphi_\lambda(x)=\sum_{n=0}^{\infty}\phi_n(x)$ により φ_λ が求まる．ところが $n\geqq 1$ のとき

$$|\phi_n(x)| \leqq \int_0^x k(y)|\phi_{n-1}(y)|\,dy,\quad k(x)=l|q(x)-\lambda|$$

であるから帰納的に $n=0,1,2,\cdots$ に対し

$$|\phi_n(x)| \leqq \frac{1}{n!}K(x)^n,\quad K(x)=\int_0^x k(y)\,dy$$

となることが分かる．$x\nearrow l$ のとき $K(x)\to K(l)<\infty$ であるから，$\varphi_\lambda(x)$ も $x\nearrow l$ のとき有限な値に近づき，$\varphi_\lambda\in \boldsymbol{H}$ となる．同様に $\psi_\lambda\in\boldsymbol{H}$ である．∎

$l=\infty$ のときには多くの場合には l は極限点型になるが次のような十分条件がある．

例題 3.8　ある $a>0$ に対し $[a,\infty)$ 上の非負単調増大関数 Q で

$$\int_a^\infty Q(x)^{-1/2}\,dx=\infty \tag{3.15}$$

をみたす $Q(x)$ により $q(x)\geqq -Q(x)$ $(x\geqq a)$ となっているならば $+\infty$ は極限点型である．とくに $q(x)\geqq -cx^2$ $(c>0)$ なら極限点型である．

［解］　$+\infty$ が極限円型であるとする．命題3.6より $\varphi_0,\psi_0\in\boldsymbol{H}=L^2([0,\infty),dx)$ である．簡単のため $\varphi=\varphi_0$, $\psi=\psi_0$ とする．

$$\varphi(x)\psi'(x)-\varphi'(x)\psi(x)=1$$

となるので Schwarz の不等式より

$$\begin{aligned}\int_a^\infty Q(2x)^{-1/2}\,dx &= \int_a^\infty Q(2x)^{-1/2}|\varphi(x)\psi'(x)-\varphi'(x)\psi(x)|\,dx \\ &\leqq \left\{\int_a^\infty \varphi(x)^2dx\int_a^\infty Q(2x)^{-1}\psi'(x)^2dx\right\}^{1/2} \\ &\quad +\left\{\int_a^\infty \psi(x)^2dx\int_a^\infty Q(2x)^{-1}\varphi'(x)^2dx\right\}^{1/2}\end{aligned}$$

と評価される．

$$\int_a^\infty Q(2x)^{-1}\varphi'(x)^2dx<\infty,\quad \int_a^\infty Q(2x)^{-1}\psi'(x)^2dx<\infty$$

を示せば矛盾となる．どちらでも同じであるので φ' についての有限性を示す．$x\geqq a$ で

$$\begin{aligned}\frac{1}{2}(\varphi(x)^2)'' &= \varphi'(x)^2+\varphi(x)\varphi''(x) \\ &= \varphi'(x)^2+\varphi(x)^2q(x)\geqq\varphi'(x)^2-Q(x)\varphi(x)^2\end{aligned}$$

であるから両辺を3回積分すれば

$$(3.16)\qquad \begin{aligned}&\int_0^x \varphi(y)^2dy-(x-a)\varphi(a)^2-2(x-a)^2\varphi(a)\varphi'(a) \\ &\quad\geqq\int_a^x (x-y)^2(\varphi'(y)^2-Q(y)\varphi(y)^2)\,dy\end{aligned}$$

となる．そこで

$$I(x)=\int_a^x \varphi'(y)^2dy,\quad J(x)=\int_a^x Q(y)\varphi(y)^2dy$$

とおくと $x\geqq 2a$ なら

$$\begin{cases}\displaystyle\int_a^x (x-y)^2Q(y)\varphi(y)^2dy\leqq x^2\int_a^x Q(y)\varphi(y)^2dy \\ \displaystyle\int_a^x (x-y)^2\varphi'(y)^2dy\geqq\frac{x^2}{4}\int_a^{x/2}\varphi'(y)^2dy\end{cases}$$

に注意すると $\varphi\in\boldsymbol{H}$ と(3.16)より，ある定数 c があり $x\geqq 2a$ なら

$$I(x/2) \leqq c+4J(x)$$

が成立する．したがって部分積分を2回くり返せば

$$\begin{aligned}\int_a^x Q(2y)^{-1}\varphi'(y)^2 dy &= \int_a^x Q(2y)^{-1}I'(y)\,dy \\ &= Q(2y)^{-1}I(y)\big|_a^x + \int_a^x I(y)\,d(-Q(2y)^{-1}) \\ &\leqq (c+4J(2x))Q(2x)^{-1} + \int_a^x (c+4J(2y))\,d(-Q(2y)^{-1}) \\ &= (c+4J(2a))Q(2a)^{-1} + 8\int_a^x \varphi(2y)^2 dy\end{aligned}$$

となるので $\int_a^\infty Q(2y)^{-1}\varphi'(y)^2 dy < \infty$ が分かる． ∎

注意 3.9 $q(x) = -cx^\alpha$ $(c>0,\ \alpha>2)$ なら $+\infty$ は極限円型になる．この場合には量子力学的粒子が非常に速く $+\infty$ に到達するため $+\infty$ も状態空間に付け加えなければならない．

(c) 自己共役拡大と境界条件

境界 l が極限円型の場合には L の自己共役拡大は一意的ではない．ここでは L の自己共役拡大には l での境界条件が対応していることを明らかにしよう．

(3.10)で定義された Volterra 作用素 V_λ の形式的な共役作用素 V_λ^* を

$$V_\lambda^* f(x) = \int_x^l (\psi_{\overline{\lambda}}(x)\varphi_{\overline{\lambda}}(y) - \psi_{\overline{\lambda}}(y)\varphi_{\overline{\lambda}}(x))f(y)\,dy \tag{3.17}$$

で定義する．これは $f \in \boldsymbol{H}_0 = \{f \in \boldsymbol{H};\ f$ の台はコンパクト$\}$ に対しては意味をもつ．そこで $f \in \boldsymbol{H}_0$ に対し

$$\widehat{f}(\lambda) = (f, \varphi_{\overline{\lambda}}) = \int_0^l f(x)\varphi_\lambda(x)\,dx \tag{3.18}$$

とおく．$f \in \mathcal{D}(L)$ なら $\widehat{Lf}(\lambda) = \lambda\widehat{f}(\lambda)$ である．

補題 3.10 $f \in \boldsymbol{H}_0$ に対し $u = V_{\overline{\lambda}}^* f$ とおくと $u \in \boldsymbol{H}_0$ であるが

$$\widehat{u}(\mu) = \frac{\widehat{f}(\mu) - \widehat{f}(\lambda)}{\mu - \lambda}$$

となる．さらに $\widehat{f}(\lambda)=0$ ならば $u\in\mathcal{D}(L)$ で $(L-\lambda I)u=f$ となる．

［証明］ 恒等式 $\varphi_\lambda(x)\psi_\lambda'(x)-\varphi_\lambda'(x)\psi_\lambda(x)=1$ に注意すれば

$$
(3.19)\qquad \begin{cases} u'(x)=\displaystyle\int_x^l(\psi_\lambda'(x)\varphi_\lambda(y)-\psi_\lambda(y)\varphi_\lambda'(x))f(y)\,dy,\\ u''(x)=-f(x)+(q(x)-\lambda)u(x)\,. \end{cases}
$$

したがって $\widehat{f}(\lambda)=0$ を仮定すれば $u'(0)=0$ となるので $u\in\mathcal{D}(L)$ で，かつ $(L-\lambda I)u=f$ が分かる．また $\widehat{u}$ の計算は補題 3.3 より自明である． ∎

$f,g\in C^1([0,l))$ のときロンスキアンを次のように定める．

$$
(3.20)\qquad \begin{cases} [f,g](x)=f(x)g'(x)-f'(x)g(x),\\ [f,g](l)=\displaystyle\lim_{x\to l}[f,g](x)\quad\text{（極限が存在するとき）}. \end{cases}
$$

$\varphi,\psi\in\mathcal{D}(L^*)$ とすると，$\varphi'(0)=\psi'(0)=0$ であるから部分積分により

$$
\begin{aligned}
(3.21)\qquad &(L^*\varphi,\psi)-(\varphi,L^*\psi)\\
&=\lim_{b\to l}\int_0^b(-\varphi''+q\varphi)(x)\overline{\psi(x)}\,dx-\int_0^b\varphi(x)\overline{(-\psi''+q\psi)(x)}\,dx\\
&=[\varphi,\overline{\psi}](l)
\end{aligned}
$$

となる．同様の計算で f,g が方程式

$$
-f''+qf=\lambda f,\quad -g''+qg=\mu g
$$

の解ならば

$$
(3.22)\qquad [f,g](b)=(\lambda-\mu)\int_0^b f(x)g(x)\,dx+[f,g](0)
$$

となる．また l が極限円型のときには V_λ, V_λ^* は Hilbert–Schmidt 作用素になるが，$f\in\boldsymbol{H}$ に対して $u=V_{\overline{\lambda}}^*f$，$g\in C^1([0,l))$ とすると

$$
(3.23)\quad [u,g](b)=[\psi_\lambda,g](b)\int_b^l\varphi_\lambda(y)f(y)\,dy-[\varphi_\lambda,g](b)\int_b^l\psi_\lambda(y)f(y)\,dy
$$

が分かる．これらの等式を利用して次の補題を示そう．

補題 3.11　l は極限円型とすると

（i） $u=V_{\overline{\lambda}}^*f$，$f\in\boldsymbol{H}$ で φ が $-\varphi''+q\varphi=\zeta\varphi$ の解なら $[u,\varphi](l)=0$，さらに $v=V_{\overline{\mu}}^*g$，$g\in\boldsymbol{H}$ なら $[u,v](l)=0$．

(ii) φ を $-\varphi''+q\varphi=\lambda\varphi$ の非自明($\varphi\neq 0$)な解とする．$u\in\mathcal{D}(L^*)$ が $[u,\varphi](l)=0$ をみたすなら，ある $c\in\mathbb{C}$ と $f\in\boldsymbol{H}$ により

$$u=V_{\bar\lambda}^* f+c\varphi.$$

(iii) φ を $-\varphi''+q\varphi=\lambda\varphi$ の非自明な解とし $u,v\in\mathcal{D}(L^*)$ が $[u,\varphi](l)=[v,\varphi](l)=0$ をみたすなら $[u,v](l)=0$.

[証明] l が極限円型であるから(i)の $\varphi\in\boldsymbol{H}$ である．したがって(3.22)より $[\psi_\lambda,\varphi](l)$, $[\varphi_\lambda,\varphi](l)$ は有限で存在する．そこで等式(3.23)で $b\to l$ とすると $[u,\varphi](l)=0$ が分かる．さらに(3.23)より

$$[u,v](b)=[\psi_\lambda,v](b)\int_b^l\varphi_\lambda(y)f(y)\,dy-[\varphi_\lambda,v](b)\int_b^l\psi_\lambda(y)f(y)\,dy$$

であるが，$[\psi_\lambda,v](l)=[\varphi_\lambda,v](l)=0$ より $[u,v](l)=0$ となる．

(ii)を示そう．$u\in\mathcal{D}(L^*)$ に対して $f=(L^*-\lambda I)u\in\boldsymbol{H}$ とおく．$v=u-V_{\bar\lambda}^*f$ とおくと

$$-v''+(q-\lambda)v=-u''+(q-\lambda)u-f=0$$

であるから，φ と一次独立な $-\psi''+(q-\lambda)\psi=0$ の解を ψ とするとある定数 c_1,c_2 があり $v=c_1\varphi+c_2\psi$ となる．一方 $[u,\varphi](l)=0$ であるから(i)より $[v,\varphi](l)=0$ でもある．よって

$$0=c_1[\varphi,\varphi](l)+c_2[\psi,\varphi](l)=c_2[\psi,\varphi](l)$$

であるが，φ と ψ は一次独立な 2 階常微分方程式の解であるから $[\psi,\varphi](l)\neq 0$ であり，したがって $c_2=0$ となる．

(iii)は(i)と(ii)より自明である． ∎

以上の考察により L の自己共役拡大に関する次の定理を得る．

定理 3.12 次の命題が成立する．

(i) l が極限点型のとき L の自己共役拡大 A は唯一つ存在し，そのレゾルベント $R_\lambda=(A-\lambda I)^{-1}$ ($\lambda\in\mathbb{C}\backslash\mathbb{R}$) は次の連続核 $R_\lambda(x,y)$ をもつ．

$$R_\lambda(x,y)=R_\lambda(y,x)=\varphi_\lambda(x)(h(\lambda)\varphi_\lambda(y)-\psi_\lambda(y))\quad(0\leqq x\leqq y<l).$$

ここで $h(\lambda)$ は $\Delta(l-)$ の唯一つの点である．

(ii) l が極限円型のとき L の自己共役拡大 A と $\kappa\in\mathbb{R}\cup\{\infty\}$ は次のように 1 対 1 に対応している．

$\kappa\in\mathbb{R}$ のとき $f_0=\varphi_0+\kappa\psi_0$, $\kappa=\infty$ のときは $f_0=\psi_0$ とすると

$$\begin{cases} \mathcal{D}(A)=\{\varphi\in\mathcal{D}(L^*);\ [\varphi,f_0](l)=0\} \\ A\varphi=L^*\varphi, \quad \varphi\in\mathcal{D}(A) \end{cases} \tag{3.24}$$

であり，A のレゾルベント R_λ はやはり連続核

$$\begin{aligned} R_\lambda^\kappa(x,y) &= R_\lambda^\kappa(y,x) \\ &= \varphi_\lambda(x)(h_\kappa(\lambda)\varphi_\lambda(y)-\psi_\lambda(y)) \quad (0\leqq x\leqq y<l) \end{aligned} \tag{3.25}$$

をもつ．ただし

$$h_\kappa(\lambda)=\frac{C(\lambda)+\kappa D(\lambda)}{A(\lambda)+\kappa B(\lambda)}\in\Delta(l-). \tag{3.26}$$

［証明］　A を L の自己共役拡大とする．$f\in\boldsymbol{H}_0$ が $\widehat{f}(\lambda)=0$ をみたすなら補題3.10より

$$(A-\lambda I)(R_\lambda f-V_{\bar\lambda}^*f)=f-(L-\lambda I)V_{\bar\lambda}^*f=0$$

となるが，$\lambda\in\mathbb{C}\backslash\mathbb{R}$ なら $A-\lambda I$ は逆作用素 R_λ をもつので $R_\lambda f=V_{\bar\lambda}^*f$ が成立する．そこで $v\in\boldsymbol{H}_0$ で $(v,\varphi_{\bar\lambda})\neq 0$ となるものを固定する．このとき $f\in\boldsymbol{H}_0$ に対して

$$\begin{aligned} R_\lambda f &= R_\lambda\left(f-\frac{\widehat{f}(\lambda)}{\widehat{v}(\lambda)}v\right)+\frac{\widehat{f}(\lambda)}{\widehat{v}(\lambda)}R_\lambda v \\ &= V_{\bar\lambda}^*\left(f-\frac{\widehat{f}(\lambda)}{\widehat{v}(\lambda)}v\right)+\frac{\widehat{f}(\lambda)}{\widehat{v}(\lambda)}R_\lambda v \\ &= V_{\bar\lambda}^*f+\frac{\widehat{f}(\lambda)}{\widehat{v}(\lambda)}(R_\lambda v-V_{\bar\lambda}^*v) \end{aligned}$$

となる．ここで $g_\lambda=(R_\lambda v-V_{\bar\lambda}^*v)/\widehat{v}(\lambda)$ とおくと

$$R_\lambda f=V_{\bar\lambda}^*f+\widehat{f}(\lambda)g_\lambda \tag{3.27}$$

となる．一方 $\mathcal{D}(A)\subset\mathcal{D}(L^*)$ で $f\in\mathcal{D}(A)$ なら $Af=L^*f$ であるから g_λ の定義と(3.19)より

$$-g_\lambda''+qg_\lambda=\lambda g_\lambda, \quad g_\lambda'(0)=-1$$

が分かる．したがって g_λ はある $h(\lambda)\in\mathbb{C}$ により $g_\lambda=h(\lambda)\varphi_\lambda-\psi_\lambda$ と表わせ

る．これを(3.27)に代入すると

$$R_\lambda(x,y) = R_\lambda(y,x) = \varphi_\lambda(x)g_\lambda(y) \quad (0 \leqq x \leqq y < l)$$

が R_λ の核になることが分かる．一方 A が自己共役であるから $R_\lambda^* = R_{\overline{\lambda}}$ である．これとレゾルベント等式(2.18)により

$$R_\lambda(x,y) - \overline{R_\lambda(y,x)} = (\lambda - \overline{\lambda}) \int_0^l R_\lambda(x,z)\overline{R_\lambda(y,z)}\,dz$$

がすべての $0 \leqq x, y < l$ に対して成立する．$x = y = 0$ とおけば等式

$$\frac{\operatorname{Im} h(\lambda)}{\operatorname{Im} \lambda} = \int_0^l |h(\lambda)\varphi_\lambda(x) - \psi_\lambda(x)|^2 dx \tag{3.28}$$

を得る．したがって $h(\lambda) \in \partial\varDelta(l-)$ となる．l が極限点型ならば(i)が示せたことになる．

次に l が極限円型のときを考える．(3.28)より $h(\lambda) \in \partial\varDelta(l-)$ となるので，命題3.6よりある $\Omega = \kappa \in \mathbb{R} \cup \{\infty\}$ が対応して $h(\lambda)$ は(3.26)のように表現される．ところが $R_\lambda(x,y)$ は λ について $\mathbb{C}\backslash\mathbb{R}$ で正則であるので $h(\lambda) = R_\lambda(0,0)$ も正則である．したがって κ は λ に依存しない定数になる．

$\mathcal{D}(A)$ を決定するため $\lambda \in \mathbb{C}\backslash\mathbb{R}$ を固定し等式 $\mathcal{D}(A) = R_\lambda(\boldsymbol{H})$ に注意する．まず等式(3.22)より

$$\begin{aligned}[g_\lambda, f_0](l) &= \lambda \int_0^l g_\lambda(x) f_0(x)\,dx + h_\kappa(\lambda)\kappa + 1 \\ &= h_\kappa(\lambda)(A(\lambda) + \kappa B(\lambda)) - (C(\lambda) + \kappa D(\lambda)) = 0\end{aligned}$$

となる．そこで $u = R_\lambda f \ (f \in \boldsymbol{H})$ とすると，補題3.11の(i)と(3.27)より $[u, f_0](l) = 0$ となるが，$\mathcal{D}(A) \subset \mathcal{D}(L^*)$ であるから $u \in \{u \in \mathcal{D}(L^*);\ [u, f_0](l) = 0\}$ を得る．

さて作用素 $\widetilde{A}$ を

$$\begin{cases} \mathcal{D}(\widetilde{A}) = \{\varphi \in \mathcal{D}(L^*);\ [\varphi, f_0](l) = 0\} \\ \widetilde{A}\varphi = L^*\varphi, \quad \varphi \in \mathcal{D}(\widetilde{A}) \end{cases}$$

で定める．上で示したように $\widetilde{A}$ は自己共役作用素 A の拡大であるので $\widetilde{A}$ が自己共役であることを示せば $\widetilde{A} = A$ となり定理の証明は終わる．$\widetilde{A}$ の自己共

役性を示すため $\varphi, \psi \in \mathcal{D}(\widetilde{A})$ に対して次の計算をする．(3.21)より

$$(\widetilde{A}\varphi, \psi) - (\varphi, \widetilde{A}\psi) = (L^*\varphi, \psi) - (\varphi, L^*\psi) = [\varphi, \overline{\psi}](l)$$

であるが，補題 3.11 の(iii)より右辺は 0 となる．したがって $\widetilde{A}$ は対称作用素になるが，$\widetilde{A}$ の自己共役性を示すにはある $f, f^* \in \boldsymbol{H}$ が任意の $\varphi \in \mathcal{D}(\widetilde{A})$ に対して

$$(\widetilde{A}\varphi, f) = (\varphi, f^*) \tag{3.29}$$

をみたすなら $f \in \mathcal{D}(\widetilde{A})$ で $f^* = \widetilde{A}f$ を言えばよい．(3.29)で $\varphi \in \mathcal{D}(L)$ $(\subset \mathcal{D}(\widetilde{A}))$ とすることにより $f \in \mathcal{D}(L^*)$ で $f^* = L^*f$ が分かる．したがって(3.21)より $\varphi \in \mathcal{D}(\widetilde{A})$ なら

$$0 = (L^*f, \varphi) - (f, L^*\varphi) = [f, \overline{\varphi}](l) \tag{3.30}$$

となる．ところが明らかに $[f_0, f_0](l) = 0$ であるから，$\varphi \in \mathcal{D}(\widetilde{A})$ を l の近傍では $\overline{\varphi}(x) = f_0(x)$ が成立するように選ぶと(3.30)より

$$[f, f_0](l) = [f, \overline{\varphi}](l) = 0$$

が分かり，$f \in \mathcal{D}(\widetilde{A})$ を得る． ∎

注意 3.13　有限な境界 l で $\{\varphi_\lambda, \varphi'_\lambda, \psi_\lambda, \psi'_\lambda\}$ が有限の極限をもつときは(3.26)の $h_\kappa(\lambda)$ は命題 3.6 の証明で見たように

$$h_\kappa(\lambda) = \frac{\psi_\lambda(l) + \widetilde{\kappa}\psi'_\lambda(l)}{\varphi_\lambda(l) + \widetilde{\kappa}\varphi'_\lambda(l)}, \quad \widetilde{\kappa} = -\frac{\varphi_0(l) + \kappa\psi_0(l)}{\varphi'_0(l) + \kappa\psi'_0(l)}$$

と表わせる．このとき $g_\lambda = h_\kappa(\lambda)\varphi_\lambda - \psi_\lambda$ は l で境界条件 $g_\lambda(l) + \widetilde{\kappa}g'_\lambda(l) = 0$ をみたす．さらに対応する自己共役拡大 A は

$$\begin{cases} \mathcal{D}(A) = \{\varphi \in \mathcal{D}(L^*);\ \varphi(l) + \widetilde{\kappa}\varphi'(l) = 0\} \\ A\varphi = L^*\varphi = -\varphi'' + q\varphi, \quad \varphi \in \mathcal{D}(A) \end{cases}$$

となる．つまり κ は A の l での境界条件を規定するパラメータである．このように一般に L の自己共役拡大を求める問題は領域の境界で適当な境界条件を指定することに他ならない．この事情は多次元の場合でも同様である．

定理 3.12 のレゾルベント核 $R_\lambda(x, y)$ $(R^\kappa_\lambda(x, y))$ を **Green 関数**とよぶ．

§3.2 一般展開定理

$f \in \boldsymbol{H}_0$ に対して(3.18)で $\widehat{f}(\lambda)$ を

$$\widehat{f}(\lambda) = \int_0^l f(x)\varphi_\lambda(x)\,dx$$

で定義した．$l = +\infty$, $q = 0$ の場合を考えると $\varphi_\lambda(x) = \cos\sqrt{\lambda}x$ であるから $f \in \boldsymbol{H}_0$ を偶関数として $(-\infty, 0]$ にも拡張しておくと

$$\widehat{f}(\lambda^2) = \frac{1}{2}\int_{\mathbb{R}} e^{i\lambda x} f(x)\,dx$$

となるので変換(3.18)は偶関数の Fourier 変換を特別の場合として含む．そこで(3.18)を**一般 Fourier 変換**とよぶ．通常の Fourier 変換では Parseval の等式

$$\int_0^\infty |\widehat{f}(\xi)|^2 \frac{d\xi}{\pi\sqrt{\xi}} = \frac{1}{\pi}\int_{\mathbb{R}} |\widehat{f}(\xi^2)|^2\,d\xi = \int_0^\infty |f(x)|^2 dx$$

が成立するが，一般 Fourier 変換では測度 $d\xi/\pi\sqrt{\xi}$ により Parseval の等式が成立することは期待できないので他の測度を探さなければならない．

(a) Green 関数の評価

A を L の自己共役拡大とする．A のレゾルベントを R_λ，Green 関数を $R_\lambda(x,y)$ とし，$R_\lambda(x,y)$ の $\lambda \to \infty$ での漸近的挙動について考察する．物理学では λ はエネルギーまたは周波数に関係していて，高エネルギーまたは高周波領域では $R_\lambda(x,x)$ は q の x の近傍での値にしか依存しないことが知られている．それを見るには次の展開式が有効である．

$q = 0$ のときの A のレゾルベントを G_λ，Green 関数を $G_\lambda(x,y)$ とすると

(3.31) $$R_\lambda = G_\lambda - G_\lambda q G_\lambda + G_\lambda q R_\lambda q G_\lambda,$$

(3.32) $$R_\lambda(x,y) = G_\lambda(x,y) - \int_0^l G_\lambda(x,z)q(z)G_\lambda(z,y)dz + \int_0^l\int_0^l G_\lambda(x,u)q(u)R_\lambda(u,v)q(v)G_\lambda(v,y)\,dudv$$

が q に対するある条件の下で成立する．この展開はこの先も続けることができ，$\lambda\to\infty$ での $R_\lambda(x,y)$ の挙動を知るには非常に有効である．

しかし q が一般の場合には(3.32)の右辺第3項の収束性に問題がある．そこで(3.32)を利用して $R_\lambda(x,y)$ の評価を得るにはまず問題を局所化する必要がある．

$0\leqq a<b<l$ とし b でパラメータ $\kappa\in\mathbb{R}\cup\{\infty\}$ の境界条件をつけた自己共役作用素のレゾルベントを R_λ^κ，Green 関数を $R_\lambda^\kappa(x,y)$ とすると，$0\leqq x\leqq y\leqq b$ のとき

$$R_\lambda^\kappa(x,y)=\varphi_\lambda(x)(\varphi_\lambda(y)h_\kappa(\lambda)-\psi_\lambda(y))$$

で $h_\kappa(\lambda)\in\partial\varDelta(b)$ となる．$\zeta_1,\zeta_2\in\mathbb{C}$ を固定する．

$$H^\kappa(x,y)=\zeta_1\overline{\zeta_1}R_\lambda^\kappa(x,x)+\zeta_1\overline{\zeta_2}R_\lambda^\kappa(x,y)+\overline{\zeta_1}\zeta_2R_\lambda^\kappa(y,x)+\zeta_2\overline{\zeta_2}R_\lambda^\kappa(y,y)$$

とおくと，$H^\kappa(x,y)=z_1h_\kappa(\lambda)+z_2$ $(z_1,z_2\in\mathbb{C})$ の形になるので κ が $\mathbb{R}\cup\{\infty\}$ を動くとき $H^\kappa(x,y)$ は $\overline{\mathbb{C}}_+$ 内の円周上を動く．対応する円板を $\widetilde{\varDelta}(b)$ とすると，$\varDelta(b)$ が b が増大するとともに減少するので $\widetilde{\varDelta}(b)$ も減少する．

$$H(x,y)=\zeta_1\overline{\zeta_1}R_\lambda(x,x)+\zeta_1\overline{\zeta_2}R_\lambda(x,y)+\overline{\zeta_1}\zeta_2R_\lambda(y,x)+\zeta_2\overline{\zeta_2}R_\lambda(y,y)$$

とおくと，$H(x,y)\in\bigcap\{\widetilde{\varDelta}(b);\ y\leqq b<l\}$ であるから，結局次の補題を得る．

補題 3.14　$0\leqq x\leqq y\leqq b<l$ とすると

$$|H(x,y)|\leqq\sup\{|H^\kappa(x,y)|;\ \kappa\in\mathbb{R}\cup\{\infty\}\}. \tag{3.33}$$

□

したがって $|R_\lambda(x,x)|$, $|R_\lambda(x,y)|$ を上から評価するには $|H^\kappa(x,y)|$ を κ に関して一様に上から評価すればよい．$q=0$ のとき境界 b でパラメータ κ の境界条件をつけたときの Green 関数を $G_\lambda^\kappa(x,y)$ とすると，(3.32)より

$$\begin{aligned}R_\lambda^\kappa(x,y)&=G_\lambda^\kappa(x,y)-\int_0^b G_\lambda^\kappa(x,z)q(z)G_\lambda^\kappa(z,y)\,dz\\&\quad+\int_0^b\int_0^b G_\lambda^\kappa(x,u)q(u)R_\lambda^\kappa(u,v)q(v)G_\lambda^\kappa(v,y)\,dudv\end{aligned}\tag{3.34}$$

となる．$G_\lambda^\kappa(x,y)$ は具体的に計算でき $0\leqq x\leqq y\leqq b$ のとき

$$G_\lambda^\kappa(x,y)=\frac{\cos\sqrt{\lambda}x(\widetilde{\kappa}\cos\sqrt{\lambda}(b-y)+\sin\sqrt{\lambda}(b-y)/\sqrt{\lambda})}{\cos\sqrt{\lambda}b-\widetilde{\kappa}\sqrt{\lambda}\sin\sqrt{\lambda}b}$$

となる．ただし $\widetilde{\kappa}=-b-\kappa^{-1}$ (注意 3.13 参照)である．計算は困難ではない

が複雑なので省略するが，ある定数 D があり $\eta \geqq 1$ のとき

(3.35)　$\sup\{|G^{\kappa}_{i\eta}(x,z)|;\ \kappa \in \mathbb{R} \cup \{\infty\},\ 0 \leqq z \leqq b\} \leqq D\eta^{-1/2}$

が分かる．x が $[0,l)$ のコンパクト集合を動くときに D は有界に止まる．また $f_x(z) = q(z)G^{\kappa}_{\lambda}(z,x)$ とおくと(3.34)の第3項は $(R^{\kappa}_{\lambda}f_y, \overline{f_x})$ と書け，さらに(2.19)より

(3.36)　$$|(R^{\kappa}_{\lambda}f_y, \overline{f_x})| \leqq |\operatorname{Im}\lambda|^{-1}\|f_y\|\,\|f_x\|$$

となるので，(3.34),(3.35),(3.36)より

$$|R^{\kappa}_{i\eta}(x,y)| \leqq D\eta^{-1/2} + D^2\eta^{-1}\int_0^b |q(z)|\,dz + D^2\eta^{-2}\int_0^b |q(z)|^2 dz$$

が分かる．定数 D は x,y が $[0,l)$ のコンパクト集合を動いても有界に止まる．したがって補題3.14より次の補題を得る．

補題 3.15　x,y が $[0,l)$ のコンパクト集合を動くとき一様な定数 D が存在して

(3.37)　$$|R_{i\eta}(x,y)| \leqq D\eta^{-1/2} \quad (\eta \geqq 1).$$ □

(b)　一般 Fourier 変換と一般展開定理

まず Green 関数 $R_\lambda(x,y)$ のスペクトル表現を考察する．$\zeta_1, \zeta_2 \in \mathbb{C}$ を固定して

(3.38)

$$H(\lambda) = \zeta_1\overline{\zeta_1}R_\lambda(x,x) + \zeta_1\overline{\zeta_2}R_\lambda(x,y) + \overline{\zeta_1}\zeta_2R_\lambda(y,x) + \zeta_2\overline{\zeta_2}R_\lambda(y,y)$$

とおく．任意の $f \in \boldsymbol{H}$ に対して $(R_\lambda f, f)$ は $\mathbb{C}_+$ 上 Herglotz 関数であるから，$f_n \in \boldsymbol{H}$，$f_n \to \zeta_1\delta_x + \zeta_2\delta_y$ とすると

$$(R_\lambda f_n, f_n) \to H(\lambda) \quad (\mathbb{C}_+ \text{ 上広義一様収束})$$

となるので $H(\lambda)$ も $\mathbb{C}_+$ 上 Herglotz 関数になる．したがって $h(\lambda) = R_\lambda(0,0)$ も Herglotz 関数になる．(3.37)で $x=y=0$ とすれば付録の定理 A.3 より h は

(3.39)　$$h(\lambda) = \int_{\mathbb{R}} \frac{\sigma(d\xi)}{\xi - \lambda} \quad \left(\int_{\mathbb{R}} \frac{\sigma(d\xi)}{|\xi|+1} < \infty\right)$$

と表現できる．一方(3.38)の $H(\lambda)$ は

$$H(\lambda)=F(\lambda)h(\lambda)+G(\lambda)$$

と書ける．ここで F,G は $\mathbb{C}$ で正則で $\xi\in\mathbb{R}$ に対して

$$F(\xi)=|\zeta_1\varphi_\xi(x)+\zeta_2\varphi_\xi(y)|^2\geqq 0,\quad G(\xi)\in\mathbb{R}$$

となるので，$H(\lambda)$ を表現する測度は $F(\xi)\sigma(d\xi)$ であるが，評価(3.37)と定理 A.3 より H は

$$H(\lambda)=\int_{\mathbb{R}}\frac{|\zeta_1\varphi_\xi(x)+\zeta_2\varphi_\xi(y)|^2}{\xi-\lambda}\sigma(d\xi) \tag{3.40}$$

と表わせることが分かる．したがって次の定理を得る．

定理 3.16 (Weyl–Stone–Titchmarsh–小平)　L の自己共役拡大を A とし A の Green 関数を $R_\lambda(x,y)$ とすると，$\mathbb{R}$ 上の測度 σ が存在して $0\leqq x,y<l$ なら，$R_\lambda(x,y)$ は

$$R_\lambda(x,y)=\int_{\mathbb{R}}\frac{\varphi_\xi(x)\varphi_\xi(y)}{\xi-\lambda}\sigma(d\xi) \tag{3.41}$$

と表現できる．さらに $f,g\in\boldsymbol{H}_0$ に対して次の等式が成立する．

$$(R_\lambda f,g)=\int_{\mathbb{R}}\frac{\widehat{f}(\xi)\,\overline{\widehat{g}(\xi)}}{\xi-\lambda}\sigma(d\xi), \tag{3.42}$$

$$(f,g)=\int_{\mathbb{R}}\widehat{f}(\xi)\,\overline{\widehat{g}(\xi)}\,\sigma(d\xi)\quad \text{(Parseval の等式)}. \tag{3.43}$$

また A の単位の分解 $\{E(\Delta)\}$ は Δ が有界のとき次の連続核をもつ．

$$\int_{\Delta}\varphi_\xi(x)\varphi_\xi(y)\sigma(d\xi)\,. \tag{3.44}$$

［証明］　表現式(3.41)はすでに示した．一方 $R_\lambda(x,y)$ の表現式(定理 3.12)より，$f\in\boldsymbol{H}_0$ なら

$$(R_\lambda f,f)=\widehat{f}(\lambda)\widehat{f}(\lambda)^*h(\lambda)+G(\lambda)$$

となる．ここで $\mathbb{C}$ 上の正則関数 $F(\lambda)$ に対して $F(\lambda)^*=\overline{F(\overline{\lambda})}$ とした．G は $\mathbb{C}$ 上で正則な関数で $\xi\in\mathbb{R}$ なら $G(\xi)\in\mathbb{R}$ となる．したがって(3.40)を得たときと同様に(3.42)が $g=f$ のとき示せる．$g\neq f$ のときも双線形性より(3.42)は成立する．

一方，補題 2.51 より

$$f = \lim_{\eta \to \infty} -i\eta R_{i\eta} \quad (\boldsymbol{H}\text{ のノルムで})$$

であるから(3.43)は(3.42)より自明である.

(3.44)は等式

$$\int_{\mathbb{R}} \frac{\widehat{f}(\xi)\,\overline{\widehat{g}(\xi)}}{\xi-\lambda}\sigma(d\xi) = \int_{\mathbb{R}} \frac{(E(d\xi)f, g)}{\xi-\lambda}$$

と Stieltjes 変換の一意性より自明である. ∎

一般の $f \in \boldsymbol{H}$ に対して, f を $\boldsymbol{H}$ のノルムで近似する $\boldsymbol{H}_0$ の列 $\{f_n\}_{n=1}^{\infty}$ を選び $\widehat{f}(\xi)$ を $\widehat{f_n}(\xi)$ の $L^2(\sigma)$–極限として定義する. これは(3.43)の Parseval の等式により可能である.

系 3.17

(i) $f \in \boldsymbol{H}$ に対して

$$f_n(x) = \int_{|\xi| \leqq n} \widehat{f}(\xi)\varphi_\xi(x)\sigma(d\xi)$$

とおくと, $\|f_n - f\| \to 0$ $(n \to \infty)$ となる.

(ii) $\{\widehat{f}(\xi);\, f \in \boldsymbol{H}_0\}$ は $L^2(\mathbb{R}, \sigma)$ で稠密である.

[証明] (3.44)より $\Delta_n = [-n, n]$ とすると, $f \in \boldsymbol{H}_0$ なら

$$f_n(x) = E(\Delta_n)f(x) = \int_{\Delta_n} \varphi_\xi(x)\widehat{f}(\xi)\sigma(d\xi)$$

であるが, この等式は $f \in \boldsymbol{H}$ に対しても成立するので, $\|E(\Delta_n)f - f\| \to 0$ $(n \to \infty)$ より(i)が成立する.

一方, (3.42)より

$$\begin{aligned}\int_{\mathbb{R}} \left| \widehat{R_\lambda f}(\xi) - \frac{\widehat{f}(\xi)}{\xi-\lambda} \right|^2 \sigma(d\xi) &= \|R_\lambda f\|^2 - \int_{\mathbb{R}} \widehat{R_\lambda f}(\xi) \times \overline{\frac{\widehat{f}(\xi)}{\xi-\overline{\lambda}}}\sigma(d\xi) \\ &\quad - \int_{\mathbb{R}} \frac{\widehat{f}(\xi)}{\xi-\lambda} \times \overline{\widehat{R_\lambda f}(\xi)}\sigma(d\xi) + \int_{\mathbb{R}} \frac{|\widehat{f}(\xi)|^2}{|\xi-\lambda|^2}\sigma(d\xi) \\ &= \|R_\lambda f\|^2 - (R_{\overline{\lambda}}R_\lambda f, f) - (R_\lambda f, R_\lambda f) + \|R_\lambda f\|^2 \\ &= 0\end{aligned}$$

を得る. 等式の第4項では R_λ のレゾルベント等式を使った. したがって $F \in L^2(\sigma)$ が $\{\widehat{f};\, f \in \boldsymbol{H}_0\}$ と直交しているとすると, F は $\widehat{f}(\xi)/(\xi-\lambda)$ とも

直交しているので

$$\int_{\mathbb{R}} \frac{\hat{f}(\xi)\overline{F(\xi)}}{\xi-\lambda}\sigma(d\xi)=0$$

となるが，これは $\hat{f}(\xi)\overline{F(\xi)}=0$ a.e. を意味する．補題 3.10 を利用すれば $\hat{f}$ が零点をもっても割ることにより除去でき $\hat{f}$ は任意に固定された有界区間で零点をもたないとしてよい．したがって $F(\xi)=0$ a.e. となり(ii)を得る． ∎

表現(3.41)の収束に関しては次の一様収束の結果がある．

系 3.18　$\alpha>1/2$ とすると

$$\int_{|\xi|>n} \frac{|\varphi_\xi(x)\varphi_\xi(y)|}{1+|\xi|^\alpha}\sigma(d\xi)$$

は $n\to\infty$ のとき x,y が $[0,l)$ 上のコンパクト集合上を動くとき一様に 0 に収束する．

［証明］　新しい作用素 M を

$$M=\int_1^\infty \frac{\operatorname{Im} R_{i\eta}}{\eta^\alpha}d\eta$$

で定める．評価(3.37)より M は連続核

$$M(x,y)=\int_1^\infty \frac{\operatorname{Im} R_{i\eta}(x,y)}{\eta^\alpha}d\eta$$

をもつ．しかもこの核 $M(x,y)$ は $[0,l)$ 上で正定値である．一方

$$\rho(\xi)=\int_1^\infty \frac{\eta}{\xi^2+\eta^2}\times\eta^{-\alpha}d\eta\sim \mathrm{const}.|\xi|^{-\alpha}\quad (|\xi|\to\infty)$$

とおき，作用素 M_n を $f\in \boldsymbol{H}_0$ に対して

$$M_nf(x)=\int_{|\xi|\leqq n}\rho(\xi)\varphi_\xi(x)\hat{f}(\xi)\sigma(d\xi)$$

と定めると，M_n は連続核

$$M_n(x,y)=\int_{|\xi|\leqq n}\rho(\xi)\varphi_\xi(x)\varphi_\xi(y)\sigma(d\xi)$$

をもつ．$f\in \boldsymbol{H}_0$ ならば(3.42)より

$$Mf(x)=\int_{\mathbb{R}}\rho(\xi)\varphi_\xi(x)\widehat{f}(\xi)\sigma(d\xi)$$

となるので系3.17より$n\to\infty$とすると

$$\|M_nf-Mf\|^2=\int_{|\xi|>n}\rho(\xi)^2|\widehat{f}(\xi)|^2\sigma(d\xi)\to 0$$

が分かるのでMercerの定理(命題2.36)により系3.18を得る. ∎

定理3.16とその系3.17により一般Fourier変換に対して通常のFourier変換と同様にParsevalの等式, 逆Fourier変換の公式が成立する.

定理3.16を, とくに$l<\infty$, $q\in L^2([0,l))$のときに見てみよう. $[0,l]$上で固有値問題

$$\begin{cases} -u''+qu=\lambda u \\ u'(0)=0, \quad u(l)+\kappa u'(l)=0 \end{cases} \tag{3.45}$$

を考える. 定理3.12と注意3.13より

$$h_\kappa(\lambda)=\frac{\psi_\lambda(l)+\kappa\psi'_\lambda(l)}{\varphi_\lambda(l)+\kappa\varphi'_\lambda(l)}$$

である. $h_\kappa(\lambda)$は$\mathbb{C}$で有理型関数であるが, h_κはHerglotz関数でもあるからその表現式(定理A.2)よりその極と零点は$\mathbb{R}$上にあり, しかもどちらも1位であることが分かる.

一方

$$\overline{q}=\int_0^l q(x)\,dx\Big/l, \quad Q(x)=\int_0^x(q(y)-\overline{q})\,dy$$

とおくと, $\varphi\in C^2[0,l]$, $\varphi'(0)=0$, $\varphi(l)+\kappa\varphi'(l)=0$のとき

$$\int_0^l -\varphi''(x)\overline{\varphi(x)}\,dx=\int_0^l|\varphi'(x)|^2dx,$$

$$\begin{aligned}\int_0^l q(x)|\varphi(x)|^2dx&=\int_0^l(Q'(x)+\overline{q})|\varphi(x)|^2dx\\&=-\int_0^l Q(x)\varphi'(x)\overline{\varphi(x)}\,dx-\int_0^l Q(x)\varphi(x)\overline{\varphi'(x)}\,dx+\overline{q}\|\varphi\|^2\end{aligned}$$

$$\geqq (\overline{q}-M^2)\|\varphi\|^2-\int_0^l |\varphi'(x)|^2 dx\,.$$

ただし $M=\max\{|Q(x)|;\ 0\leqq x\leqq l\}$ とした．したがって $c=\overline{q}-M^2$ とすると

$$(A\varphi,\varphi)\geqq c\|\varphi\|^2$$

となり，作用素として $A\geqq cI$ である．したがって A の固有値はすべて c より大きい．A の固有値は $h_\kappa(\lambda)$ の極と等しいからそれを $\{\lambda_1<\lambda_2<\cdots<\lambda_n<\cdots\}$ と並べると $\lambda_1\geqq c$ で

$$h_\kappa(\lambda)=\sum_{n=1}^{\infty}\frac{\sigma_n}{\lambda_n-\lambda}$$

となることが分かる．(3.42)より $R_\lambda(x,y)$ は

$$R_\lambda(x,y)=\sum_{n=1}^{\infty}\frac{\varphi_{\lambda_n}(x)\varphi_{\lambda_n}(y)}{\lambda_n-\lambda}\sigma_n$$

と表現できることが分かる．また(3.43)より

$$\int_0^l f(x)\overline{g(x)}\,dx=\sum_{n=1}^{\infty}\widehat{f}(\lambda_n)\overline{\widehat{g}(\lambda_n)}\sigma_n \tag{3.46}$$

となる．$f=g=\varphi_{\lambda_n}$ とおけば

$$\begin{aligned}\widehat{f}(\lambda)=\int_0^l \varphi_\lambda(x)\varphi_{\lambda_n}(x)\,dx &= \frac{1}{\lambda-\lambda_n}\{\varphi_\lambda(l)\varphi'_{\lambda_n}(l)-\varphi'_\lambda(l)\varphi_{\lambda_n}(l)\}\\ &=\frac{1}{\lambda-\lambda_n}\{\varphi_\lambda(l)+\kappa\varphi'_\lambda(l)\}\varphi'_{\lambda_n}(l)\end{aligned}$$

であるから $\widehat{f}(\lambda_k)=0\ (k\neq n)$ となる．よって(3.46)より

$$\widehat{f}(\lambda_n)=\int_0^l \varphi_{\lambda_n}(x)^2dx=\widehat{f}(\lambda_n)^2\sigma_n\,.$$

つまり $\int_0^l \varphi_{\lambda_n}(x)^2dx=\sigma_n^{-1}$ が分かる．したがって $e_n=\sqrt{\sigma_n}\varphi_{\lambda_n}$ とおけば，$\{e_n\}_{n=1}^{\infty}$ は $L^2([0,l],dx)$ の完全正規直交系になり，Green関数 $R_\lambda(x,y)$ は

$$R_\lambda(x,y)=\sum_{n=1}^{\infty}\frac{e_n(x)e_n(y)}{\lambda_n-\lambda} \tag{3.47}$$

と展開できることになる．系3.18はこの収束が $[0,l]$ 上一様収束であることをいっている．作用素 R_λ はコンパクト作用素で，$\lambda<c$ ならば R_λ は正定値

にもなるので系 2.37 を適用することにより上の展開式を直接得ることも可能である.

このような事情があるので展開(3.42), (3.43)は**一般展開定理**とよばれている.

今まで左端の 0 は非特異としてきたが，左端が特異な場合にもこれまでの考察が有効である.

Green 関数の跡公式と高周波展開

有限区間 $[0,l]$ で Dirichlet 固有値問題

$$\begin{cases} -u''+qu=\lambda u \\ u(0)=u(l)=0 \end{cases}$$

を考える. q は滑らかとする. R_λ のトレースを(3.47)で計算すると

$$\int_0^l R_\lambda(x,x)\,dx=\sum_{n=1}^{\infty}\frac{1}{\lambda_n-\lambda}$$

となる. これを**跡公式**という. この左辺の $\lambda\to-\infty$ での展開を(3.32)を利用して求めてみよう. このとき

$$G_\lambda(x,y)=\frac{\sin\sqrt{\lambda}x\sin\sqrt{\lambda}(l-y)}{\sqrt{\lambda}\sin\sqrt{\lambda}l}\quad(0\leqq x\leqq y\leqq l)$$

である. したがって $\sqrt{-\lambda}=k$ とおくと $k\to\infty$ での漸近展開として

$$\sum_{n=1}^{\infty}\frac{1}{\lambda_n-\lambda}=\frac{l}{2}k^{-1}-\frac{1}{2}k^{-2}+\frac{1}{2}\left(\int_0^l q(x)dx\right)k^{-3}-\frac{1}{16}(q(0)+q(l))k^{-4}+\cdots$$

を得る(ベキ級数展開ではない). したがって $\{\lambda_n\}_{n\geqq1}$ を知れば

$$l,\quad \int_0^l q(x)\,dx,\quad q(0)+q(l),\quad \cdots$$

が分かることになる. この係数には $\{q,q',q'',\cdots\}$ に関する積分と q の境界での量が交互に現われる.

多次元の場合には $R_\lambda(x,y)$ は対角線 $x=y$ では発散してしまうので R_λ のトレースは存在しないが, $R_\lambda-G_\lambda$ または R_λ の適当なベキ乗を考えることにより類似の議論が可能である.

$-\infty \leqq l_- < 0 < l_+ \leqq +\infty$ とする．(l_-, l_+) で定義されている実数値 Lebesgue 可測関数 $q(x)$ が (l_-, l_+) の任意のコンパクトな区間上で2乗可積分と仮定する．境界 $l_\pm$ が極限円型，極限点型であることは片側の場合と同様に定義できる．

$$\begin{cases} \mathcal{D}(L) = \left\{ \varphi \in C_0^1((l_-, l_+));\ \begin{array}{l} \varphi' \text{ は } (l_-, l_+) \text{ 上絶対連続で} \\ \text{あり } -\varphi'' + q\varphi \in \boldsymbol{H} \end{array} \right\} \\ L\varphi = -\varphi'' + q\varphi, \quad \varphi \in \mathcal{D}(L) \end{cases}$$

とする．ただし $\boldsymbol{H} = L^2((l_-, l_+), dx)$ である．次の定理を今までの議論と同様にして示すことができる．証明は省略する．

定理 3.19　次の命題が成立する．

（i）　L の自己共役拡大が唯一つであることと，境界 $l_\pm$ がいずれも極限点型であることは同値である．

（ii）　区間 $[0, l_+)$, $(l_-, 0]$ でパラメータ $\kappa_\pm \in \mathbb{R} \cup \{\infty\}$ に応じた Herglotz 関数 $h_\pm(\lambda) = h_{\pm,\kappa}(\lambda)$ を定理 3.12 のように定める．($l_\pm$ が極限点型の場合には $h_\pm$ は一意的に定まる．) L の自己共役拡大 A とパラメータ $\kappa_\pm \in \mathbb{R} \cup \{\infty\}$ が1対1に対応していて，その Green 関数 $R_\lambda(x, y)$ は $l_- < x \leqq y < l_+$ に対し

$$R_\lambda(x, y) = R_\lambda(y, x) = \frac{g_\lambda^-(x) g_\lambda^+(y)}{h_+(\lambda) + h_-(\lambda)}$$

となる．ただし g_λ^- は $(g_\lambda^-)'(0) = 1$ となるように定めている．

（iii）　2×2 行列型の Herglotz 関数 H を

$$H(\lambda) = \begin{pmatrix} (h_+(\lambda)^{-1} + h_-(\lambda)^{-1})^{-1} & -h_-(\lambda)(h_+(\lambda) + h_-(\lambda))^{-1} + 1/2 \\ -h_-(\lambda)(h_+(\lambda) + h_-(\lambda))^{-1} + 1/2 & -(h_+(\lambda) + h_-(\lambda))^{-1} \end{pmatrix}$$

で定めると $H(\lambda)$ の表現行列 $\Sigma(d\xi) = (\sigma_{ij}(d\xi))$ を使い，$R_\lambda(x, y)$ は

$$R_\lambda(x, y) = \int_{\mathbb{R}} \frac{(\Sigma(d\xi)\phi_\xi(x), \phi_\xi(y))}{\xi - \lambda}$$

と表現できる．ただし $\phi_\lambda(x) = {}^t(\varphi_\lambda(x), \psi_\lambda(x))$ である．さらに $\alpha > 1/2$ なら

$$\int_{|\xi| > n} \frac{|(\Sigma(d\xi)\phi_\xi(x), \phi_\xi(y))|}{1 + |\xi|^\alpha}$$

は x, y が (l_-, l_+) のコンパクト集合を動くとき $n \to \infty$ で一様に0に収束す

る. □

注意 3.20 一般に Green 関数 $R_\lambda(x,y)$ は $l_\pm$ でそれぞれの境界条件をみたす $-u''+qu=\lambda u$ の解 $g^\pm$ を用いて

$$R_\lambda(x,y)=\frac{g^-(x)g^+(y)}{[g^-,g^+](0)}\quad (x\leqq y)$$

と表現できる.

再び片側区間 $[0,l)$ に戻る. $f\in \boldsymbol{H}_0$ に対して一般化された Fourier 変換 $\widehat{f}$ を

$$\widehat{f}(\lambda)=\int_0^l \varphi_\lambda(x)f(x)\,dx$$

で定義した. $\widehat{f}$ は $\mathbb{C}$ 上正則である. $\boldsymbol{V}$ を $\mathbb{R}$ 上の Radon 測度 σ で, 任意の $f\in \boldsymbol{H}_0$ に対して Parseval の等式

$$\int_0^l |f(x)|^2dx=\int_{\mathbb{R}} |\widehat{f}(\xi)|^2\sigma(d\xi) \tag{3.48}$$

をみたすもの全体とする. 定理 3.16 より L の自己共役拡大 A に対応して $\sigma\in \boldsymbol{V}$ が構成された. ここでは逆の問題を考える.

次の定理は今までの議論を整理すれば証明できる.

定理 3.21 (M. G. Krein) $\boldsymbol{V}$ の全体は次のようになる.

(i) l が極限点型の場合には $\#\boldsymbol{V}=1$ であり, $\sigma\in \boldsymbol{V}$ は L の唯一の自己共役拡大に対応する測度である.

(ii) l が極限円型の場合には $\boldsymbol{V}$ の元 σ と $\mathbb{C}_+$ 上の Herglotz 関数 $\Omega(\lambda)$ とは次の等式で 1 対 1 に対応する.

$$\frac{C(\lambda)+\Omega(\lambda)D(\lambda)}{A(\lambda)+\Omega(\lambda)B(\lambda)}=\int_{\mathbb{R}}\frac{\sigma(d\xi)}{\xi-\lambda} \tag{3.49}$$

さらに $\Omega(\lambda)=\kappa\in\mathbb{R}\cup\{\infty\}$ であることと $\{\widehat{f};\, f\in \boldsymbol{H}_0\}$ が $L^2(\sigma)$ で稠密であることとは同値である. このときの σ は L のパラメータ κ に対応する自己共役拡大を表わす測度である.

[証明] $\sigma\in \boldsymbol{V}$ とすると $f,g\in \boldsymbol{H}_0$, $\lambda\in\mathbb{C}\backslash\mathbb{R}$ のとき

$$\left|\int_{\mathbb{R}}\frac{\widehat{f}(\xi)\overline{\widehat{g}(\xi)}}{\xi-\lambda}\sigma(d\xi)\right|^2 \leqq |\operatorname{Im}\lambda|^{-2}\int_{\mathbb{R}}|\widehat{f}(\xi)|^2\sigma(d\xi)\int_{\mathbb{R}}|\widehat{g}(\xi)|^2\sigma(d\xi)$$
$$= |\operatorname{Im}\lambda|^{-2}\|f\|^2\|g\|^2$$

と評価できるので Riesz の定理により $\boldsymbol{H}$ 上に等式

$$(R_\lambda^\sigma f, g) = \int_{\mathbb{R}}\frac{\widehat{f}(\xi)\overline{\widehat{g}(\xi)}}{\xi-\lambda}\sigma(d\xi), \quad f, g \in \boldsymbol{H}_0$$

をみたす有界作用素 R_λ^σ が定まる．$\|R_\lambda^\sigma\| \leqq |\operatorname{Im}\lambda|^{-1}$ である．この R_λ^σ について次の2つの関係式を示そう．

(3.50)　　$R_\lambda^\sigma(L-\lambda I)\varphi = \varphi, \quad \varphi \in \mathcal{D}(L),$

(3.51)　　$f \in \boldsymbol{H} \implies R_\lambda^\sigma f \in \mathcal{D}(L^*)$ で $(L^*-\lambda I)R_\lambda^\sigma f = f$.

$\varphi \in \mathcal{D}(L)$, $u = (L-\lambda I)\varphi$ とすれば $\widehat{u}(\mu) = (\mu-\lambda)\widehat{\varphi}(\mu)$ となるので(3.50)は自明である．さらに

$$(f, \varphi) = \int_{\mathbb{R}}\widehat{f}(\xi)\overline{\widehat{\varphi}(\xi)}\sigma(d\xi) = (R_\lambda^\sigma f, (L-\overline{\lambda}I)\varphi)$$

がすべての $f \in \boldsymbol{H}_0$ で成立する．第1項と第3項は R_λ^σ の有界性よりすべての $f \in \boldsymbol{H}$ で等しくなる．したがって(3.51)が成立する．

さて l が極限点型の場合には L^* は L の自己共役拡大 A となるので(3.51)より $R_\lambda^\sigma = R_\lambda = (A-\lambda I)^{-1}$ となる．これより σ が定理3.16の σ と一致するのを見るのは容易である．

次に l は極限円型と仮定する．$f \in \boldsymbol{H}_0$ が $\widehat{f}(\lambda) = 0$ をみたすとすると補題3.10より $V_{\overline{\lambda}}^* f \in \mathcal{D}(L)$ で $(L-\lambda I)V_{\overline{\lambda}}^* f = f$ となる．よって(3.50)より $V_{\overline{\lambda}}^* f = R_\lambda^\sigma f$ が分かる．そこで $v \in \boldsymbol{H}_0$ で $\widehat{v}(\lambda) \neq 0$ をみたすものを選び定理3.12と同じ議論をすれば等式

(3.52)
$$\begin{cases} R_\lambda^\sigma f = V_{\overline{\lambda}}^* f + \widehat{f}(\lambda) g_\lambda \\ g_\lambda = (R_\lambda^\sigma v - V_{\overline{\lambda}}^* v)/\widehat{v}(\lambda) \end{cases}$$

を得る．g_λ はある $h(\lambda) \in \mathbb{C}$ により $g_\lambda = h(\lambda)\varphi_\lambda - \psi_\lambda$ と表わせるが，(3.52)より R_λ^σ は連続核

$$R_\lambda^\sigma(x, y) = R_\lambda^\sigma(y, x) = \varphi_\lambda(x) g_\lambda(y) \quad (0 \leqq x \leqq y < l)$$

をもつ．$\{\widehat{f};\, f\in \boldsymbol{H}_0\}$ が $L^2(\sigma)$ で稠密ならば R^σ_λ は $L^2(\sigma)$ での掛け算作用素 $\widehat{A}F(\xi)=\xi F(\xi)$ のレゾルベントと同値になるので，R^σ_λ はレゾルベント等式(2.18)をみたす．このとき定理3.12の証明と同じ議論で等式(3.28)が示せ，$h(\lambda)\in\partial\Delta(l-)$ が分かる．$h(\lambda)$ の $\mathbb{C}_+$ 上での正則性は R^σ_λ の正則性より出るので，$h(\lambda)$ はある $\kappa\in\mathbb{R}\cup\{\infty\}$ により(3.26)の表現をもつ．

$\{\widehat{f};\, f\in \boldsymbol{H}_0\}$ が $L^2(\sigma)$ で稠密でないとする．$f\in\boldsymbol{H}_0$ とすると R^σ_λ の定義より

$$\begin{aligned}\|R^\sigma_\lambda f\|^2 &= \sup\{|(R^\sigma_\lambda f, g)|^2;\ g\in\boldsymbol{H}_0,\ \|g\|\leqq 1\}\\ &\leqq \int_{\mathbb{R}}\frac{|\widehat{f}(\xi)|^2}{|\xi-\lambda|^2}\sigma(d\xi)\end{aligned}$$

となるので

$$\|R^\sigma_\lambda f\|^2 \leqq \frac{1}{\lambda-\overline{\lambda}}((R^\sigma_\lambda - R^\sigma_{\overline{\lambda}})f, f) \tag{3.53}$$

を得る．ここで $f\to\delta_0$ とすれば R^σ_λ は連続核をもつので Fatou の補題より

$$\frac{\operatorname{Im} h(\lambda)}{\operatorname{Im}\lambda} \geqq \int_0^l |g_\lambda(x)|^2 dx$$

が分かる．したがって $h\in\Delta(l-)$ となるから命題3.6の(iv)より h は(3.49)の左辺の表現をもつ．Herglotz 関数 h を表現する測度を $\widetilde{\sigma}$ とすれば定理3.16の証明と同様にして

$$\begin{cases}\displaystyle\int_{\mathbb{R}}\frac{\widetilde{\sigma}(d\xi)}{1+|\xi|^\alpha}<\infty \quad (\alpha>1/2)\\ \displaystyle(R^\sigma_\lambda f, g) = \int_{\mathbb{R}}\frac{\widehat{f}(\xi)\overline{\widehat{g}(\xi)}}{\xi-\lambda}\widetilde{\sigma}(d\xi), \quad f, g\in\boldsymbol{H}_0\end{cases}$$

が分かる．したがって $\sigma=\widetilde{\sigma}$ でなければならない．∎

注意 3.22　$\{\widehat{f};\, f\in\boldsymbol{H}_0\}$ が $L^2(\sigma)$ で稠密でないとき，作用素 L を $\boldsymbol{H}$ を超えた Hilbert 空間上で自己共役拡大すればそのスペクトル表現測度として σ が登場する．Ω は L を $\boldsymbol{H}$ を超えて自己共役拡大するその拡大の仕方を表わしている．例えば L を最初に $[0,b]$ $(b<l)$ 上の作用素に制限したものとすれば，Ω は L を $[b,l)$ へ拡張する仕方の情報を与えている．

(c)　熱方程式への応用

第1章で述べたように熱方程式は固有関数展開を利用して解くことができる．ここでは一般展開定理を応用して第1章の考察を一般化することを考える．

$-\infty \leqq l_- < 0 < l_+ \leqq +\infty$ とし，q は (l_-, l_+) 上の各コンパクトな区間で2乗可積分と仮定する．境界点 $l_\pm$ はそれぞれ極限点型，極限円型に分類されるが，以下の考察では $l_\pm$ はいずれも極限円型として述べる．$l_\pm$ が極限点型の場合にも類似の議論が可能なことは言うまでもない．

$\boldsymbol{H} = L^2((l_-, l_+), dx)$ とし

$$\begin{cases} \mathcal{D}(L) = \left\{ \varphi \in C_0^1((l_-, l_+));\ \begin{array}{l} \varphi' \text{ は } (l_-, l_+) \text{ の任意のコンパクトな} \\ \text{区間で絶対連続で} -\varphi'' + q\varphi \in \boldsymbol{H} \end{array} \right\} \\ L\varphi = -\varphi'' + q\varphi, \quad \varphi \in \mathcal{D}(L) \end{cases}$$

とおくと，L は $\boldsymbol{H}$ 上で対称作用素である．L の共役作用素 L^* は

$$\begin{cases} \mathcal{D}(L^*) = \left\{ \varphi \in C^1((l_-, l_+));\ \begin{array}{l} \varphi' \text{ は } (l_-, l_+) \text{ の任意のコンパクトな} \\ \text{区間で絶対連続で} -\varphi'' + q\varphi \in \boldsymbol{H} \end{array} \right\} \\ L^*\varphi = -\varphi'' + q\varphi, \quad \varphi \in \mathcal{D}(L^*) \end{cases}$$

となる．$l_\pm$ での境界条件のパラメータを $\kappa_\pm \in \mathbb{R} \cup \{\infty\}$ とする．$f_0^\pm = \varphi_0 \pm \kappa_\pm \psi_0$ とおき，

$$\begin{cases} \mathcal{D}(A) = \{\varphi \in \mathcal{D}(L^*);\ [\varphi, f_0^\pm](l_\pm) = 0\} \\ A\varphi = L^*\varphi, \quad \varphi \in \mathcal{D}(A) \end{cases}$$

とおくと，A は境界条件のパラメータ $\kappa_\pm$ をもつ自己共役作用素になる．

そこで次の熱方程式を考える．

$$\frac{\partial u}{\partial t} = -Au, \quad u(0+, \cdot\,) = f \in \boldsymbol{H}. \tag{3.54}$$

この方程式の正確な意味は次の通りである．2変数 $(t, x) \in (0, \infty) \times (l_-, l_+)$ の関数 $u(t, x)$ は $t > 0$ を固定すれば $u(t, \cdot\,) \in \mathcal{D}(A)$ であり，u の t に関する微分 $\partial u / \partial t$ は $u_t = u(t, \cdot\,)$ としたとき $\boldsymbol{H}$ のノルム $\|\cdot\|$ で

$$\lim_{\varepsilon\to 0}\left\|\frac{u_{t+\varepsilon}-u_t}{\varepsilon}-\frac{\partial u}{\partial t}\right\|=0$$

となることである．さらに $u(0+,\cdot)=f$ とは

$$\lim_{t\downarrow 0}\|u_t-f\|=0$$

のことである．このような解釈のもとで方程式(3.54)は，A の単位の分解 $\{E(\varDelta)\}$ を利用して

$$u_t=\int_{\mathbb{R}}e^{-t\xi}E(d\xi)f \tag{3.55}$$

として解ける．ここで(3.55)がすべての $f\in \boldsymbol{H}$ に対して収束することを保証するため，A は**下から有界**，つまりある $c>-\infty$ があり

$$(A\varphi,\varphi)\geqq c(\varphi,\varphi),\quad \varphi\in\mathcal{D}(A) \tag{3.56}$$

となることを仮定する．これは記号で $A\geqq cI$ と書かれる．これは $q(x)\geqq c$ (a.e. x) がみたされれば成立する．このとき A のレゾルベント集合 $\rho(A)$ は $\mathbb{C}\backslash(c,\infty)$ を含むので E は $(-\infty,c)$ で零になる．したがって(3.55)は

$$u_t=\int_c^{\infty}e^{-t\xi}E(d\xi)f$$

となり，すべての $f\in \boldsymbol{H}$ に対して意味をもつ．

(3.56)の仮定のもとで

$$p(t,x,y)=\int_c^{\infty}e^{-\xi t}(\varSigma(d\xi)\phi_\xi(x),\phi_\xi(y)) \tag{3.57}$$

とおく．定理3.19の(iii)より(3.57)は x,y が (l_-,l_+) のコンパクト集合を動くとき絶対一様収束する．したがって $p(t,x,y)$ は $(0,\infty)\times(l_-,l_+)^2$ で連続になる．

$$T_tf(x)=\int_{l_-}^{l_+}p(t,x,y)f(y)\,dy,\quad f\in\boldsymbol{H}$$

とおくと，$u_t=T_tf$ が分かる．

以上の考察を $l_\pm$ が有限で $q\in\boldsymbol{H}$ の場合に定理の形でまとめておく．

定理 3.23　$-\infty<l_-<0<l_+<\infty$，$q\in\boldsymbol{H}=L^2((l_-,l_+),dx)$ とする．この

とき固有値問題

$$\begin{cases} -u''+qu=\lambda u \\ u(l_-)-\kappa_- u'(l_-)=0, \quad u(l_+)+\kappa_+ u'(l_+)=0 \end{cases}$$

を考え，その固有値を $\{\lambda_1<\lambda_2<\cdots<\lambda_n<\cdots\}$，正規化された固有関数を $\{e_n(x)\}_{n\geqq 1}$ とする(すべての固有値は単純である).

$$p(t,x,y)=\sum_{n=1}^{\infty} e^{-\lambda_n t} e_n(x)e_n(y)$$

とおくと，これは $[l_-,l_+]$ で一様収束し，

$$u(t,x)=\int_{l_-}^{l_+} p(t,x,y)f(y)\,dy$$

とおけば u は熱方程式

$$\begin{cases} \dfrac{\partial u}{\partial t}=\dfrac{\partial^2 u}{\partial x^2}-qu \\ u(0+,\cdot\,)=f\in \boldsymbol{H}, \quad u(t,l_\pm)\pm\kappa_\pm \dfrac{\partial u}{\partial x}(t,l_\pm)=0 \end{cases}$$

の唯一つの解になる.

注意 3.24　今までの考察では $p(t,x,y)>0$ となることは示されていないが，(3.54)の解は $f\geqq 0$ のとき点 x，時刻 t での温度分布を表わしているので当然 $u(t,x)\geqq 0$ である．したがって $p(t,x,y)$ が正であることは物理的には自然なことである．これについては第6章で議論される.

§3.3　一般展開定理の例

この節では一般展開定理の典型的な応用例について述べる．証明は多くの場合省略する.

例 3.25　$q(x)=0,\ l_\pm=\pm\infty$ の場合(**Fourier 変換**).

このとき例題 3.8 により $l_\pm$ は極限点型である．したがって $\lambda\in\mathbb{C}\backslash\mathbb{R}$ に対して $[0,\infty)$, $(-\infty,0]$ で 2 乗可積分な解は定数倍を除いて唯一つである．$\lambda\in$

$\mathbb{C}_+$ のとき $\sqrt{\lambda}\in\mathbb{C}_+$ となるように $\sqrt{\lambda}$ を定義すると，それらは

$$g_\lambda^+(x) = -e^{i\sqrt{\lambda}x}/i\sqrt{\lambda}, \quad g_\lambda^-(x) = -e^{-i\sqrt{\lambda}x}/i\sqrt{\lambda}$$

となる．したがって $h_\pm(\lambda)=g_\lambda^\pm(0)=-1/i\sqrt{\lambda}$ であり，定理 3.19 の $H(\lambda)$ と $\Sigma(d\xi)$ は

$$H(\lambda) = \begin{pmatrix} -1/2i\sqrt{\lambda} & 0 \\ 0 & i\sqrt{\lambda}/2 \end{pmatrix}, \quad \frac{\Sigma(d\xi)}{d\xi} = \frac{1}{\pi}\begin{pmatrix} 1/2\sqrt{\xi} & 0 \\ 0 & \sqrt{\xi}/2 \end{pmatrix}$$

である．ただし Σ は $\xi<0$ では 0 である．ここで $\varphi_\lambda(x)=\cos\sqrt{\lambda}x$，$\psi_\lambda(x)=\sin\sqrt{\lambda}x/\sqrt{\lambda}$ であるから，$f\in L^2(\mathbb{R})$ に対し

$$\widehat{f}(\xi) = \int_{\mathbb{R}} \phi_\xi(\lambda) f(x)\,dx = {}^t(\widehat{f}_1(\xi), \widehat{f}_2(\xi))$$

とすると

$$\begin{aligned}\int_{\mathbb{R}} |f(x)|^2 dx &= \int_0^\infty (\Sigma(d\xi)\widehat{f}(\xi), \widehat{f}(\xi)) \\ &= \frac{1}{2\pi}\left(\int_0^\infty \frac{1}{\sqrt{\xi}}|\widehat{f}_1(\xi)|^2 d\xi + \int_0^\infty \sqrt{\xi}|\widehat{f}_2(\xi)|^2 d\xi\right)\end{aligned}$$

となる．$\widehat{f}(\xi)$ は通常の Fourier 変換で f を偶関数，奇関数に分けて考えたものに他ならず，本質的には通常の Fourier 変換である．　□

例 3.26　$q(x)=x^2$，$l_\pm=\pm\infty$ (**Hermite 展開**)．

この場合も例題 3.8 により $l_\pm$ は極限点型であり，また q は 0 に関して対称であるから $h_+(\lambda)=h_-(\lambda)$ である．g_λ^+ を求めるのは自明でないが，g_λ^+ は

$$f_\lambda(x) = e^{-x^2/2}\int_\infty^{(0+)} \exp\left(-xz-\frac{1}{4}z^2\right) z^{-(\lambda+1)/2} dz$$

に比例する．ここで右辺の積分の積分路は図 3.1 の通りとする．

したがって $h_+(\lambda)=-f_\lambda(0)/f'_\lambda(0)$ であり，これを計算すると

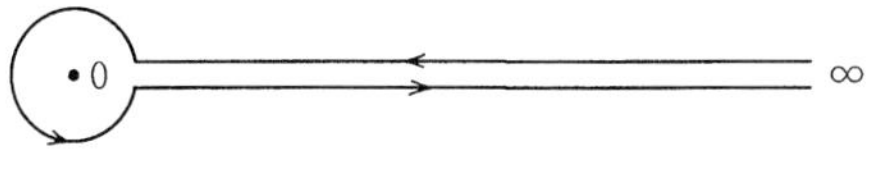

図 3.1

$$h_+(\lambda) = \frac{1}{2}\Gamma((1-\lambda)/4)/\Gamma((3-\lambda)/4)\,.$$

よって留数計算により $\sigma_{12}=\sigma_{21}=0$, σ_{11}, σ_{22} はそれぞれ $4n+1$, $4n+3$ $(n=0,1,2,\cdots)$ のみに重みをもつ離散的な測度になる．したがって Parseval の等式は

$$\int_{\mathbb{R}} |f(x)|^2 dx = \sum_{n=0}^{\infty} c_n \left| \int_{\mathbb{R}} e^{-x^2/2} f(x) H_n(x)\, dx \right|^2$$

となる．ここで

$$H_n(x) = (-1)^n e^{x^2/2} \frac{d^n}{dx^n}(e^{-x^2/2}), \quad c_n = (2^n n! \sqrt{\pi})^{-1}$$

であり，$H_n(x)$ は n 次の Hermite 多項式である．　□

例 3.27　$q(x)=\left(\nu^2-\frac{1}{4}\right)/x^2$, $l_-=0$, $l_+=\infty$ (**Hankel 変換**).

この場合には境界は 0 と ∞ であるからその間の 1 を原点として考える．例題 3.8 により ∞ は極限点型であり，$L^2((1,\infty))$ に属する解は定数倍を除いて $f_+(x,\lambda)=\sqrt{x}\,H_\nu^{(1)}(\sqrt{\lambda}x)$ に一致する．

境界 0 については $\nu \geqq 1$ なら極限点型，$0 \leqq \nu < 1$ なら極限円型になることが分かる．ここでは $\nu \geqq 1$ の場合のみを考えると $L^2((0,1))$ に属する解は $f_-(x,\lambda)=\sqrt{x}\,J_\nu(\sqrt{\lambda}x)$ に比例する．

したがって

$$h_+(\lambda) = -f_+(1,\lambda)/f_+'(1,\lambda), \quad h_-(\lambda) = f_-(1,\lambda)/f_-'(1,\lambda)$$

となる．計算は省略するがこの場合 Parseval の等式は

$$\int_0^\infty |f(x)|^2 dx = \int_0^\infty |\widehat{f}(\xi)|^2 d\xi, \quad \widehat{f}(\xi) = \int_0^\infty \sqrt{\xi x}\, J_\nu(\xi x) f(x)\, dx$$

である．この $\widehat{f}$ は Hankel 変換とよばれている．　□

その他 Legendre 多項式，Laguerre 多項式，超幾何関数等多くの特殊関数に関する変換をこの一般展開定理の立場から論じることができる．詳細は巻末の Titchmarsh を参照してほしい．

§3.4 モーメント問題

§3.2 の議論は 2 階の差分作用素についても大きな変更なく成立する．例題 2.55 でモーメント問題が少なくとも 1 つの解をもつことを示した．この節では，正定値列 $\{a_n\}_{n\geqq 0}$ に対して 2 階の差分作用素である Jacobi 行列が対応していることを示し §3.2 の議論を適用することを考える．

$\boldsymbol{H}_0$ を 1 変数の複素係数多項式全体からなる線形空間とする．$\{a_n\}_{n\geqq 0}$ を正定値な実数列としさらに次の性質を仮定する．

(3.58) $$\sum_{n,m\geqq 0} a_{n+m}c_n\overline{c_m}=0\ (\text{有限和})\ \Longrightarrow\ c_n=0\ (n=0,1,2,\cdots).$$

$\{a_n\}_{n\geqq 0}$ がこの性質をみたすとき**狭義正定値列**という．$\boldsymbol{H}_0$ 上に例 2.2 のように内積を定める．

さてこの内積に関して多項式列 $\{\lambda^n\}_{n\geqq 0}$ を Schmidt の直交化により直交化し，生じた n 次の多項式を $p_n(\lambda)$ とする．

$$p_n(\lambda)=C_n\lambda^n+R_{n-1}(\lambda)$$

と書ける．ここで $C_n>0$ で R_{n-1} は高々 $n-1$ 次の多項式とできる．実際

$$D_n=\det\begin{pmatrix} a_0 & a_1 & \cdots & a_n \\ a_1 & a_2 & \cdots & a_{n+1} \\ \vdots & \vdots & & \vdots \\ a_n & a_{n+1} & \cdots & a_{2n}\end{pmatrix}>0,\quad D_{-1}=1$$

としたとき，C_n は

$$C_n=(D_{n-1}/D_n)^{1/2}\quad (n=0,1,2,\cdots)$$

となるが，以下の議論ではこの具体的な形は必要でない．Schmidt の直交化の定義の仕方より

(3.59) $$(p_n,R)=0\quad (R\text{ は }n-1\text{ 次以下の多項式})$$

となる．そこで $n+1$ 次多項式 $\lambda p_n(\lambda)$ を $\{p_k\}_{k=0}^{n+1}$ で展開し

$$\lambda p_n(\lambda)=a_{n,n+1}p_{n+1}(\lambda)+a_{n,n}p_n(\lambda)+a_{n,n-1}p_{n-1}(\lambda)+\cdots$$

となったとする．$\{p_k\}_{k\geqq 0}$ の正規直交性と性質(3.59)より，

$$\begin{cases} a_{n,n+1} = (\lambda p_n(\lambda), p_{n+1}(\lambda)) \\ a_{n,n} = (\lambda p_n(\lambda), p_n(\lambda)) \\ a_{n,n-1} = (\lambda p_n(\lambda), p_{n-1}(\lambda)) \\ a_{n,k} = (\lambda p_n(\lambda), p_k(\lambda)) = (p_n(\lambda), \lambda p_k(\lambda)) = 0 \quad (k \leqq n-2) \end{cases}$$

となる．一方 $\lambda p_{n-1}(\lambda) = a_{n-1,n}p_n(\lambda) + R_{n-1}(\lambda)$ を $a_{n,n-1}$ の等式に代入すれば

$$a_{n,n-1} = (p_n(\lambda), \lambda p_{n-1}(\lambda)) = a_{n-1,n}$$

が分かる．したがって

$$b_n = a_{n,n+1} = C_n/C_{n+1} > 0, \quad d_n = a_{n,n}, \quad b_{-1} = 0$$

とおけば $\{p_n(\lambda)\}$ は次の差分方程式をみたす．

(3.60)　$\lambda p_n(\lambda) = b_n p_{n+1}(\lambda) + d_n p_n(\lambda) + b_{n-1}p_{n-1}(\lambda) \quad (n = 0, 1, 2, \cdots).$

無限対称行列

$$L = \begin{pmatrix} d_0 & b_0 & 0 & 0 & \cdots & 0 & \cdots \\ b_0 & d_1 & b_1 & 0 & \cdots & 0 & \cdots \\ 0 & b_1 & d_2 & b_2 & 0 & \cdots & \cdots \\ \cdots & \cdots & \cdots & \cdots & \cdots & \cdots & \cdots \\ \cdots & \cdots & \cdots & \cdots & \cdots & \cdots & \cdots \end{pmatrix} \quad (b_n > 0)$$

を **Jacobi 行列**という．$\varphi_\lambda(n) = p_n(\lambda)$ $(n \geqq 0)$ とおけば，(3.60)より $\mathbb{Z}_+ = \{n \in \mathbb{Z},\ n \geqq 0\}$ 上の無限列 $\{\varphi_\lambda\}$ は

$$\begin{cases} L\varphi_\lambda = \lambda\varphi_\lambda \\ \varphi_\lambda(0) = 1 \end{cases}$$

をみたす．したがってこの φ_λ は§3.2 で Sturm–Liouville 作用素の一般展開定理の議論で登場した φ_λ の離散版である．

$\boldsymbol{H} = l^2(\mathbb{Z}_+)$,　$\boldsymbol{H}_0 = \{u = (u_n)_{n\geqq 0} \in \boldsymbol{H}$；有限個の $n \geqq 0$ を除いて $u_n = 0\}$

とおくと L は $\boldsymbol{H}_0$ を定義域とする対称作用素である．そこで $u \in \boldsymbol{H}_0$ の一般 Fourier 変換 $\widehat{u}(\lambda)$ を

$$\widehat{u}(\lambda) = \sum_{n=0}^{\infty} u_n \varphi_\lambda(n) = \sum_{n=0}^{\infty} u_n p_n(\lambda)$$

で定義する．Sturm–Liouville 作用素のときと同様に

$$V=\left\{\sigma:\mathbb{R}\text{ 上の測度};\ \int_{\mathbb{R}}|\widehat{u}(\xi)|^2\sigma(d\xi)=\sum_{n=0}^{\infty}|u_n|^2\right\}$$

とおく．明らかに

$$\sigma\in V \iff a_n=\int_{\mathbb{R}}\xi^n\sigma(d\xi),\quad n\in\mathbb{Z}_+$$

である．Sturm–Liouville 作用素に対する定理 3.21 と同様に次の定理を得る．

定理 3.28 (R. Nevanlinna)　V は次のように記述できる．

(i)　境界 $+\infty$ が極限点型の場合，つまり $\lambda\in\mathbb{C}\backslash\mathbb{R}$ に対して方程式

$$b_nu_{n+1}+d_nu_n+b_{n-1}u_{n-1}=\lambda u_n\quad(n\geqq 1)$$

の解で $\boldsymbol{H}$ に属するものが定数倍を除いて唯一つの場合 $\#V=1$ である．

(ii)　境界 $+\infty$ が極限円型の場合には $\sigma\in V$ と $\mathbb{C}_+$ 上の Herglotz 関数 $\Omega(\lambda)$ とは次の等式で 1 対 1 に対応する．

$$\frac{C(\lambda)+\Omega(\lambda)D(\lambda)}{A(\lambda)+\Omega(\lambda)B(\lambda)}=\int_{\mathbb{R}}\frac{\sigma(d\xi)}{\xi-\lambda}.$$

さらに $\Omega(\lambda)=k\in\mathbb{R}\cup\{\infty\}$ ということと $\{\widehat{u};\ u\in\boldsymbol{H}_0\}$ が $L^2(\sigma)$ で稠密であることとは同値である．ただし $\{\psi_\lambda(n)\}$ を $(L\psi_\lambda)(n)=\lambda\psi_\lambda,\ n\geqq 1,\ \psi_\lambda(0)=0,\ \psi_\lambda(1)=1$ の解とするとき A,B,C,D は次の通りである．

$$\begin{cases} A(\lambda)=-\lambda\sum_{n=0}^{\infty}\varphi_\lambda(n)\varphi_0(n), & B(\lambda)=-1+\lambda\sum_{n=0}^{\infty}\varphi_\lambda(n)\psi_0(n),\\ C(\lambda)=1+\lambda\sum_{n=0}^{\infty}\psi_\lambda(n)\varphi_0(n), & D(\lambda)=-\lambda\sum_{n=0}^{\infty}\psi_\lambda(n)\psi_0(n). \end{cases}$$

□

この $\{a_n\}_{n\geqq 0}$ から $\sigma\in V$ を決める問題を **Hamburger のモーメント問題**という．さらに σ の台が $[0,\infty)$ に含まれるものを求める問題を **Stieltjes のモーメント問題**といい，σ の台が $[0,1]$ に含まれるものを求める問題を **Hausdorff のモーメント問題**という．それぞれの問題が解けるための条件は $\{a_n\}_{n\geqq 0}$ の正定値性の他に

Stieltjes のモーメント問題：$\displaystyle\sum_{n,m\geqq 0}a_{n+m+1}c_n\overline{c_m}\geqq 0$

Hausdorff のモーメント問題：$\displaystyle\sum_{i=0}^{m}(-1)^i\binom{m}{i}a_{i+k}\geqq 0,\quad m,k\in\mathbb{Z}_+$

が成立することであることが分かっている.

例題 3.29 (T. Carleman)　正定値列 $\{a_n\}_{n \geqq 0}$ が

$$\sum_{n=1}^{\infty} (a_{2n})^{-1/2n} = \infty$$

ならばモーメント問題の解は一意的である.

[解]　ロンスキアンに相当する次の等式に注意する.

$$\varphi_\lambda(n)\psi_\lambda(n+1) - \varphi_\lambda(n+1)\psi_\lambda(n) = \frac{1}{b_n}.$$

したがって不等式

$$b_n^{-1} \leqq \frac{1}{2}(|\varphi_\lambda(n)|^2 + |\psi_\lambda(n+1)|^2 + |\varphi_\lambda(n+1)|^2 + |\psi_\lambda(n)|^2)$$

により $\sum b_n^{-1} = \infty$ ならば φ_λ または ψ_λ は $\boldsymbol{H}$ に属さないので定理 3.28 より $\#\boldsymbol{V} = 1$ である. 一方

$$b_0 b_1 b_2 \cdots b_{n-1} \varphi_\lambda(n) = \lambda^n + R_{n-1}(\lambda)$$

となるので $\sigma \in \boldsymbol{V}$ とすると

$$\begin{aligned} b_0 b_1 \cdots b_{n-1} \int_{\mathbb{R}} |\varphi_\xi(n)|^2 \sigma(d\xi) &= \int_{\mathbb{R}} \xi^n \varphi_\xi(n) \sigma(d\xi) \\ &\leqq \left(\int_{\mathbb{R}} \xi^{2n} \sigma(d\xi) \right)^{1/2} \left(\int_{\mathbb{R}} |\varphi_\xi(n)|^2 \sigma(d\xi) \right)^{1/2} \\ &= (a_{2n})^{1/2} \end{aligned}$$

が分かるので結局

$$b_0 b_1 \cdots b_{n-1} \leqq (a_{2n})^{1/2} \quad (n = 1, 2, \cdots)$$

を得る. 一方 Carleman の不等式

$$\sum_{n=1}^{\infty} (u_1 u_2 \cdots u_n)^{1/n} \leqq e \sum_{n=1}^{\infty} u_n \quad (u_n > 0)$$

に注意すれば

$$\sum_{n=1}^{\infty} (a_{2n})^{-1/2n} = \infty \implies \sum_{n=1}^{\infty} b_n^{-1} = \infty$$

を得る. ∎

とくに標準正規分布のモーメント

$$a_n = \frac{1}{\sqrt{2\pi}} \int_{\mathbb{R}} \xi^n \exp(-\xi^2/2)\, d\xi$$

は，$a_{2n}=(2n)!/(n!)2^n$ となるので $\sum (a_{2n})^{-1/2n}=\infty$ となりモーメント問題は一意的である．つまり正規分布はそのモーメントで決定される．確率論の初期の段階では中心極限定理を示すのにモーメントが正規分布のモーメントに収束することを示すことにより証明された．

例題 2.56 で $[-2a, 2a]$ で定義された連続正定値関数が $\mathbb{R}$ 上の正定値関数として拡張されることを注意したが，この場合にも定理 3.28 と類似の結果が M. G. Krein により示されている．とくに正定値関数が原点に関して対称な場合にはモーメント問題の場合の Jacobi 行列に相当する作用素として §3.1 で考察した一般の拡散過程型の作用素(3.2)$(c=0)$が対応している．このことについては再び §5.2 で解説する．

《要約》

3.1 Sturm–Liouville 作用素の一般展開定理，モーメント問題，正定値関数の拡張の問題はすべて対称作用素の自己共役拡大の問題として統一的に理解できる．

3.2 モーメント問題では直交多項式が登場するが，これについては『現代数学の広がり 1, 2』および『実関数と Fourier 解析』(ともに岩波書店)にも優れた解説がある．

演習問題

3.1 自己共役作用素 A のスペクトルを $\sigma(A)$ とする．$\xi\in\sigma(A)$ が $\sigma(A)$ で孤立点であれば $\xi\in\sigma_{\mathrm{p}}(A)$ となることを示せ．

3.2 自己共役作用素 A の**離散スペクトル** $\sigma_d(A)$ は

$$\sigma_d(A) = \{\xi \in \sigma(A);\ \xi \text{ は } \sigma(A) \text{ の孤立点で多重度有限の固有値}\}$$

で定義され，A の**真性スペクトル** $\sigma_{\mathrm{ess}}(A)$ は $\sigma_{\mathrm{ess}}(A)=\sigma(A)\backslash\sigma_d(A)$ で定義される．A, B を有界な自己共役作用素とし $A-B=K$ がコンパクト作用素ならば $\sigma_{\mathrm{ess}}(A)=$

$\sigma_{\mathrm{ess}}(B)$ を示せ.

3.3 q を $[0,\infty)$ で定義された $q(x)\to\infty$ $(x\to\infty)$ をみたす連続関数とすると $A=-d^2/dx^2+q$ のスペクトルは離散スペクトルのみよりなることを示せ.

3.4 2階の定差作用素 $(Lu)_n=(u_{n+1}+u_{n-1})/2$ $(n\in\mathbb{Z})$ のスペクトル測度を求めよ.

3.5 正定値実数列 $\{a_n\}_{n=0}^{\infty}$ がある $c<\infty$ に対して

$$|a_n|^{1/n}\leqq c(n!)^{1/n}\quad (n=1,2,\cdots)$$

をみたすなら，そのモーメント問題の解は一意的であることを示せ.

3.6 正定値実数列 $\{a_n\}_{n\geqq 0}$ が，もし狭義正定値でないならばそのモーメント問題の解は一意的であり，$\{a_n\}_{n\geqq 0}$ の表現測度 σ は有限個の Dirac 測度の和であることを示せ.

3.7 $\{a_n\}_{n\geqq 0}$ を正定値実数列，$\boldsymbol{H}_0$ を複素係数の多項式全体とする．$p\in\boldsymbol{H}_0$ に対し $l(p)=\sum_{n=0}^{\infty}a_np_n$ $(p(\lambda)=\sum p_n\lambda^n)$ とおけば，l は $p\in\boldsymbol{H}_0$ が $\mathbb{R}$ 上で非負なら $l(p)\geqq 0$ をみたすことを示せ.

4 Hill 作用素

Schrödinger 型の Sturm–Liouville 作用素でポテンシャル q が周期関数である場合を Hill 作用素という．この作用素のスペクトルの研究は物理的には結晶構造をもった物質の物性を知る上で重要であるが，数学的にも近年可積分系の理論の基礎として見直されている．この章では Hill 作用素のスペクトルを一般展開定理と Floquet 理論を融合させて考察する．

§4.1 一般展開定理と Floquet 理論

$q(x)$ を周期 l の $\mathbb{R}$ 上の周期関数で $[0,l]$ 上 2 乗可積分な実可測関数とする．つまり性質

$$q(x+l)=q(x)\in\mathbb{R},\quad \int_0^l |q(x)|^2dx<\infty$$

をみたすとする．このとき q は $\mathbb{R}$ のコンパクト集合上 2 乗可積分となる．また $Q(x)=|q(x)|+1$ とおけば $q(x)\geqq -Q(x)$ であり，さらに Q も周期 l をもつので

$$\int_0^\infty Q(x)^{-1/2}dx=\sum_{n=0}^\infty\int_{nl}^{(n+1)l}Q(x)^{-1/2}dx=\sum_{n=0}^\infty\int_0^l Q(x)^{-1/2}dx=\infty$$

となる．したがって例題 3.8 より境界 $\pm\infty$ はいずれも極限点型になる．つまり

(4.1) $$\mathcal{D}(L) = C_0^2(\mathbb{R}), \quad L\varphi = -\varphi'' + q\varphi \quad (\varphi \in \mathcal{D}(L))$$

とすると，L は一意的な自己共役拡大 A をもつ.

一方

$$\overline{q} = \frac{1}{l}\int_0^l q(x)\,dx, \quad Q(x) = \int_0^x (q(y) - \overline{q})\,dy$$

とおくと，Q は周期 l の連続関数になるので

$$M = \max_{x \in \mathbb{R}} |Q(x)| < \infty$$

となる. したがって(3.45)以下と同様の議論により

$$(L\varphi, \varphi) \geqq c\|\varphi\|^2, \quad \varphi \in C_0^2(\mathbb{R})$$

が分かる. ただし $c = \overline{q} - M^2$ である. 以上をまとめて

補題 4.1　$q(x)$ を周期 l の周期関数で $[0, l]$ で 2 乗可積分とする. このとき(4.1)で定義された作用素 L は本質的に自己共役で，その自己共役拡大 A は下に有界である. □

この A を **Hill 作用素**という. 定理 3.19 を $l_- = -\infty$, $l_+ = \infty$ として A に適用することができる. しかし q の周期性を利用すれば，A の Green 関数を $\{q(x); 0 \leqq x \leqq l\}$ に関係する量により計算することができる. 以下にそれを示す.

基本的な解 φ_λ, ψ_λ は方程式(3.5)の解であるが，(3.5)は 2×2 行列の方程式

(4.2) $$U'(x) = Q(x, \lambda)U(x), \quad Q(x, \lambda) = \begin{pmatrix} 0 & 1 \\ q(x) - \lambda & 0 \end{pmatrix}$$

と同値である. (4.2)の解 U で初期条件 $U(0) = I$ をみたすものを $U(x, \lambda)$ とかき**基本行列解**という. $U(x, \lambda)$ は

(4.3) $$U(x, \lambda) = \begin{pmatrix} \varphi_\lambda(x) & \psi_\lambda(x) \\ \varphi'_\lambda(x) & \psi'_\lambda(x) \end{pmatrix}$$

に等しい. したがって $\det U(x, \lambda) = 1$ である. 一方 q は l を周期にもつので $U(x+l, \lambda)$ も(4.2)をみたす. よって $U(x+l, \lambda)U(l, \lambda)^{-1}$ も $U(x, \lambda)$ と同じ方程式と初期条件をみたす解なので，解の一意性より

(4.4) $$U(x+l, \lambda) = U(x, \lambda)U(l, \lambda), \quad x \in \mathbb{R}$$

が分かる．これを利用して $U(x,\lambda)$ の $x\to\pm\infty$ での挙動を調べよう．$x\in\mathbb{R}$ はある $a\in[0,l)$ により $x\equiv a\ (\mathrm{mod}\, l)$ となるが，この a を $[x]$ で表わすと，$x=[x]+nl\ (n\in\mathbb{Z})$ となる．このとき(4.4)より

$$U(x,\lambda)=U([x],\lambda)U(l,\lambda)^n$$

であるから $U(x,\lambda)$ の $x\to\pm\infty$ での挙動は $U(l,\lambda)^n\ (n\to\pm\infty)$ の挙動で支配される．$U(l,\lambda)$ のベキ乗は $U(l,\lambda)$ の固有値を計算すれば分かる．$\det U(l,\lambda)=1$ であるから $U(l,\lambda)$ の固有方程式は

$$\rho^2-\varDelta(\lambda)\rho+1=0,\quad \varDelta(\lambda)=\mathrm{tr}\,U(l,\lambda) \tag{4.5}$$

となる．この方程式の 2 根を $\rho_\pm(\lambda)$ とすると，$\rho_\pm$ は

$$\rho_+(\lambda)+\rho_-(\lambda)=\varDelta(\lambda),\quad \rho_+(\lambda)\rho_-(\lambda)=1 \tag{4.6}$$

をみたすが，$\rho_\pm$ は $|\rho_-(\lambda)|>1>|\rho_+(\lambda)|$ となるように選ぶ．$|\rho_+(\lambda)|=|\rho_-(\lambda)|=1$ のときは，$\rho_\pm(\lambda)$ が λ について連続になるように $\rho_\pm$ を定める．$\varDelta$ を**判別式**(discriminant)という．

一方補題 4.1 より境界 $\pm\infty$ は極限点型であるから定理 3.19 より $\lambda\in\mathbb{C}\backslash\mathbb{R}$ なら，$g_\lambda^\pm(x)$ はそれぞれ $L^2([0,\infty))$ $(L^2((-\infty,0]))$ に属し，$(g_\lambda^\pm)'(0)=\mp1$ をみたす唯一つの解である．これより，ある $\rho_\pm\in\mathbb{C}\backslash\{0\}$ があり，$g_\lambda^\pm(x+l)=\rho_\pm g_\lambda^\pm(x)$ となることが分かる．一方 $g_\lambda^+(x)$ は基本行列解 $U(x,\lambda)$ により

$$\begin{pmatrix} g_\lambda^+(x) \\ (g_\lambda^+)'(x)\end{pmatrix}=U(x,\lambda)\begin{pmatrix} g_\lambda^+(0) \\ (g_\lambda^+)'(0)\end{pmatrix}$$

と表わせるが，ここで $x=l$ とおけば

$$U(l,\lambda)\begin{pmatrix} g_\lambda^+(0) \\ (g_\lambda^+)'(0)\end{pmatrix}=\rho_+\begin{pmatrix} g_\lambda^+(0) \\ (g_\lambda^+)'(0)\end{pmatrix}$$

となるので ρ_+ は $U(l,\lambda)$ の固有値である．$g_\lambda^+\in L^2([0,\infty))$ より $|\rho_+|<1$ でなければならなく，$\rho_+=\rho_+(\lambda)$ が分かる．同様に $\rho_-=\rho_-(\lambda)$ となる．

結局次の補題を得る．

補題 4.2　$U(l,\lambda)$ の固有値を $\rho_\pm(\lambda)$ $(|\rho_+(\lambda)|\leqq 1\leqq|\rho_-(\lambda)|)$ とすると，$\lambda\in\mathbb{C}\backslash\mathbb{R}$ のとき $|\rho_+(\lambda)|<1<|\rho_-(\lambda)|$ となり，定理 3.19 の $g_\lambda^\pm(x), h_\pm(\lambda)$ は次をみたす．

$$(4.7)\qquad g_\lambda^\pm(x+l) = \rho_\pm(\lambda) g_\lambda^\pm(x), \quad h_\pm(\lambda) = \pm\frac{\psi_\lambda(l)}{\varphi_\lambda(l)-\rho_\pm(\lambda)}. \qquad \square$$

$\rho_\pm(\lambda)$ は $\mathbb{C}$ で連続であるが，補題 4.2 より $\mathbb{C}\backslash\mathbb{R}$ で $\rho_+(\lambda) \neq \rho_-(\lambda)$ であるから，$\rho_\pm(\lambda)$ は $\mathbb{C}\backslash\mathbb{R}$ で正則である．ここで定理 3.19 のスペクトル行列測度 Σ を求めてみよう．

$$(h_+^{-1}(\lambda)+h_-^{-1}(\lambda))^{-1} = \frac{\psi_\lambda(l)}{\rho_-(\lambda)-\rho_+(\lambda)},$$

$$-(h_+(\lambda)+h_-(\lambda))^{-1} = \frac{\varphi'_\lambda(l)}{\rho_+(\lambda)-\rho_-(\lambda)},$$

$$-h_-(\lambda)(h_+(\lambda)+h_-(\lambda))^{-1} = \frac{\varphi'_\lambda(l)}{\rho_-(\lambda)-\rho_+(\lambda)} \times \frac{\psi_\lambda(l)}{\varphi_\lambda(l)-\rho_-(\lambda)}$$

であるから

(4.8)

$$\frac{\Sigma(d\xi)}{d\xi} = \frac{1}{2\pi\,\mathrm{Im}\,\rho_+(\xi)}\begin{pmatrix} \psi_\xi(l) & \dfrac{\psi'_\xi(l)-\varphi_\xi(l)}{2} \\ \dfrac{\psi'_\xi(l)-\varphi_\xi(l)}{2} & -\varphi'_\xi(l) \end{pmatrix} \times 1_{\{|\Delta(\xi)|\leqq 2\}}$$

となる．これらをまとめて

定理 4.3　q が周期 l をもち $q\in L^2([0,l])$ のとき A のスペクトル $\sigma(A)$ は $\{\xi\in\mathbb{R};\ |\Delta(\xi)|\leqq 2\}$ と一致する．スペクトル行列測度 Σ は(4.8)で与えられる．さらに $h_\pm$ は

$$(4.9)\qquad h_+(\xi+i0) = -\overline{h_-(\xi+i0)}, \quad |\Delta(\xi)|<2$$

をみたす．ただし $h_\pm(\xi+i0)$ は $h_\pm(\xi+i\varepsilon)$ $(\varepsilon>0)$ の極限である．　$\square$

ある $\sigma(A)$ 内の開区間 I で(4.9)が成立するとき対応する q を I で**無反射ポテンシャル**であるという．この用語を使えば，周期ポテンシャルは $\sigma(A)$ の内点で無反射スペクトルである．この物理的な意味は $-\infty$ で発生した波がポテンシャル q に反射されずに $+\infty$ に到達することを意味している(§5.1(b)参照)．

方程式(4.2)の Floquet 理論とは有界な解の存在，不存在に関する理論で

ある.

定理 4.4　方程式(4.2)は $\lambda\in\mathbb{C}$ の範囲により次のような解をもつ.

(i)　$|\Delta(\lambda)|>2$ なら,(4.5)の異なる 2 根を $\rho_\pm(\lambda)$ $(|\rho_+(\lambda)|<1<|\rho_-(\lambda)|)$ とすると,(4.2)は一次独立な解

$$f_\pm(x)=e^{\pm\alpha x}g_\pm(x),\quad g_\pm(x+l)=g_\pm(x)$$

をもつ. ここで $e^{l\alpha}=\rho_+(\lambda)$ で $\mathrm{Re}\,\alpha<0$.

(ii)　$|\Delta(\xi)|<2$ なら $\xi\in\mathbb{R}$ であり,(4.5)の 1 根を $\rho(\xi)$ とすれば,(4.2)は一次独立な解

$$f_\pm(x)=e^{\pm i\alpha x}g_\pm(x),\quad g_\pm(x+l)=g_\pm(x)$$

をもつ. ここで $e^{il\alpha}=\rho(\xi)$ で $\alpha\in(0,\pi/l)$.

(iii)　$\Delta(\xi)=2$ なら $\xi\in\mathbb{R}$ であるが,(4.2)は

$\varphi'_\xi(l)=\psi_\xi(l)=0$ のとき一次独立で l–周期的な解 $f_\pm$,$|\varphi'_\xi(l)|+|\psi_\xi(l)|\neq 0$ のとき l–周期的な解 f_+ と,ある l–周期関数 g に対して $f_-(x)=xf_+(x)+g(x)$

となる解をもつ.

(iv)　$\Delta(\xi)=-2$ なら $\xi\in\mathbb{R}$ であり,(4.2)は

$\varphi'_\xi(l)=\psi_\xi(l)=0$ のとき一次独立で l–反周期的($f(x+l)=-f(x)$)な解 $f_\pm$,$|\varphi'_\xi(l)|+|\psi_\xi(l)|\neq 0$ のとき l–反周期的な解 f_+ と,ある l–反周期的関数 g に対して $f_-(x)=xf_+(x)+g(x)$

となる解をもつ.　□

証明は困難ではないので省略する. 定理 4.3, 定理 4.4 によると,A のスペクトル $\sigma(A)$ は(4.2)の解がすべて有界か,線形の速さで増大する場合の $\xi\in\mathbb{R}$ 全体と一致する. 領域 $\{\xi\in\mathbb{R};\ |\Delta(\xi)|<2\}$ は(4.2)の**安定帯**(stability zone)とよばれている.

次に関数 Δ の形を見よう. 周期関数 q に対して新しい周期関数 $\theta_y q$ を $(\theta_y q)(x)=q(x+y)$ で定義する. $h_\pm$, $g_\lambda^\pm$, R_λ 等は q に依存してきまるが,その依存性を明示したいときは $h_\pm(\lambda,q)$, $g_\lambda^\pm(x,q)$, $R_\lambda(x,y,q)$ 等と書く. そして

$$\widehat{h}_\pm(\lambda,q)=-h_\pm(\lambda,q)^{-1},\quad \widehat{g}_\lambda^\pm(x,q)=g_\lambda^\pm(x,q)/h_\pm(\lambda,q)$$

とおく. $\lambda\in\mathbb{C}\backslash\mathbb{R}$ とする. まず $g_\lambda^+(y,q)\neq 0$ である. なぜならば $g_\lambda^+(y,q)=0$

とすると補題 3.1, 補題 3.2 より $g_\lambda^+=0$ となり矛盾する．そこで x の関数 $\widehat{g}_\lambda^+(x+y,q)$ は方程式 $-u''(x)+q(x+y)u(x)=\lambda u(x)$ をみたし $L^2([0,\infty))$ に属するので

$$\widehat{g}_\lambda^+(x+y,q)/\widehat{g}_\lambda^+(y,q)=\widehat{g}_\lambda^+(x,\theta_y q),$$

つまり

$$\widehat{g}_\lambda^+(x+y,q)=\widehat{g}_\lambda^+(y,q)\widehat{g}_\lambda^+(x,\theta_y q) \tag{4.10}$$

が分かる．(4.10)の両辺を x で微分して $x=0$ とおくと

$$(\widehat{g}_\lambda^+)'(y,q)=\widehat{g}_\lambda^+(y,q)\widehat{h}_+(\lambda,\theta_y q)$$

となる．したがって

$$\widehat{g}_\lambda^+(x,q)=\exp\left\{\int_0^x \widehat{h}_+(\lambda,\theta_y q)dy\right\} \tag{4.11}$$

を得る．同様に $\widehat{g}_\lambda^-$ についても

$$\widehat{g}_\lambda^-(x,q)=\exp\left\{-\int_0^x \widehat{h}_-(\lambda,\theta_y q)dy\right\} \tag{4.12}$$

となる．(4.11), (4.12)は(q が周期性をもたないときでも成立する)非常に重要な公式であり Johnson–Moser により発見された．

$\widehat{g}_\lambda^\pm$ は $-u''+qu=\lambda u$ の解であるから $\widehat{h}_\pm$ は次の Riccati 方程式をみたす．

$$\pm\frac{d}{dx}\widehat{h}_\pm(\lambda,\theta_x q)=q(x)-\lambda-\widehat{h}_\pm(\lambda,\theta_x q)^2 . \tag{4.13}$$

そこで

$$w_\pm(\lambda)=\frac{1}{l}\int_0^l \widehat{h}_\pm(\lambda,\theta_x q)\,dx$$

とおく．$\widehat{h}_\pm$ は Herglotz 関数であるから $w_\pm$ も Herglotz 関数になる．

補題 4.5

$$w_+(\lambda)=w_-(\lambda) .$$

［証明］　等式(4.13)より

$$\begin{aligned}
&\frac{d}{dx}(\widehat{h}_+(\lambda,\theta_x q)+\widehat{h}_-(\lambda,\theta_x q))\\
&\quad=-(\widehat{h}_+(\lambda,\theta_x q)+\widehat{h}_-(\lambda,\theta_x q))(\widehat{h}_+(\lambda,\theta_x q)-\widehat{h}_-(\lambda,\theta_x q))
\end{aligned}$$

となるが，$\widehat{h}_+(\lambda,\theta_x q)+\widehat{h}_-(\lambda,\theta_x q)\in\mathbb{C}_+$ $(\lambda\in\mathbb{C}_+)$ であるから対数 log を $\log i = i\pi/2$ となるように定義すれば

$$\widehat{h}_+(\lambda,\theta_x q)-\widehat{h}_-(\lambda,\theta_x q) = -\frac{d}{dx}\log(\widehat{h}_+(\lambda,\theta_x q)+\widehat{h}_-(\lambda,\theta_x q))$$

となる．$\theta_l q=q$ であるから両辺を $[0,l]$ 上で積分すれば右辺の積分は 0 となるので $w_+(\lambda)=w_-(\lambda)$ を得る． ∎

$w(\lambda)=w_\pm(\lambda)$ とおき，これを **Floquet 指数**(Floquet exponent)という．(4.11), (4.12) より

$$\widehat{g}_\lambda^\pm(x+l,q) = e^{\pm lw(\lambda)}\widehat{g}_\lambda^\pm(x,q)$$

となるので $\rho_\pm(\lambda)=e^{\pm lw(\lambda)}$ である．$\lambda\in\mathbb{C}\backslash\mathbb{R}$ ならば $|\rho_+(\lambda)|<1$ であるから，$\operatorname{Re}w(\lambda)<0$ となる．$\gamma(\lambda)=-\operatorname{Re}w(\lambda)$ とおき，これを **Lyapunov 指数**(Lyapunov exponent)という．

問1 $\lambda\in\mathbb{C}_+$ のとき次の等式を示せ．

$$\frac{1}{l}\int_0^l\{\operatorname{Im}\widehat{h}_\pm(\lambda,\theta_x q)\}^{-1}dx = \frac{2\gamma(\lambda)}{\operatorname{Im}\lambda}.$$

判別式 $\varDelta(\lambda)$ は $w(\lambda)$ により

$$\varDelta(\lambda) = \rho_+(\lambda)+\rho_-(\lambda) = 2\cosh lw(\lambda) \tag{4.14}$$

と表わせる．R_λ と w の関係は次の命題で与えられる．

命題 4.6 (Johnson–Moser)

$$w'(\lambda) = \frac{1}{l}\int_0^l R_\lambda(0,0,\theta_x q)\,dx = \frac{1}{l}\int_0^l R_\lambda(x,x,q)\,dx.$$

[証明] これを示すため $\varDelta(\lambda)$ の微分を計算する．$f(x)=\dfrac{\partial\varphi_\lambda}{\partial\lambda}(x)$ とすると f は

$$-f''+qf-\lambda f = \varphi_\lambda,\quad f(0)=f'(0)=0$$

をみたすので

$$\frac{\partial\varphi_\lambda(x)}{\partial\lambda} = f(x) = \int_0^x(\varphi_\lambda(x)\psi_\lambda(y)-\varphi_\lambda(y)\psi_\lambda(x))\varphi_\lambda(y)\,dy$$

となる．同様に $\dfrac{\partial\psi_\lambda}{\partial\lambda}$ は

$$\frac{\partial\psi_\lambda(x)}{\partial\lambda}=\int_0^x(\varphi_\lambda(x)\psi_\lambda(y)-\varphi_\lambda(y)\psi_\lambda(x))\psi_\lambda(y)\,dy$$

となる．したがって(4.7)の $h_\pm$ の表現式と $\widehat{g}_\lambda^\pm$ の定義より

$$\begin{aligned}\Delta'(\lambda)&=\frac{\partial}{\partial\lambda}(\varphi_\lambda(l)+\psi'_\lambda(l))\\&=\int_0^l\{-\psi_\lambda(l)\varphi_\lambda(x)^2+(\varphi_\lambda(l)-\psi'_\lambda(l))\varphi_\lambda(x)\psi_\lambda(x)+\varphi'_\lambda(l)\psi_\lambda(x)^2\}\,dx\\&=-\psi_\lambda(l)\int_0^l(\varphi_\lambda(x)+\widehat{h}_+(\lambda)\psi_\lambda(x))(\varphi_\lambda(x)-\widehat{h}_-(\lambda)\psi_\lambda(x))\,dx\\&=-\psi_\lambda(l)\int_0^l\widehat{g}_\lambda^+(x,q)\widehat{g}_\lambda^-(x,q)\,dx\\&=(\widehat{h}_+(\lambda)+\widehat{h}_-(\lambda))\psi_\lambda(l)\int_0^lR_\lambda(x,x,q)\,dx\\&=(\rho_+(\lambda)-\rho_-(\lambda))\int_0^lR_\lambda(x,x,q)\,dx\end{aligned}$$

を得る．$\rho_+(\lambda)-\rho_-(\lambda)=2\sinh lw(\lambda)$ に注意すれば(4.14)より命題4.6を得る．　■

定理3.19と(4.8)より，$\sigma(A)=\{\xi\in\mathbb{R};\ |\Delta(\xi)|\leqq 2\}$ とすると

$$R_\lambda(x,x,q)=\int_{\sigma(A)}\frac{(\Sigma(d\xi)\phi_\xi(x),\phi_\xi(x))}{\xi-\lambda}$$

であるから $B\in\mathcal{B}(\mathbb{R})$ に対して

$$n(B)=\frac{1}{l}\int_0^l dx\int_B(\Sigma(d\xi)\phi_\xi(x),\phi_\xi(x))$$

とおくと命題4.6より

$$w'(\lambda)=\int_{\mathbb{R}}\frac{n(d\xi)}{\xi-\lambda}\tag{4.15}$$

となる．n は絶対連続で台は $\sigma(A)$ と一致する．補題4.1よりある $c\,(>-\infty)$ があり $\sigma(A)\subset[c,\infty)$ となるので

$$n(\xi)=\begin{cases} n([c,\xi]), & \xi \geqq c \\ 0, & \xi < c \end{cases}$$

とおくと，(4.15)より w はある $\alpha\in\mathbb{R}$, $\beta\geqq 0$ により

$$w(\lambda)=\alpha+\beta\lambda+\int_c^\infty \left\{\frac{1}{\xi-\lambda}-\frac{\xi}{1+\xi^2}\right\} n(\xi)\,d\xi$$

と表わせるので

(4.16)
$$\operatorname{Im} w(\xi+i0)=\pi n(\xi), \quad \xi\in\mathbb{R}$$

が分かる．$n(\xi)$ を**状態分布関数**(integrated density of states)という．$n(\xi)$ は $\mathbb{R}\backslash\sigma(A)$ では特別の値をとる．$\xi\in\mathbb{R}\backslash\sigma(A)$ とすると $|\Delta(\xi)|>2$ であるが，このとき

$$\mathbb{R}\ni\rho_+(\xi)=e^{l(-\gamma(\xi)+i\pi n(\xi))}$$

であるから，ある $k\in\mathbb{Z}$ により $n(\xi)=k/l$ となる．$\mathbb{R}\backslash\sigma(A)$ は $\mathbb{R}$ の開集合であるから，それは高々可算個の開区間の交わりのない和よりなる．その各々の開区間を**スペクトルギャップ**(spectral gap)という．n は連続関数であるから結局 n は各スペクトルギャップ上で定数 k/l という値をとる．以上をまとめると

定理 4.7　周期ポテンシャル q の Floquet 指数を w とすると

(i)　w, $-iw$, w' は Herglotz 関数となる．

(ii)　Lyapunov 指数を γ，状態分布関数を n とすると

$$\xi\in\mathbb{R} \implies w(\xi+i0)=-\gamma(\xi)+i\pi n(\xi) \quad \text{(Thouless の公式)}$$

となり次の等式が成立する．

$$\sigma(A)=\{\xi\in\mathbb{R};\ \gamma(\xi)=0\}=\operatorname{supp} dn.$$

(iii)　n はスペクトルギャップ上ある $k\in\mathbb{Z}$ により定数 k/l の値をとる(**ギャップラベル付け定理**)．そして

$$\Delta(\xi)=\begin{cases} 2\cos l\pi n(\xi), & \xi\in\sigma(A) \\ \pm 2\cosh l\gamma(\xi), & \xi\in\mathbb{R}\backslash\sigma(A). \end{cases}$$

□

Floquet 指数は Johnson–Moser により 1982 年に周期ポテンシャルより一般的な概周期ポテンシャルの場合に導入された．それと同時に Lyapunov 指数，状態分布関数との関係も示された．ギャップラベル付け定理は与えられた概周期ポテンシャルの**周波数加群**(frequency module)を利用して一般化された．定理 4.3 も概周期ポテンシャルを含むもっと一般のポテンシャルに対して拡張されている．

歴史的には周期ポテンシャルの場合に判別式 $\Delta(\lambda)$ により解の安定性，不安定性が Floquet により論じられたが，ポテンシャルを概周期的なもの等に一般化するときは $\Delta(\lambda)$ は定義可能ではなく Floquet 指数がそれの代替物になる．

Anderson 局在

1958 年に物理学者の Anderson により，不純物がランダムに混在している 1 次元物質中の電子の運動を記述する作用素として

$$(L^{\omega}u)_n = u_{n+1} + u_{n+1} + q_n(\omega)u_n \quad (n \in \mathbb{Z})$$

が考察された．ここで $\{q_n(\omega);\, n\in\mathbb{Z}\}$ は値 ± 1 を等確率でとる独立同分布の確率変数である．このポテンシャルは周期性はまったくないが，m だけ平行移動 $\{q_{n+m}(\omega);\, n\in\mathbb{Z}\}$ しても確率論的構造は不変であるという性質があり，広い意味で平行移動不変性がある．この作用素 L^{ω} に対して Anderson は，スペクトルは確率 1 で点スペクトルのみよりなることを予測した．この予想の厳密な証明は 1977 年に与えられたが，その正確な記述は次のとおりである．

「確率 1 で L^{ω} のスペクトルは点スペクトルのみよりなり，固有値は $[-3,3]$ に稠密に分布する．また各固有値に対応する固有関数は指数関数的に減少する．」

これは周期的ポテンシャルの場合とは著しく異なる結果であり，多くの研究者を驚かせた．多次元の場合にも多くの研究がされているが，3 次元以上では連続スペクトルが現われるという物理学者の予想はまだ証明されていない．

ここで Floquet 指数を非対称な境界値問題に応用することを考える．b を周期 l の実連続関数とし，周期的境界値問題

$$(4.17)\qquad \begin{cases} u''(x)+b(x)u'(x) = -\lambda u(x) \\ u(x+l) = u(x) \end{cases}$$

を考える．これは $\bar{b}\left(=\int_0^l b(x)dx/l\right)\neq 0$ ならば自己共役でないので第 2 章のスペクトル分解の一般論は適用できない．しかし(4.17)に§3.1 の Liouville 変換

$$v(x) = u(x)\exp\left(-\frac{1}{2}\int_0^x b(y)dy\right)$$

を施すと，(4.17)は

$$(4.18)\qquad \begin{cases} -v''(x)+q(x)v(x) = \lambda v(x) \\ v(x+l) = \rho v(x) \end{cases}$$

と同値になる．ここで

$$\rho = \exp\left(\frac{1}{2}l\bar{b}\right),\quad q(x) = \frac{b^2(x)}{4}+\frac{b'(x)}{2}$$

である．$\bar{b}>0$ として一般性を失わないが，このとき $\rho>1$ となる．そこで境界値問題(4.18)を考える．まず(4.18)の解 v で $v\neq 0$ となるものが存在することと，ρ が(4.3)の基本行列解 $U(l,\lambda)$ の固有値であることは同値である．したがって $\rho_\pm(\lambda)=\rho$ であるが，$\rho_\pm(\lambda)=e^{\pm lw(\lambda)}$ であり，さらに $\mathrm{Re}\, w(\lambda)\leqq 0$ に注意すると $\rho_-(\lambda)=e^{-lw(\lambda)}=\rho$ となる．これは

$$(4.19)\qquad w(\lambda) = -\frac{1}{l}\log\rho+\frac{2n\pi i}{l}\quad (n\in\mathbb{Z})$$

と同値である．$\overline{w(\lambda)}=w(\bar{\lambda})$ であるから(4.19)の解は $\mathbb{C}_+$ と $\mathbb{C}_-$ に対称に分布する．したがって(4.19)は $\overline{\mathbb{C}}_+$ で考えれば十分である．ここで $w(\mathbb{C}_+)$ の形を考察しておく．まず w' も Herglotz 関数であるから w は $\mathbb{C}_+$ から $w(\mathbb{C}_+)$ への等角写像である(演習問題 4.1 参照)．定理 4.7 より $w(\mathbb{C}_+)$ は図 4.1 のよ

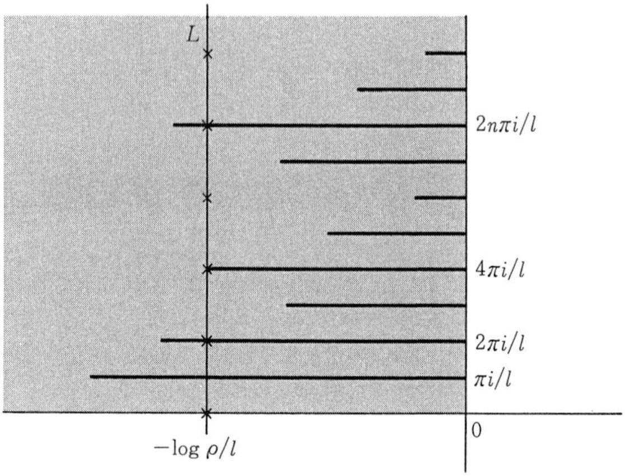

図 4.1　$w(\mathbb{C}_+)$

うになる.

点 $n\pi i/l$ から左に出るスリットを S_n とすると

$$w(\mathbb{C}_+) = \text{第 2 象限} \setminus \bigcup_{n=0}^{\infty} S_n$$

となる. $\mathbb{C}_+$ の境界 $\mathbb{R}$ を左から右に ξ が動くとき $w(\xi+i0)$ は, 図 4.1 の負の x 軸を左から右に動き ξ が A のスペクトルの下限 μ_0 に到達すると $w(\mu_0+i0)=0$ となる. その後 $w(\xi+i0)$ は, y 軸を上に昇り $\pi i/l$ まで到達すればスリット S_1 を右から左に, 次に左から右に一往復し, また y 軸を $2\pi i/l$ まで上に昇る. 方程式(4.19)の $\overline{\mathbb{C}}_+$ での解は図 4.1 で × 印の点の w による逆像である. そこで $\{0, 2, 4, \cdots, 2n, \cdots\}$ を 2 組

$$N_1 = \{n \geqq 0;\, S_{2n} \cap L \neq \varnothing\}, \quad N_2 = \{n \geqq 0;\, S_{2n} \cap L = \varnothing\}$$

に分ける. $0 \in N_1$ であるが N_1 の個数は高々有限個である. これを示すために次の補題を示す.

補題 4.8　Lyapunov 指数 γ は $\lambda \geqq 0$ なら

$$0 \leqq \gamma(\lambda) \leqq m_1/\sqrt{\lambda} \quad \left(m_1 = \frac{1}{l}\int_0^l |q(x)|\, dx \right).$$

［証明］　まず Lyapunov 指数 γ は基本行列解 $U(x, \lambda)$ により

(4.20) $$\gamma(\lambda)=\lim_{x\to\infty}\frac{1}{x}\log\|U(x,\lambda)\|$$

となることに注意する．

$$A=\begin{pmatrix}1 & 0\\ 0 & \sqrt{\lambda}\end{pmatrix},\quad B=\begin{pmatrix}0 & 1\\ -1 & 0\end{pmatrix},\quad C=\begin{pmatrix}0 & 0\\ 1 & 0\end{pmatrix}$$

とし

$$U(x)=e^{-\sqrt{\lambda}xB}A^{-1}U(x,\lambda)A,\quad C(x)=e^{-\sqrt{\lambda}xB}Ce^{\sqrt{\lambda}xB}$$

とおくと，U は

(4.21) $$U'(x)=\frac{1}{\sqrt{\lambda}}q(x)C(x)U(x),\quad U(0)=I$$

をみたす．$\lambda\geqq 0$ のとき $e^{\sqrt{\lambda}xB}$ は直交行列であるから，(4.21)の解 U は

$$\|U(x)\|\leqq\exp\left\{\frac{1}{\sqrt{\lambda}}\int_0^x\|q(y)C(y)\|dy\right\}=\exp\left\{\frac{1}{\sqrt{\lambda}}\int_0^x|q(y)|dy\right\}$$

と評価できる．これと(4.20)より補題を得る． ∎

したがって N_1 は有限集合である．つまり(4.18)(したがって(4.17))の実固有値は有限個しかない．$\xi_0=w^{-1}(-\log\rho/l)\in\mathbb{R}$ とおく．これは S_0 と L との交点の逆像である．$n\in N_1$ とし S_{2n} と L が接していなければその交点の w による逆像は 2 点ありいずれも実数である．それらを $\{\xi_n^-,\xi_n^+\}$ とする．$n\in N_1$ とし S_{2n} と L が接しているとき(図 4.1 では S_4 の場合)その接点の w による逆像を $\xi_n^0\in\mathbb{R}$ とする．$n\in N_2$ なら S_{2n} の延長と L との交点の w による逆像を $\zeta_n\in\mathbb{C}_+$ とする．

命題 4.9 $\rho>1$ とする．固有値問題(4.18)の固有値は

$$\{\xi_0,\ \xi_n^\pm,\ \xi_n^0,\ \zeta_n,\ \bar{\zeta}_n\}$$

でそれぞれの固有空間は 1 次元で，固有関数は $g_\lambda^-(x)$ の λ にそれぞれ固有値を代入したものである．また

$$\mathbb{R}\backslash\sigma(A)=(-\infty,\mu_0)\cup\bigcup_{n=1}^{\infty}(\lambda_n,\mu_n)$$

とすると，$\xi_0<\mu_0$，$\lambda_{2n}<\xi_n^-<\xi_n^+<\mu_{2n}$，$\lambda_{2n}<\xi_n^0<\mu_{2n}$ である． □

境界値問題(4.18)の Green 関数 $R_\lambda^\rho(x,y)$ は $L^2(\mathbb{R})$ 上の A の Green 関数

$R_\lambda(x,y)$ を使い

$$(4.22)\quad R_\lambda^\rho(x,y) = \sum \frac{R_{\eta_n}(x,y)}{lw'(\eta_n)} \times \frac{1}{\eta_n-\lambda} - \sum \frac{2R_{\xi_n^0}(x,y)}{lw''(\xi_n^0)} \times \frac{1}{(\xi_n^0-\lambda)^2}$$

と展開できる．ここで η_n は $\{\xi_0, \xi_n^\pm, \zeta_n, \overline{\zeta}_n\}$ のいずれかである．境界値問題(4.17)の Green 関数は $R_\lambda^\rho(x,y)$ を使い

$$\phi(x)R_\lambda^\rho(x,y)\phi(y)^{-1}, \quad \phi(x) = \exp\left\{\frac{1}{2}\int_0^x b(y)dy\right\}$$

となる．(4.22)によると，行列の場合に(1.3)で見たように，S_n と L とが接する場合には広義の固有空間が現われることになる．(4.17)の場合には $\xi_0 = 0$ であることに注意しておく．なぜなら定数関数が 0 の固有関数になり，さらに $q(x) = b(x)^2/4 + b'(x)/2$ なら対応する $L^2(\mathbb{R})$ 上の作用素 A は $(Af,f) \geqq 0$ をみたすからである．

§4.2　逆スペクトル問題

周期ポテンシャルの場合には，定理 4.7 により Floquet 指数がそのスペクトルを決定している．ここではまずスペクトルギャップが有限である場合のポテンシャルを決定してみよう(**逆スペクトル問題**).

$A = -\dfrac{d^2}{dx^2} + q$ は下に有界な自己共役作用素であるから，Green 関数 $R_\lambda(x,y)$ は，ある定数 $\mu_0 > -\infty$ に対して $\mathbb{C}\backslash[\mu_0,\infty)$ 上で λ に関して正則になる．$R_\lambda(x,y)$ の $\lambda \to -\infty$ での漸近挙動を調べてみる．このために公式(3.32)を利用する．$A_0 = -\dfrac{d^2}{dx^2}$ の Green 関数を $G_\lambda(x,y)$ とすると

$$(4.23)\quad R_\lambda(x,y) = G_\lambda(x,y) - \int_{\mathbb{R}} G_\lambda(x,z)q(z)G_\lambda(z,y)\,dz + \int_{\mathbb{R}^2} G_\lambda(x,u)q(u)R_\lambda(u,v)q(v)G_\lambda(v,y)\,dudv$$

となる．一方

$$R_\lambda = \int_{\mu_0}^\infty \frac{E(d\xi)}{\xi-\lambda}$$

であるから $\|R_\lambda\| \leqq (\mu_0-\lambda)^{-1}$ $(\lambda < \mu_0)$ が分かる．そこで $f_x(u) = q(u)G_\lambda(u,x)$

とおくと(4.23)の第3項は

$$|(R_\lambda f_y, f_x)| \leqq \frac{1}{\mu_0-\lambda}\|f_x\|\,\|f_y\| \quad (\lambda<\mu_0)$$

と評価できる．しかし $G_\lambda(x,y)=e^{-\sqrt{-\lambda}|x-y|}/2\sqrt{-\lambda}$ であるから，ある定数 c があり $\|f_x\|\leqq c(-\lambda)^{-1/2}$ となる．したがって

補題 4.10　ある定数 c があり A の Green 関数 $R_\lambda(x,y)$ は

$$\left|R_\lambda(x,y)-G_\lambda(x,y)+\int_{\mathbb{R}}G_\lambda(x,z)q(z)G_\lambda(z,y)\,dz\right| \leqq c(\lambda_0-\lambda)^{-2} \quad (\lambda<\lambda_0)$$

と評価できる．ただし $G_\lambda(x,y)=e^{-\sqrt{-\lambda}|x-y|}/2\sqrt{-\lambda}$．　□

これよりとくに $\lambda\to-\infty$ のとき

$$(4.24)\qquad R_\lambda(x,x)=\frac{1}{2\sqrt{-\lambda}}-\frac{1}{-4\lambda}\int_{\mathbb{R}}e^{-2\sqrt{-\lambda}|x-y|}q(y)\,dy+O(\lambda^{-2})$$

となる．x が Lebesgue 点，つまり

$$\frac{1}{2\varepsilon}\int_{x-\varepsilon}^{x+\varepsilon}q(y)\,dy\to q(x) \quad (\varepsilon\to 0)$$

となるならば

$$\sqrt{-\lambda}\int_{\mathbb{R}}e^{-2\sqrt{-\lambda}|x-y|}q(y)\,dy\to q(x) \quad (\lambda\to-\infty)$$

が分かるので(4.24)より x が Lebesgue 点ならば次の評価を得る．

$$(4.25)\qquad R_\lambda(x,x)=\frac{1}{2\sqrt{-\lambda}}-\frac{1}{-4\lambda}\times\frac{1}{\sqrt{-\lambda}}\times q(x)+o(-\lambda)^{-3/2}.$$

さてここで $R_\lambda(x,x)$ の形を求めよう．$\sigma(A)$ の下限を λ_0 とし

$$\mathbb{R}\backslash\sigma(A)=(-\infty,\mu_0)\cup\bigcup_{n=1}^{N}I_n, \quad I_n=(\lambda_n,\mu_n)$$

とおく．一般に $N\leqq+\infty$ である．また $\lambda_n<\lambda_{n+1}$ $(n=1,\cdots,N-1)$ とする．

$$R_\lambda(x,x)=\int_{\sigma(A)}\frac{\sigma_x(d\xi)}{\xi-\lambda}, \quad \sigma_x(d\xi)=(\Sigma(d\xi)\phi_\xi(x),\phi_\xi(x))$$

と表現できているので $R_\lambda(x,x)$ は $\lambda\in I_n$ で単調増大である．$R_\lambda(x,x)$ が I_n で零点をもてばそれを $\xi_n=\xi_n(x)$ とし，$R_\lambda(x,x)$ が I_n 上正ならば $\xi_n=\lambda_n$，負

ならば $\xi_n = \mu_n$ とする．

付録の定理A.5より，ある $\alpha \in \mathbb{R}$ があり

$$\log R_\lambda(x,x) = \alpha + \frac{1}{\pi}\int_{\mathbb{R}}\left\{\frac{1}{\xi-\lambda} - \frac{\xi}{1+\xi^2}\right\}\arg R_{\xi+i0}(x,x)\,d\xi \tag{4.26}$$

となるが，$|\Delta(\xi)|<2$ ならば定理4.3より $h_+(\xi+i0) = -\overline{h_-(\xi+i0)}$ であるから

$$g^+_{\xi+i0}(x) = \varphi_\xi(x)h_+(\xi+i0) - \psi_\xi(x) = -\overline{g^-_{\xi+i0}(x)}$$

となる．よって R_λ の表現式(定理3.19)より

$$R_{\xi+i0}(x,x) = \frac{g^+_{\xi+i0}(x)g^-_{\xi-i0}(x)}{h_+(\xi+i0)+h_-(\xi+i0)} = \frac{|g^+_{\xi+i0}(x)|^2}{2\,\mathrm{Im}\,h_+(\xi+i0)}i$$

が分かる．したがって $|\Delta(\xi)|<2$ なら $\arg R_{\xi+i0}(x,x) = \pi/2$ である．またスペクトルギャップ上では

$$\arg R_{\xi+i0}(x,x) = \begin{cases} \pi, & \lambda_n < \xi < \xi_n \\ 0, & \xi_n < \xi < \mu_n \\ 0, & \xi < \mu_0 \end{cases}$$

となる．今簡単のために $N<\infty$ とする．これらの値を(4.26)に代入すると，ある実数 δ により

$$\log R_\lambda(x,x) = \delta + \log\frac{1}{\sqrt{\mu_0-\lambda}} + \frac{1}{2}\log\prod_{n=1}^{N}\frac{(\xi_n-\lambda)^2}{(\lambda_n-\lambda)(\mu_n-\lambda)}$$

と表わせる．したがってある定数 $c>0$ により

$$R_\lambda(x,x) = \frac{c}{\sqrt{\mu_0-\lambda}}\left\{\prod_{n=1}^{N}\frac{(\xi_n-\lambda)^2}{(\lambda_n-\lambda)(\mu_n-\lambda)}\right\}^{1/2} \tag{4.27}$$

となるが，評価(4.25)より $c=1/2$ である．さらに(4.25)の第2項と(4.27)を比較することにより x が q の Lebesgue 点なら

$$q(x) = \mu_0 + \sum_{n=1}^{N}(\lambda_n+\mu_n-2\xi_n(x)) \quad \text{（跡公式）} \tag{4.28}$$

が分かる．したがって $\{\xi_n(x)\}_{n=1}^N$ が決定できればポテンシャル $q(x)$ が決まる．

$\{\xi_n(x)\}_{n=1}^N$ のみたす微分方程式を求めるために $\dfrac{d}{dx}R_\lambda(x,x)$ を計算する．(4.13)より

$$(4.29)\qquad \frac{d}{dx}R_\lambda(x,x) = -\frac{d}{dx}(\widehat{h}_+(\lambda,\theta_x q)+\widehat{h}_-(\lambda,\theta_x q))^{-1}$$
$$= -\frac{\widehat{h}_+(\lambda,\theta_x q)-\widehat{h}_-(\lambda,\theta_x q)}{\widehat{h}_+(\lambda,\theta_x q)+\widehat{h}_-(\lambda,\theta_x q)}$$

となる．

補題 4.11 $\widehat{h}_\pm(\lambda)$ は I_n の ξ_n で高々1位の極をもち，ξ_n 以外では I_n 上解析的である．$\widehat{h}_\pm$ は ξ_n で同時に極をもつことはないが，どちらか一方は必ず極をもつ．

［証明］ $R_\lambda(0,0)=-(\widehat{h}_+(\lambda)+\widehat{h}_-(\lambda))^{-1}$ であるから $\widehat{h}_++\widehat{h}_-$ は ξ_n で1位の極をもつ．$\widehat{h}_\pm$ は Herglotz 関数であるがその表現測度を $\widehat{\sigma}_\pm$ とすると $\widehat{\sigma}_++\widehat{\sigma}_-$ は I_n 上では ξ_n に集中した測度になる．したがって $\widehat{h}_\pm$ は I_n 内では ξ_n 以外では解析的であり，ξ_n で高々1位の極をもつ．もし $\widehat{h}_\pm$ が ξ_n で同時に1位の極をもったとすると

$$-\frac{1}{h_+(\lambda)+h_-(\lambda)} = \frac{\widehat{h}_+(\lambda)\widehat{h}_-(\lambda)}{\widehat{h}_+(\lambda)+\widehat{h}_-(\lambda)}$$

も ξ_n で1位の極をもつ．しかし定理3.19でスペクトル行列測度 Σ は $\sigma(A)$ に台をもつので，$(h_+(\lambda)+h_-(\lambda))^{-1}$ は $\mathbb{R}\backslash\sigma(A)$ で解析的でなければならず矛盾である． ∎

この補題を(4.29)でポテンシャル $\theta_x q$ に適用する．

$$\varepsilon_n=\varepsilon_n(x)=\begin{cases} 1, & \widehat{h}_-(\lambda,\theta_x q) \text{ が } \xi_n(x) \text{ で極をもつ} \\ -1, & \widehat{h}_+(\lambda,\theta_x q) \text{ が } \xi_n(x) \text{ で極をもつ} \end{cases}$$

とおくと，(4.29)の右辺は $\lambda=\xi_n(x)$ では ε_n に一致する．

定理 4.12 $\{\xi_n(x)\}_{n=1}^N$ は次の方程式をみたす．

(4.30)

$$\xi_n'(x)=\varepsilon_n(x)\{(\xi_n(x)-\mu_0)(\xi_n(x)-\lambda_n)(\mu_n-\xi_n(x))\}^{1/2}H_n(\boldsymbol{\xi}(x)),$$

$$H_n(\boldsymbol{\xi}) = \left\{ \prod_{k\neq n} \frac{(\lambda_k-\xi_n)(\mu_k-\xi_n)}{(\xi_k-\xi_n)^2} \right\}^{1/2} \quad (\lambda_n \leqq \xi_n \leqq \mu_n).$$

［証明］ $\xi_n(x)$ の定義より $R_{\xi_n(x)}(x,x)=0$ であるが，これを x について微分すると

$$\xi_n'(x)\frac{\partial R_\lambda(x,x)}{\partial\lambda}\bigg|_{\lambda=\xi_n(x)} + \frac{\partial}{\partial x}R_\lambda(x,x)\bigg|_{\lambda=\xi_n(x)} = 0$$

であるが第2項は $\varepsilon_n(x)$ に等しい．また(4.20)より

$$\frac{\partial R_\lambda(x,x)}{\partial\lambda}\bigg|_{\lambda=\xi_n}$$
$$= -\left\{ \prod_{k\neq n} \frac{(\xi_k-\xi_n)^2}{(\lambda_k-\xi_n)(\mu_k-\xi_n)} \right\}^{1/2} \{(\xi_n-\mu_0)(\xi_n-\lambda_n)(\mu_n-\xi_n)\}^{-1/2}$$

となる．∎

注意 4.13　方程式(4.30)は **Dubrovin 方程式**とよばれる．$\varepsilon_n(x)$ は $\xi_n(x)$ が I_n にある間は連続であるから一定の値1または -1 をとる．たとえば，$\xi_n(x)$ が I_n を右に進み μ_n に到達するまでは $\varepsilon_n(x)=1$ で，$\xi_n(x)$ が μ_n に到達すれば $\varepsilon_n(x)=-1$ に変わり，$\xi_n(x)$ は左に進み λ_n に到達するまでは $\varepsilon_n(x)=-1$ である．

系 4.14　周期ポテンシャル q のスペクトルギャップが有限個 N の区間からなるなら，$\xi_n(0)\in[\lambda_n,\mu_n]$，$\varepsilon_n(0)=\pm1$ $(n=1,2,\cdots,N)$ を与え Dubrovin 方程式(4.30)を解き，$\{\xi_n(x)\}_{n=1}^N$ を定めることにより跡公式(4.28)から $q(x)$ が求まる．□

Dubrovin 方程式は具体的に次のようにして解ける．スペクトルギャップに付随して超楕円曲線

$$\mu^2 = (\lambda-\mu_0)\prod_{n=1}^{N}(\lambda-\lambda_n)(\lambda-\mu_n)$$

を考え，それに対応するコンパクト Riemann 面を S とする．S は種数 N の Riemann 面になるが，その周期行列を (I_N, T) とすると T は $N\times N$ 対称行列でその虚部 $\mathrm{Im}\,T$ は正定値になる．今 $\{\mu_0,\lambda_n,\mu_n,\ n=1,2,\cdots,N\}$ はすべて実数であるから iT は実行列になる．T により $\mathbb{C}^N$ 上の正則関数 θ を

$$\theta(\boldsymbol{z})=\sum_{\boldsymbol{m}\in\mathbb{Z}^N}\exp\{2\pi i\boldsymbol{m}\cdot\boldsymbol{z}+\pi i(T\boldsymbol{m},\boldsymbol{m})\}$$

で定める．これは**テータ関数**とよばれている．q は θ により

$$q(x)=-2\frac{d^2}{dx^2}\log\theta(x\alpha+\omega_0)+K \tag{4.31}$$

と表わせる．$\alpha,\omega_0\in\mathbb{R}^N$，$K\in\mathbb{R}$ で，$\{\alpha,K\}$ は Riemann 面 S のみに関係し，ω_0 は Dubrovin 方程式の初期値に関係している．このように与えられた q が周期的であるためには α と T の間に特別な関係が必要である．しかし定理 4.12 の Dubrovin 方程式の導出は，$\sigma(A)$ が N 個のスペクトルギャップからなり $\sigma(A)$ 上ポテンシャルが無反射であれば可能である．(4.31)はそのようなポテンシャルの一般形を与えている．

スペクトルギャップが無限個ある場合にも無限次の Dubrovin 方程式を導くことができるが，その解が(4.30)の形に表わせることが $\{\lambda_n,\mu_n\}$ についてある条件の下で示されている．ここでは $\mathbb{R}$ の区間列 $(-\infty,\mu_0)$, (λ_n,μ_n) $(n\geqq 1)$ がある周期的ポテンシャルのスペクトルギャップになる条件を与える定理を紹介しておく．

ここで $w(\lambda)$ の $\lambda\to-\infty$ での漸近的性質をみておこう．(4.25)より $\overline{q}=\int_0^l q(x)dx/l$ とおけば

$$\begin{aligned} w(\lambda)&=-\frac{1}{2}\times\frac{1}{l}\int_0^l R_\lambda(x,x)^{-1}dx \\ &=-\sqrt{-\lambda}-\frac{1}{2\sqrt{-\lambda}}\times\overline{q}+o(-\lambda)^{-1/2} \end{aligned} \tag{4.32}$$

となる．

そこで $\mathbb{C}_+$ から図 4.1 の第 2 象限の図形への等角写像で次の条件をみたすものを w_0 とする．

$$w_0(0)=0,\quad \sqrt{-\xi}\,w_0(\xi)\to-1\quad(\xi\to-\infty). \tag{4.33}$$

このような等角写像は一意的に定まり，対象にしている Floquet 指数は $w(\lambda)=w_0(\lambda+\lambda_0)$ となる．図 4.1 で点 $n\pi i/l$ から左に出ている線分の長さを γ_n とする．w_0 は $\{\gamma_n,\ n\geqq 1\}$ により一意的に決まっている．

$r=0,1,2,\cdots$ に対して $H(r)$ は周期が l で r 階までのすべての微係数が $L^2([0,l])$ に入る実関数全体を表わす．

定理 4.15（Marchenko–Ostrovsky）　$(-\infty,\mu_0)$，(λ_n,μ_n) $(n\geqq 1)$ が $H(r)$ のポテンシャル q のスペクトルギャップになるための必要十分条件は w_0 により次のようになることである．

$$\begin{cases} \lambda_n=\mu_0+w_0^{-1}(n\pi i/l-i0), \quad \mu_n=\mu_0+w_0^{-1}(n\pi i/l+i0) \quad (n\geqq 1) \\ \sum_{n=1}^{\infty}(n^{r+1}\gamma_n)^2<\infty . \end{cases}$$

□

概 Mathieu 作用素

$l^2(\mathbb{Z})$ 上の作用素

$$(Au)_n=u_{n+1}+u_{n-1}+\kappa\cos(\pi\alpha n+\omega)u_n$$

を概 Mathieu 作用素という．$\kappa=2$ のときは $\mathbb{Z}^2$ 上の磁場のある Schrödinger 作用素に関連して登場し Harper 作用素とよばれている．この作用素は典型的な概周期ポテンシャルで詳しく解析されている．α が無理数のとき A の Floquet 指数を $w_{\kappa,\alpha}$ とすると次の関係が知られている．

$$w_{\kappa,\alpha}(\lambda)=w_{4/\kappa,\alpha}(2\lambda/\kappa)-\log\kappa/2 \quad \textbf{(Aubry duality)}$$

これにより $\kappa>2$ なら $\gamma_{\kappa,\alpha}(\lambda)=-\mathrm{Re}\,w_{\kappa,\alpha}(\lambda)>0$ となり A は絶対連続スペクトルをもたないことが分かる．しかし α,ω により点スペクトルになったり特異連続スペクトルになったりすることが知られている．$0\leqq\kappa<2$ なら絶対連続スペクトルが現われるが他の成分が存在するかどうかは一般には分かっていない．$\kappa=2$ のときには非常に微妙で無理数 α に対するある条件の下で特異連続スペクトルになることが知られている．

このように概周期的なポテンシャルの場合にはスペクトルの性質が非常に多様になる．この解析には力学系，複素関数論，作用素環などいろいろな手法が用いられ数学的にも非常に興味深い．

《要約》

4.1 周期ポテンシャルの場合スペクトルを考察するための本質的な量はFloquet 指数である．

4.2 この Floquet 指数により周期ポテンシャルのスペクトルのみたす条件が記述できる．また Floquet 指数は概周期的ポテンシャルの場合にも定義可能でありスペクトルの重要な性質を反映している．

4.3 非対称的な境界値問題でも Floquet 指数は有効である．

演習問題

4.1 Floquet 指数 w は $\mathbb{C}_+$ から $w(\mathbb{C}_+)$ への等角写像であることを示せ．

4.2 境界値問題(4.18)の Green 関数 $R^{\rho}_{\lambda}(x,y)$ は，$L^2(\mathbb{R})$ 上の Green 関数 $R_{\lambda}(x,y)$ を使い

$$R^{\rho}_{\lambda}(x,y) = \sum_{n\in\mathbb{Z}} \rho^n R_{\lambda}(x, y+nl)$$

と表わせることを使い，$R^{\rho}_{\lambda}(x,y)$ の簡略な形を求めよ．

4.3 μ_0 を $\sigma(A)$ のスペクトルの下限とする．不等式

$$\mu_0 \leqq \frac{1}{l}\int_0^l q(x)\,dx$$

を示せ．また等号が成立するなら q は定数であることを示せ．

4.4 離散的な Schrödinger 作用素 $(Au)_n = u_{n+1} + u_{n-1} + q_n u_n$ で $\{q_n\}$ が周期 l をもつとき状態分布関数 n と Lyapunov 指数には次の関係があることを示せ．

$$\gamma(\lambda) = \int_{\mathbb{R}} \log|\xi - \lambda|\,dn(\xi)\,.$$

5 一般逆スペクトル問題

前章ではHill作用素の逆スペクトル問題を考察したが，この章では一般のSturm–Liouville作用素の逆スペクトル問題を対象にする．逆スペクトル問題は，実際に観測されるデータから現象を支配している方程式を求めるという現実的な問題から生じた．この問題は解析学，特に関数解析学の内容を豊かにしたが，関連するいくつかの事項について触れる．

内容は大きく分けて二つの部分よりなる．Schrödinger型作用素に対する逆スペクトル問題であるGelfand–Levitan理論と，拡散過程型作用素に対するKrein理論である．

§5.1　Schrödinger型作用素の逆スペクトル問題

Schrödinger型のSturm–Liouville作用素のスペクトル測度からポテンシャルを決める問題は1951年Gelfand–Levitanにより基本的な積分方程式が発見され大きく進展した．そしてMarchenko，Kreinらにより完成された．ここではその概要と逆散乱問題，KdV方程式への応用を述べる．

(a)　局所理論(Gelfand–Levitanの方法)

$[0,l)$ 上のSchrödinger型の作用素の場合に，スペクトル測度に付随した積分方程式よりポテンシャルは0より右に順に決まっていくので局所理論と呼ぶ．

$q(x)$ を $[0,l)$ $(l \leqq +\infty)$ 上の実連続関数とする．$\alpha \in \mathbb{R}$ に対して

$$\mathcal{D}(L) = \{\varphi \in C_0^1[0,l);\ \varphi'(0) = \alpha\varphi(0),\ \varphi'' \in \boldsymbol{H}\}$$
$$L\varphi = -\varphi'' + q\varphi, \quad \varphi \in \mathcal{D}(L)$$

とおく．ただし $\boldsymbol{H} = L^2([0,l), dx)$ である．第3章での $\varphi_\lambda(x)$ のかわりに方程式

$$(5.1) \qquad -f'' + qf = \lambda f, \quad f(0) = 1, \quad f'(0) = \alpha$$

の解 $\varphi_\lambda(x,\alpha)$ を用い $f \in \boldsymbol{H}_0$ (=台がコンパクトな $\boldsymbol{H}$ の元全体)に対し

$$\widehat{f}(\lambda) = \int_0^l f(x)\varphi_\lambda(x,\alpha)\,dx$$

とする．$\boldsymbol{V}(q,\alpha)$ を $\mathbb{R}$ 上の測度 σ で任意の $f \in \boldsymbol{H}_0$ に対して Parseval の等式

$$\int_0^l |f(x)|^2 dx = \int_{\mathbb{R}} |\widehat{f}(\xi)|^2 \sigma(d\xi)$$

をみたすもの全体とする．定理3.21では $\alpha = 0$ の場合に $\boldsymbol{V}(q,0)$ の構造を調べたが，$\alpha \neq 0$ のときも同様の結果が成立する．

ここで $\varphi_\lambda(x,\alpha)$ の $\cos\sqrt{\lambda}x$ による表現

$$\varphi_\lambda(x,\alpha) = \cos\sqrt{\lambda}x + \int_0^x K(x,t)\cos\sqrt{\lambda}t\,dt$$

の可能性についてみよう．

補題 5.1　q_1, q_2 は $[0,l)$ 上で C^1–級とし，$\alpha_1, \alpha_2 \in \mathbb{R}$ に対して対応する方程式(5.1)の解をそれぞれ $\varphi_\lambda(x,\alpha_1,q_1)$, $\varphi_\lambda(x,\alpha_2,q_2)$ とする．このとき $K(x,t)$ を微分方程式

$$(5.2) \qquad \begin{cases} K_{xx}(x,t) - q_2(x)K(x,t) = K_{tt}(x,t) - q_1(t)K(x,t) \\ K(x,x) = \alpha_2 - \alpha_1 + \dfrac{1}{2}\displaystyle\int_0^x (q_2(s) - q_1(s))\,ds \\ (K_t(x,t) - \alpha_1 K(x,t))\,|_{t=0} = 0 \end{cases}$$

の C^2–級の解とすると，$\varphi_\lambda(x,\alpha_2,q_2)$ は $\varphi_\lambda(x,\alpha_1,q_1)$ により

$$(5.3) \qquad \varphi_\lambda(x,\alpha_2,q_2) = \varphi_\lambda(x,\alpha_1,q_1) + \int_0^x K(x,t)\varphi_\lambda(t,\alpha_1,q_1)\,dt$$

と表現できる.

［証明］ 直接的な計算で確かめられるので略す. ∎

方程式(5.2)を解くために $\xi=x+t$, $\eta=x-t\geqq 0$ とおき,

$$N(\xi,\eta)=K(x,t)=K\Big(\frac{\xi+\eta}{2},\frac{\xi-\eta}{2}\Big)$$

とする. このとき(5.2)は

$$(5.4)\qquad \begin{cases} N_{\xi\eta}(\xi,\eta)=Q(\xi,\eta)N(\xi,\eta) \\ N(\xi,0)=\alpha_2-\alpha_1+\displaystyle\int_0^{\xi/2}q(s)\,ds \\ (N_\xi(\xi,\eta)-N_\eta(\xi,\eta)-\alpha_1 N(\xi,\eta))|_{\eta=\xi}=0 \end{cases}$$

と同値になる. ここで

$$Q(\xi,\eta)=\frac{1}{4}\Big(q_1\Big(\frac{\xi-\eta}{2}\Big)-q_2\Big(\frac{\xi+\eta}{2}\Big)\Big),\quad q(x)=\frac{1}{4}\Big(q_2\Big(\frac{x}{2}\Big)-q_1\Big(\frac{x}{2}\Big)\Big)$$

とした. (5.4)はさらに次の積分方程式と同値になる.

(5.5)

$$N(\xi,\eta)=(\alpha_2-\alpha_1)e^{-\alpha_1\eta}+2e^{-\alpha_1\eta}\int_0^\eta e^{\alpha_1 t}\Big(q(t)+\int_0^t Q(t,s)N(t,s)\,ds\Big)\,dt$$
$$+\int_\eta^\xi q(t)\,dt+\int_\eta^\xi dt\int_0^\eta Q(t,s)N(t,s)\,ds.$$

補題 5.2 積分方程式

$$(5.6)\qquad N(\xi,\eta)=N_0(\xi,\eta)+\int_0^\eta 2e^{\alpha_1(t-\eta)}dt\int_0^t Q(t,s)N(t,s)\,ds$$
$$+\int_\eta^\xi dt\int_0^\eta Q(t,s)N(t,s)\,ds$$

を領域 $D_l=\{(\xi,\eta)\in\mathbb{R}^2;\ 0\leqq\eta\leqq\xi,\ \eta+\xi<2l\}$ で考える. N_0 が D_l で連続ならば, (5.6)は一意的な連続解をもち, すべての $\xi\in[0,2l)$ に対して次の評価が成立する.

$$(5.7)\qquad \sup_{(t,s)\in D_\xi}|N(t,s)|\leqq\Big(\sup_{(t,s)\in D_\xi}|N_0(t,s)|\Big)\exp(A(\xi)\overline{Q}(\xi)),$$

ただし

$$A(\xi)=\left(1 \vee \sup_{0\leqq t\leqq \xi} 2e^{\alpha_1 t}\right), \quad \overline{Q}(\xi)=\sup_{(t,u)\in D_\xi}\int_0^u |Q(t,s)|\,ds\,.$$

［証明］　$n=1,2,\cdots$ に対して

$$(5.8)\qquad N_n(\xi,\eta)=\int_0^\eta 2e^{\alpha_1(t-\eta)}dt\int_0^t Q(t,s)N_{n-1}(t,s)\,ds + \int_\eta^\xi dt\int_0^\eta Q(t,s)N_{n-1}(t,s)\,ds$$

とおく．

$$\rho_n(\xi)=\sup_{(t,s)\in D_\xi}|N_n(t,s)| \quad (n=0,1,2,\cdots)$$

とすると，(5.8)より

$$\begin{aligned}|N_n(\xi,\eta)| &\leqq A(\eta)\int_0^\eta \rho_{n-1}(t)\overline{Q}(t)\,dt+\int_\eta^\xi \rho_{n-1}\left(\frac{\eta+t}{2}\right)\overline{Q}\left(\frac{\eta+t}{2}\right)dt\\ &= A(\eta)\int_0^\eta \rho_{n-1}(t)\overline{Q}(t)\,dt+\int_\eta^{\frac{\xi+\eta}{2}} \rho_{n-1}(t)\overline{Q}(t)\,dt\\ &\leqq A(\eta)\int_0^{\frac{\xi+\eta}{2}} \rho_{n-1}(t)\overline{Q}(t)\,dt\end{aligned}$$

となる．$(\xi,\eta)\in D_\zeta$ とすると $\eta<\zeta$ であるから上式より

$$\rho_n(\zeta)\leqq A(\zeta)\int_0^\zeta \rho_{n-1}(t)\overline{Q}(t)\,dt$$

が分かるが，これを繰り返して使うと

$$\begin{aligned}\rho_n(\zeta) &\leqq M(\zeta)\int_{0<t_1<t_2<\cdots<t_n<\zeta} M(t_2)\cdots M(t_n)\overline{Q}(t_1)\cdots\overline{Q}(t_n)\rho_0(t_1)\,dt_1\cdots dt_n\\ &\leqq A(\zeta)^n\rho_0(\zeta)\frac{1}{n!}\left(\int_0^\zeta \overline{Q}(t)\,dt\right)^n \quad (n=0,1,2,\cdots)\end{aligned}$$

を得る．したがって

$$\sup_{(t,s)\in D_\xi}|N(t,s)|\leqq \sum_{n=0}^\infty \rho_n(\xi)\leqq \rho_0(\xi)\,\exp\left(A(\xi)\int_0^\xi \overline{Q}(t)\,dt\right)$$

が分かる. ∎

定理 5.3 非負整数 n に対して $q\in C^n[0,l)$ ならば，方程式(5.1)の解 $\varphi_\lambda(x,\alpha)$ は $D=\{(x,t)\in\mathbb{R}^2;\ 0\leqq t\leqq x<l\}$ で $n+1$ 回連続的に微分可能な関数 $K(x,t), L(x,t)$ により，

$$\varphi_\lambda(x,\alpha)=\cos\sqrt{\lambda}\,x+\int_0^x K(x,t)\cos\sqrt{\lambda}\,t\,dt, \tag{5.9}$$

$$\cos\sqrt{\lambda}\,x=\varphi_\lambda(x,\alpha)+\int_0^x L(x,t)\varphi_\lambda(t,\alpha)\,dt \tag{5.10}$$

なる表現をもつ.

［証明］ 補題 5.2 より $q\in C^n[0,l)$ ならば方程式(5.5)の解 N は D_l で $n+1$ 回連続的に微分可能になる．したがって，$K(x,t)=N(x+t,x-t)$ は D で C^{n+1}–級になる．補題 5.1 より $n\geqq 1$ ならば $\varphi_\lambda(x,\alpha)$ が(5.9)の表現をもつことが分かる．$n=0$ のときは q を滑らかな関数で $[0,l)$ 上広義一様に近似すればよい．表現(5.10)についても同様である. ∎

さて $\sigma\in \boldsymbol{V}(q,\alpha)$ とすると系 3.18 より

$$\int_{\mathbb{R}}\frac{\varphi_\xi(x,\alpha)^2}{1+|\xi|}\sigma(d\xi)<\infty\quad(x\in[0,l))$$

であるから q が $[0,l)$ 上連続なら(5.10)より

$$\int_{\mathbb{R}}\frac{(\cos\sqrt{\xi}\,x)^2}{1+|\xi|}\sigma(d\xi)<\infty\quad(|x|<l)$$

となる．そこで

$$\phi(x)=\int_{\mathbb{R}}\frac{1-\cos\sqrt{\xi}\,x}{\xi}\sigma(d\xi)-|x|\quad(|x|<2l)$$

とおく．σ より ϕ は定まるが，$l<\infty$ ならば必ずしも $\phi(x)$ $(|x|<2l)$ より σ が一意的に決まるとは限らない．これは例題 2.56 の拡張の一意性，あるいは §3.4 のモーメント問題の一意性と深く関係している.

$q=0$, $\alpha=0$, $l=+\infty$ のとき $\sigma(d\xi)=(\pi\sqrt{\xi})^{-1}d\xi$ $(\xi>0)$ であるから，$\phi(x)=0$ となる.

補題 5.4 $q\in C^n[0,l)$ ならば ϕ について次のことが成立する.

（i）　$\phi \in C^{n+3}(-2l, 2l)$.

（ii）　$F(x,y) = \dfrac{1}{2}(\phi''(x+y)+\phi''(x-y))$ とおくと K は次をみたす.

$$K(x,y)+F(x,y)+\int_0^x F(y,t)K(x,t)dt = 0, \tag{5.11}$$

$$F(x,y) = L(x,y)+\int_0^y L(x,t)L(y,t)dt \quad (x \geqq y \geqq 0). \tag{5.12}$$

（iii）　$f \in L^2([0,a])$ $(a<l)$ が

$$f(y)+\int_0^a F(y,t)f(t)dt = 0, \quad \text{a.e.}\, y \in [0,a]$$

をみたすなら $f(y)=0$ a.e. $y \in [0,a]$ となる.

［証明］　まず(5.12)を示す.

$$F(x,y) = \frac{\partial^2}{\partial x \partial y}\frac{1}{2}\{\phi(x+y)-\phi(x-y)\}$$

に注意する．$x, y \geqq 0$ なら

(5.13)

$$\frac{1}{2}\{\phi(x+y)-\phi(x-y)\} = \int_{\mathbb{R}} \frac{\sin\sqrt{\xi}\,x}{\sqrt{\xi}} \times \frac{\sin\sqrt{\xi}\,y}{\sqrt{\xi}}\sigma(d\xi) - x \wedge y$$

である．一方，等式

$$\frac{\sin\sqrt{\xi}\,x}{\sqrt{\xi}} = \int_0^x \cos\sqrt{\xi}\,t\,dt$$

と(5.10)より

$$\frac{\sin\sqrt{\xi}\,x}{\sqrt{\xi}} = \widehat{1}_{[0,x]}(\xi)+\widehat{f}_x(\xi) \tag{5.14}$$

となる．ただし $f_x(s) = 1_{[0,x]}(s) \times \int_s^x L(t,s)dt$ であり，

$$\widehat{f}(\xi) = \int_0^l f(t)\varphi_\xi(t,\alpha)\,dt$$

とした．(5.14)を(5.13)に代入すれば Parseval の等式より

$$\frac{1}{2}\{\phi(x+y)-\phi(x-y)\} = \int_0^l 1_{[0,x]}(t)f_y(t)\,dt + \int_0^l 1_{[0,y]}(t)f_x(t)\,dt$$

$$+\int_0^l 1_{[0,x]}(t)1_{[0,y]}(t)f_x(t)f_y(t)\,dt$$

を得る．$q\in C^n[0,l)$ なら定理 5.3 より L は C^{n+1}-級である．したがって上式を x,y で微分すると表現(5.12)を得る．これは同時に(i)も示している．

そこで F,K,L を核とする $L^2([0,a])$ 上の積分作用素を再び F,K,L で表わす．F は対称作用素であり，K,L は Volterra 型である．(5.12)を作用素の形で表わすと

(5.15)　$$F=L+L^*+LL^*=(I+L)(I+L^*)-I\,.$$

一方(5.9), (5.10)より

$$\cos\sqrt{\lambda}x=\cos\sqrt{\lambda}x+\int_0^x K(x,t)\cos\sqrt{\lambda}t\,dt+\int_0^x L(x,t)\cos\sqrt{\lambda}t\,dt$$
$$+\int_0^x L(x,t)\Big(\int_0^t K(t,s)\cos\sqrt{\lambda}s\,ds\Big)dt$$

であるが，これはすべての $\lambda\in\mathbb{C}$ に対して

$$\int_0^x\{K(x,t)+L(x,t)+(LK)(x,t)\}\cos\sqrt{\lambda}t\,dt=0$$

と変形できる．ここで $(LK)(x,t)$ は作用素の積 LK の核である．$\{\ \}$ 内は t について連続であるから $K+L+LK=0$ を意味している．つまり

(5.16)　$$(I+L)(I+K)=I$$

となる．L,K は Volterra 型であるので $I+L, I+K$ は逆作用素をもつ．したがって(5.16)より

(5.17)　$$(I+K)(I+L)=I$$

もでる．(5.15)と(5.17)より $(I+K)F=(I+L^*)-(I+K)=L^*-K$ を得るが，これを核で表わすと(5.11)になる．

(iii)については，(5.15)より $I+F=(I+L)(I+L^*)$ であるが $I+L, I+L^*$ は逆作用素をもつので，$I+F$ も逆作用素をもつことになり，(iii)は自明である．∎

注意 5.5　作用素 F,K,L は関係

(5.18)　$$I+F=(I+L)(I+L^*),\quad (I+F)^{-1}=(I+K^*)(I+K)$$

をもつ．つまり $I+F$, $(I+F)^{-1}$ は Volterra 型作用素で分解できている．この形の分解は解析学においてしばしば現われる．確率論では正規過程の標準表現の問題において櫃田は共分散作用素に対してこの分解を示し，表現に応用した．積分方程式への応用については後に囲み記事で触れる．

さて σ が与えられたとき境界条件 α とポテンシャル q を決定するアルゴリズムを与えよう．そのため σ のみたすべき条件を述べておく．

(G–L)　$\mathbb{R}$ 上の測度 σ がすべての $x\in[0,2l)$ に対して

(5.19)
$$\int_{-\infty}^{0} e^{x\sqrt{-\xi}}\sigma(d\xi)<\infty,\quad \int_{0}^{\infty}\frac{\sigma(d\xi)}{1+\xi}<\infty$$

をみたし，任意の $a<l$ に対して

(5.20)
$$\int_{\mathbb{R}}\left|\int_0^a f(x)\cos\sqrt{\xi}\,x\,dx\right|^2\sigma(d\xi)=0,\quad f\in L^2([0,a])\implies f(x)=0\quad \text{a.e.}$$

となる．

(5.19)をみたす σ に対して ϕ を次のように定める．

$$\phi(x)=\int_{\mathbb{R}}\frac{1-\cos\sqrt{\xi}\,x}{\xi}\sigma(d\xi)-|x|\quad(|x|<2l).$$

定理 5.6　$\mathbb{R}$ 上の測度 σ がある $q\in C^n[0,l)$ に対し $\sigma\in \boldsymbol{V}(q,\alpha)$ となるための必要十分条件は σ が条件(G–L)をみたし，$\phi\in C^{n+3}(-2l,2l)$ となることである．さらにこのとき $F(x,y)=\dfrac{1}{2}(\phi''(x+y)+\phi''(x-y))$ とおき K を方程式(**Gelfand–Levitan 方程式**)

$$K(x,y)+F(x,y)+\int_0^x F(y,t)K(x,t)\,dt=0\quad(0\leqq x<l)$$

の解とすると，K は唯一つ存在し $D=\{(x,y)\in\mathbb{R}^2;\ 0\leqq y\leqq x<l\}$ で C^{n+1}–級になり，$\alpha=K(0,0)=-F(0,0)$, $q(x)=2\dfrac{d}{dx}K(x,x)$ とおくと $\sigma\in\boldsymbol{V}(q,\alpha)$ となる．

[証明]　条件(5.20)と補題 5.4 の(iii)が同値であることを示そう．台が $[-a,a]$ に入る L^2–関数 f に対して

$$\widetilde{f}(\xi)=\frac{1}{2}\int_{\mathbb{R}}e^{i\xi x}f(x)\,dx=\frac{1}{2}\int_{-a}^{a}e^{i\xi x}f(x)\,dx$$

とおく．$f\in L^2([0,a])$ に対して $[-a,a]$ に偶関数として拡張して $\mathbb{R}\backslash[-a,a]$ では 0 としたものを再び f で表わすと

$$\widetilde{f}(\xi)=\int_0^a f(x)\cos\xi x\,dx$$

となる．ここで以下の等式を示す．

(5.21)

$$\int_0^a|f(y)|^2dy+\int_0^a\int_0^a F(y,t)f(y)\overline{f(t)}\,dydt=\int_{\mathbb{R}}|\widetilde{f}(\sqrt{\xi})|^2\sigma(d\xi)\,.$$

まず f は滑らかで台が $[0,a)$ に含まれるとすると

$$\begin{aligned}\int_0^a F(y,t)f(t)\,dt&=\frac{\partial^2}{\partial y^2}\int_0^a\frac{1}{2}(\phi(y+t)+\phi(y-t))f(t)\,dt\\&=\frac{\partial^2}{\partial y^2}\int_{\mathbb{R}}\left(\int_0^a\frac{1-\cos\sqrt{\xi}\,y\cos\sqrt{\xi}\,t}{\xi}f(t)\,dt\right)\sigma(d\xi)\\&\quad-\frac{\partial^2}{\partial y^2}\int_0^a(y\vee t)f(t)\,dt\\&=\frac{\partial^2}{\partial y^2}\left\{\frac{\sigma(\{0\})}{2}\int_0^a(y^2+t^2)f(t)\,dt\right.\\&\quad\left.+\int_{\xi\neq 0}\frac{\widetilde{f}(0)-\widetilde{f}(\sqrt{\xi})\cos\sqrt{\xi}\,y}{\xi}\sigma(d\xi)\right\}-f(y)\\&=\int_{\mathbb{R}}\widetilde{f}(\sqrt{\xi})\cos\sqrt{\xi}\,y\sigma(d\xi)-f(y)\end{aligned}$$

となるが，両辺に $\overline{f(y)}$ をかけて積分すると(5.21)を得る．次に $f\in L^2([0,a])$ とする．この f を $\mathbb{R}\backslash[0,a]$ に偶関数として上のように拡張する．ρ_ε を台が $(-\varepsilon,\varepsilon)$ に含まれる滑らかな非負偶関数で $\mathbb{R}$ 上の積分が 1 になるものとする．$f_\varepsilon=f*\rho_\varepsilon$ とすると f_ε は台が $(-\varepsilon-a,\varepsilon+a)$ に含まれる滑らかな偶関数になる．したがって等式(5.21)が a を $a+\varepsilon$ に替えて成立する．$\widetilde{f_\varepsilon}(\xi)=\widetilde{\rho_\varepsilon}(\xi)\widetilde{f}(\xi)$ であるから $|\widetilde{f_\varepsilon}(\xi)|\leqq|\widetilde{f}(\xi)|$ となるが，$\widetilde{f}(\sqrt{\xi})\in L^2(\sigma)$ となることは Fatou の補題より自明であり，また $\xi<0$ に対しては Schwarz の不等式より $|\widetilde{f}(\sqrt{\xi})|\leqq$

$ce^{a\sqrt{-\xi}}$ となるので，結局一般の f についても(5.21)が成立する．(5.21)より(5.20)と補題5.4の(iii)の同値性は自明である．したがって補題5.4より $q\in C^n[0,l)$ ならスペクトル測度 σ が条件(G–L)と $\phi\in C^{n+3}(-2l,2l)$ をみたすことが分かる．

逆に $\mathbb{R}$ 上の測度 σ が条件(G–L)と $\phi\in C^{n+3}(-2l,2l)$ をみたすとする．$x\in[0,l)$ を固定して方程式(5.11)を考える．核 $F(y,t)$ をもつ $L^2([0,x])$ 上の Fredholm 型の積分作用素を F とすると F はコンパクト作用素になるが，条件(G–L)と(5.21)より $\mathrm{Ker}(I+F)=\{0\}$ である．したがって命題2.30より方程式(5.11)は唯一つの L^2–解 $K(x,\cdot)$ をもつ．$F(x,y)$ が C^{n+1}–級ならば $K(x,y)$ も D で C^{n+1}–級になることは容易に分かる．まず $n\geqq 1$ の場合を考える．このとき

$$J(x,y)=F(x,y)+K(x,y)+\int_0^x K(x,t)F(t,y)\,dt$$

とおき $J_{xx}-J_{yy}-q(x)J$ を計算する．$F_{xx}=F_{yy}$，$F_y(x,0)=0$ に注意すると

$$0=J_{xx}-J_{yy}-q(x)J=f_x(y)+\int_0^x F(t,y)f_x(t)\,dt$$

となる．ただし $f_x(y)=K_{xx}(x,y)-K_{yy}(x,y)-q(x)K(x,y)$ とした．(5.20)と(5.21)より $f_x(y)=0$ $(0\leqq y\leqq x)$ が分かる．$K_y(x,0)=0$ も分かるので補題5.1より

$$\varphi_\lambda(x,\alpha)=\cos\sqrt{\lambda}\,x+\int_0^x K(x,y)\cos\sqrt{\lambda}\,y\,dy \tag{5.22}$$

は方程式(5.1)の解になる．$n=0$ のときは σ を

$$\sigma_k(d\xi)=\begin{cases}\sigma(d\xi), & d\xi\subset(-\infty,k]\\ (\pi\sqrt{\xi})^{-1}d\xi, & d\xi\subset[k,\infty)\end{cases}$$

で近似すれば上の φ_λ が(5.1)の解になることが示せる．この φ_λ と σ に対する Parseval の等式は，$f\in\boldsymbol{H}_0$ のとき(5.22)より

$$\widehat{f}(\lambda)=\widetilde{f}(\sqrt{\lambda})+\widetilde{K^*f}(\sqrt{\lambda})$$

が分かるので等式(5.21)より

$$\int_{\mathbb{R}} |\widehat{f}(\xi)|^2 \sigma(d\xi) = \int_{\mathbb{R}} |\widetilde{f+K^*f}(\sqrt{\xi})|^2 \sigma(d\xi)$$
$$= (f+K^*f, f+K^*f) + (F(f+K^*f), f+K^*f)$$
$$= ((I+K)(I+F)(I+K^*)f, f)$$

となる．しかし(5.18)より $(I+K)(I+F)(I+K^*) = I$ がでるので Parseval の等式を得る． ∎

(5.19)をみたす $\mathbb{R}$ 上の測度 σ に対して

(5.23) $$\phi_0(x) = \int_{\mathbb{R}} \frac{1-\cos\sqrt{\xi}x}{\xi} \sigma(d\xi) \quad (|x| < 2l)$$

とおく．

$$\frac{1}{2}(\phi_0(x+y) - \phi_0(x-y)) = \int_{\mathbb{R}} \frac{\sin\sqrt{\xi}x}{\sqrt{\xi}} \times \frac{\sin\sqrt{\xi}y}{\sqrt{\xi}} \sigma(d\xi)$$

であるから左辺を $G(x,y)$ とおくと G は $(-l,l)^2$ で正定値実連続関数である．逆に $(-2l,2l)$ 上の実連続関数 ϕ_0 に対して上の G が $(-l,l)^2$ で正定値ならば，ϕ_0 は(5.19)をみたすある測度により表現(5.23)をもつことが例題 2.56 と同様にして分かる．この ϕ_0 に対してその表現測度全体を $\boldsymbol{V}(\phi_0)$ とする．

さて，$q \in C[0,l)$, $\alpha \in \mathbb{R}$ に対して $\varphi_\lambda(x,\alpha)$ をつくり，(5.10)により $L(x,y)$ $(0 \leqq y \leqq x < l)$ を定義し，(5.12)により対称関数 $F(x,y)$ $(0 \leqq x, y < l)$ を導入する．定理 5.6 により F はある $\phi(x) = \phi_0(x) - |x|$ $(|x| < 2l)$ により

$$F(x,y) = \frac{1}{2}(\phi''(x+y) + \phi''(x-y))$$

と表わせる．定理 5.6 はさらに

(5.24) $$\boldsymbol{V}(q,\alpha) = \boldsymbol{V}(\phi_0)$$

も主張している．したがって l が q に対して極限点型であることと $\#\boldsymbol{V}(\phi_0) = 1$ とは同値である．このときは L の自己共役拡大は唯一つであり，それは ϕ より一意的に決まる．しかし l が q に対して極限円型ならば L の自己共役拡大は無数にあるが，どの自己共役拡大に対応するスペクトル測度 σ も同じ ϕ の表現測度になる．したがって ϕ_0 から L の自己共役拡大を決めることはできない．$\#\boldsymbol{V}(\phi_0) \geqq 2$ のときの逆スペクトル問題は次のようになる．

条件(G–L)をみたす $\mathbb{R}$ 上の測度 σ に対して次の性質を定義する．

(O)　$\left\{\sum_{i=1}^{n} a_i \frac{\sin\sqrt{\xi}\,x_i}{\sqrt{\xi}}\,;\ |x_i|<l,\ a_i\in\mathbb{C}\right\}$ は $L^2(\sigma)$ で稠密である．

定理 5.7　$\#\boldsymbol{V}(\phi_0)\geqq 2$ とする．$\phi\in C^{n+3}(-2l,2l)$ とし，ϕ を表現する測度 σ が条件(G–L)と(O)をみたすとすると，σ は $\mathbb{R}$ 上の離散的測度である．つまり増大する実数列 $\{\lambda_n\}$ と正数列 $\{\alpha_n\}$ により

$$\sigma(d\xi)=\sum_{n=-\infty}^{\infty}\alpha_n\delta_{\{\lambda_n\}}(d\xi)$$

となる．定理 5.6 により構成される $q\in C^n[0,l)$ に対して l は極限円型になり，σ は L のある自己共役拡大 A のスペクトル測度になる．$\{\lambda_n\}$ は A の固有値全体と一致する．A の l での境界条件は $[\varphi_{\lambda_n}(\cdot,\alpha),f_0](l)=0$ をみたす f_0 $(f_0(x)=\varphi_0(x)+\kappa\psi_0(x))$ を見出すことにより決まる．

［証明］　定理 5.6 により α と $q(x)$ $(0\leqq x<l)$ は ϕ より一意的に定まる．$\sigma\in\boldsymbol{V}(q,\alpha)$ であるが，$f\in\boldsymbol{H}_0$ に対して

$$\widehat{f}(\lambda)=\int_0^l f(x)\varphi_\lambda(x,\alpha)\,dx=\widetilde{f+K^*f}(\sqrt{\lambda})$$

であるから $g\in L^2(\sigma)$ が $\int_{\mathbb{R}}\widehat{f}(\xi)g(\xi)\sigma(d\xi)=0$ をみたすなら

$$0=\int_{\mathbb{R}}\widehat{f}(\xi)g(\xi)\sigma(d\xi)=\int_{\mathbb{R}}\widetilde{f+K^*f}(\sqrt{\xi})g(\xi)\sigma(d\xi)$$

となる．$\varphi=f+K^*f$ とすると $\varphi\in\boldsymbol{H}_0$ であるが，逆に $\varphi\in\boldsymbol{H}_0$ とすると $\varphi=f+K^*f$ となる $f\in\boldsymbol{H}_0$ が一意的に存在する．したがって任意の $\varphi\in\boldsymbol{H}_0$ に対して $\int_{\mathbb{R}}\widetilde{\varphi}(\sqrt{\xi})g(\xi)\sigma(d\xi)=0$ となる．さらに φ が C^1–級なら部分積分により

$$\widetilde{\varphi}(\sqrt{\xi})=\int_0^l\varphi(x)\cos\sqrt{\xi}\,x\,dx=-\int_0^l\varphi'(x)\frac{\sin\sqrt{\xi}\,x}{\sqrt{\xi}}dx$$

であるから $\varphi'(x)$ を $\delta_y(x)$ $(|y|<l)$ に近づけることにより

$$\int_{\mathbb{R}}g(\xi)\frac{\sin\sqrt{\xi}\,y}{\sqrt{\xi}}\sigma(d\xi)=0\quad(|y|<l)$$

が分かる．したがって性質(O)により $g(\xi)=0$ a.e. σ となる．よって定理 3.21 の(ii)よりこの σ は L のある自己共役拡大のスペクトル測度になる．残

りの部分は定理 3.12 の(ii)による. ∎

注意 5.8　0 での境界条件が $\alpha=\infty$，つまり Dirichlet 境界条件のときは $\varphi_\lambda(x,\infty)$ を

$$-f''+qf=\lambda f,\quad f(0)=0,\quad f'(0)=1$$

の解とし，σ を L のある自己共役拡大のスペクトル測度とすると

$$\int_{-\infty}^0 e^{x\sqrt{-\xi}}\sigma(d\xi)<\infty\ (0\leqq x<2l),\qquad \int_{\mathbb{R}}\frac{\sigma(d\xi)}{1+\xi^2}<\infty$$

となる. ϕ に対応するものとして

$$\phi(x,y)=\int_{\mathbb{R}}\frac{(1-\cos\sqrt{\xi}\,x)(1-\cos\sqrt{\xi}\,y)}{\xi^2}\sigma(d\xi)-|x|\wedge|y|\quad (|x|,|y|<l)$$

とおく. F に対応するものとしては

$$G(x,y)=\frac{\partial^2\phi(x,y)}{\partial x\partial y}$$

とする. 定理 5.6 と 5.7 に相当する定理がこの場合にも

$$\cos\sqrt{\xi}\,x\to\sin\sqrt{\xi}\,x/\sqrt{\xi},\quad \varphi_\lambda(x,\alpha)\to\varphi_\lambda(x,\infty)$$

とすることにより成立する.

定理 5.6 で核 F に関する Gelfand–Levitan 方程式を解くことによりポテンシャル q が求められているが，q のもう少し直接的な表現を導くことを考える. 以下では少し作用素論を使うが必要な部分は巻末にあげた参考書(Gohberg–Krein)を参照してほしい.

$F(x,y)$ を $[0,a]^2$ 上の連続関数でそれを核とする $L^2([0,a])$ 上の Fredholm 型積分作用素を F とする. $I+F$ が有界な逆作用素 $I+\Gamma$ をもつとすると，Fredholm の積分方程式論により Γ も連続な核 $\Gamma(x,y)$ をもつ Fredholm 型積分作用素になることが分かっている. さらに任意の $0\leqq b\leqq a$ に対して F_b を F を $L^2([0,b])$ に制限した作用素とするとき $I+F_b$ が有界な逆作用素 $I+\Gamma_b$ をもつと仮定する. そこで $b\leqq a$ に対して方程式

$$F(x,b)+f(x)+\int_0^b F(x,y)f(y)\,dy=0 \tag{5.25}$$

の唯一つの解 f を $K(b,x)$ とする. K は $\{(b,x)\in\mathbb{R}^2;\ 0\leqq x\leqq b\leqq a\}$ で連続

関数になる.

補題 5.9　上の条件のもとで次の等式が成立する.

$$K(b,b) = -\frac{d}{db}\log\det(I+F_b).$$

［証明］（5.25）は

$$F(bx,b)+f(bx)+\int_0^1 bF(bx,by)f(by)\,dy = 0 \quad (0 \leqq x \leqq 1)$$

と同値であるから，$F^b(x,y) = bF(bx,by)$ とおき，その逆作用素を $I+\Gamma^b$ とすると

$$(5.26)\quad K(bx,b) = -F(bx,b) - \int_0^1 \Gamma^b(x,y)F(by,b)\,dy$$
$$= -b^{-1}F^b(x,1) - b^{-1}\int_0^1 \Gamma^b(x,y)F^b(y,1)\,dy$$
$$= b^{-1}\Gamma^b(x,1)$$

となる．最後の等式はレゾルベント方程式

$$F^b+\Gamma^b+F^b\Gamma^b = F^b+\Gamma^b+\Gamma^bF^b = 0$$

より出る．一方 $(T_bf)(x) = f(bx)$ $(0 \leqq x \leqq 1)$ とおくと $F_b = T_b^{-1}F^bT_b$ が成立するので

$$\det(I+F_b) = \det\{T_b^{-1}(I+F^b)T_b\} = \det(I+F^b)$$

となる．したがって

(5.27)

$$\frac{d}{db}\log\det(I+F_b) = \frac{d}{db}\log\det(I+F^b) = \mathrm{tr}\left\{(I+F^b)^{-1}\frac{\partial F^b}{\partial b}\right\}$$
$$= \int_0^1 \frac{\partial F^b}{\partial b}(x,x)\,dx + \int_0^1\int_0^1 \Gamma^b(x,y)\frac{\partial F^b}{\partial b}(y,x)\,dxdy$$

が分かる．第2の等式では跡族に属する作用素 A に対して $I+A$ が有界な逆をもてば

$$\log\det(I+A) = \mathrm{tr}\,\log(I+A)$$

$$= \mathrm{tr}\left\{\frac{1}{2\pi i}\int_C (\lambda - A)^{-1}\log(1+\lambda)d\lambda\right\}$$

と積分表示できることにより分かる．ただし C は A のスペクトルを含む $\mathbb{C}$ 内の閉曲線である．ここで関係式

$$\frac{\partial F^b}{\partial b}(x,y) = b^{-1}(F^b(x,y) + xF_x^b(x,y) + yF_y^b(x,y))$$

に注意すれば

(5.28)

$$b\int_0^1 \frac{\partial F^b}{\partial b}(x,x)\,dx = \int_0^1 F^b(x,x)\,dx + \int_0^1 x(F_x^b(x,x) + F_y^b(x,x))\,dx$$

となる．さらに

(5.29)

$$\begin{aligned} &b\int_0^1\int_0^1 \Gamma^b(x,y)\frac{\partial F^b}{\partial b}(y,x)\,dxdy \\ &= \int_0^1\int_0^1 \Gamma^b(x,y)F^b(y,x)\,dxdy + \int_0^1\int_0^1 y\Gamma^b(x,y)F_x^b(y,x)\,dxdy \\ &\quad + \int_0^1\int_0^1 x\Gamma^b(x,y)F_y^b(y,x)\,dxdy \end{aligned}$$

であるから(5.28)と(5.29)の右辺を合わせると(5.27)より

$$\begin{aligned} &b\frac{d}{db}\log\det(I+F_b) \\ &= \mathrm{tr}(F^b + \Gamma^b F^b) + \int_0^1 x\Big(F_x^b(x,x) + \int_0^1 F_x^b(x,y)\Gamma^b(y,x)dy\Big)dx \\ &\quad + \int_0^1 x\Big(F_y^b(x,x) + \int_0^1 \Gamma^b(x,y)F_y^b(y,x)dy\Big)\,dx \\ &= -\int_0^1 \Gamma^b(x,x)\,dx - \int_0^1 x\Gamma_x^b(x,x)\,dx - \int_0^1 x\Gamma_y^b(x,x)\,dx \\ &= -\int_0^1 \Gamma^b(x,x)\,dx - \int_0^1 x\frac{d}{dx}\Gamma^b(x,x)\,dx \\ &= -\Gamma^b(1,1) \end{aligned}$$

を得る．第2の等式ではレゾルベント方程式を使った．したがって(5.26)より目的の等式が分かる． ▮

定理 5.10　$q\in C[0,l)$ とするとポテンシャル q はそのスペクトル測度 σ より F を通じて次のように表わせる．

$$q(x)=-2\frac{d^2}{dx^2}\log\det(I+F_x)\,.$$

ここで F_x は核 F をもつ $L^2([0,x])$ 上の Fredholm 型積分作用素である．

例題 5.11　$l=+\infty$, $\alpha=0$, $q(x)\equiv 0$ に対するスペクトル測度は $(\pi\sqrt{\xi})^{-1}d\xi$ $(\xi>0)$ であるが，スペクトル測度 σ が

$$\sigma(d\xi)=(\pi\sqrt{\xi})^{-1}d\xi+\sum_{j=1}^{n}\sigma_j\delta_{\{\xi_j\}}(d\xi)\quad(\sigma_j>0,\ \xi_j\in\mathbb{R})$$

となる q は以下のようになることを示せ．

$$q(x)=-2\frac{d^2}{dx^2}\log\det(I+A(x)),\quad A(x)=(a_{ij}(x))_{1\leqq i,j\leqq n}\,,$$

$$a_{ij}(x)=\frac{1}{2}\sqrt{\sigma_i\sigma_j}\left(\frac{\sin(\sqrt{\xi_i}+\sqrt{\xi_j})x}{\sqrt{\xi_i}+\sqrt{\xi_j}}+\frac{\sin(\sqrt{\xi_i}-\sqrt{\xi_j})x}{\sqrt{\xi_i}-\sqrt{\xi_j}}\right).$$

［解］　σ に対応する ϕ は

$$\phi(x)=\sum_{j=1}^{n}\frac{1-\cos\sqrt{\xi_j}\,x}{\xi_j}\sigma_j$$

である．したがって

$$F(x,y)=\frac{1}{2}(\phi''(x+y)+\phi''(x-y))=\sum_{j=1}^{n}(\cos\sqrt{\xi_j}\,x\cos\sqrt{\xi_j}\,y)\sigma_j$$

となる．この場合作用素 F_x は $n\times n$ の対称行列 $\{(f_i,f_j)_x\}$ と同一視できる．ただし

$$(f,g)_x=\int_0^x f(y)\overline{g(y)}\,dy,\quad f_i(y)=\sqrt{\sigma_i}\cos\sqrt{\xi_i}\,y$$

である．$(f_i,f_j)_x=a_{ij}(x)$ となるので定理 5.10 により $q(x)$ が求まる．α は $-F(0,0)=-\sum_{j=1}^{n}\sigma_j$ で与えられる． ▮

注意 5.12 定理 5.6, 5.7 より $\{\alpha, q\}$ と σ したがって $h(\lambda)$ とは 1 対 1 に対応していることが分かる. q の定義域が原点の両側に延びている場合には $\{q(x),\ l_- < x < l_+\}$ と $\{h_+, h_-\}$ が 1 対 1 に対応していることも結論される.

(b) 逆散乱問題

物理的には観測できるものは, σ (または h) ではなく次の散乱行列とよばれるもので, ポテンシャルの影響が稀薄な場合に, 無限遠から系に入ってきた量子力学的粒子がポテンシャルと相互作用して再び無限遠に飛び去ってゆく状況で実験にかかるデータである. ここではこの散乱行列からポテンシャルを導出する方法について概略を述べる.

$\mathbb{R}$ 上の実可測関数 q が可積分性の条件

$$\int_{\mathbb{R}} (1+|x|)\,|q(x)|\,dx < \infty \tag{5.30}$$

をみたすとする. このとき $\kappa \in \mathbb{R}$ に対して漸近挙動

$$\begin{aligned} \psi_1(x,\kappa) &\sim \begin{cases} e^{i\kappa x} + s_{12}(\kappa)e^{-i\kappa x}, & x \to -\infty \\ s_{11}(\kappa)e^{i\kappa x}, & x \to +\infty \end{cases} \\ \psi_2(x,\kappa) &\sim \begin{cases} s_{22}(\kappa)e^{-i\kappa x}, & x \to -\infty \\ e^{-i\kappa x} + s_{21}(\kappa)e^{i\kappa x}, & x \to +\infty \end{cases} \end{aligned} \tag{5.31}$$

をもつ $-f''+qf = \kappa^2 f$ の解 ψ_1, ψ_2 に対して定義される 2×2 行列

$$S(\kappa) = (s_{ij}(\kappa))_{1 \leqq i,j \leqq 2}$$

を**散乱行列** (scattering matrix) という. $s_{21}(\kappa), s_{12}(\kappa)$ をそれぞれ右, 左**反射係数** (reflection coefficient), $s_{11}(\kappa)$ $(= s_{22}(\kappa)$, 後に示す) を**透過係数** (transmission coefficient) という. (5.31) をみたす解の存在を示そう. そのために $\zeta \in \overline{\mathbb{C}_+}$ に対して

$$f_+(x,\zeta) = e^{i\zeta x}\left(1 + \int_0^\infty K_+(x,t)e^{2i\zeta t}dt\right) \tag{5.32}$$

の形の解をさがす. K_+ を積分方程式

$$K_+(x,t) = \int_{x+t}^{\infty} q(s)\,ds + \int_0^t \Bigl(\int_{x+t-s}^{\infty} q(u)K_+(u,s)\,du\Bigr)ds$$

の解とする．この方程式は逐次近似により解け唯一の解をもつ．ある定数 C により $x,t \geqq 0$ のとき評価

(5.33)

$$\begin{cases} |K_+(x,t)| \leqq CA_+(x+t) \\ \left|\dfrac{\partial K_+}{\partial x}(x,t)+q(x+t)\right| + \left|\dfrac{\partial K_+}{\partial t}(x,t)+q(x+t)\right| \leqq CA_+(x)A_+(x+t) \end{cases}$$

$$\text{ただし}\ A_+(x) = \int_x^{\infty} |q(t)|\,dt$$

をもつことも容易に分かる．q が C^n–級なら K_+ は C^{n+1}–級になる．$n \geqq 1$ なら K_+ は方程式

$$(5.34) \qquad \begin{cases} \left(\dfrac{\partial^2}{\partial x^2} - \dfrac{\partial^2}{\partial x \partial y}\right)K_+ = q(x)K_+ \\ q(x) = -\dfrac{\partial K_+}{\partial x}(x,0) \end{cases}$$

をみたすことが分かり，(5.32)の f_+ は

$$(5.35) \qquad -f'' + qf = \zeta^2 f$$

の解になる．評価(5.33)より f_+ は $\zeta \in \overline{\mathbb{C}_+}$ に対して

$$(5.36) \qquad \begin{cases} \left|f_+(x,\zeta) - e^{ix\zeta} + \dfrac{1}{2i\zeta}e^{ix\zeta}\displaystyle\int_x^{\infty} q(t)\,dt\right| \leqq \dfrac{C}{|\zeta|}e^{-x\operatorname{Im}\zeta}A_+(x) \\ \left|f_+'(x,\zeta) - i\zeta e^{ix\zeta} + \dfrac{1}{2}e^{ix\zeta}\displaystyle\int_x^{\infty} q(t)\,dt\right| \leqq Ce^{-x\operatorname{Im}\zeta}A_+(x) \end{cases}$$

をみたす．f_+ と同様に解 f_- も $\zeta \in \overline{\mathbb{C}_+}$ に対して

$$(5.37) \qquad \begin{cases} \left|f_-(x,\zeta) - e^{-ix\zeta} + \dfrac{1}{2i\zeta}e^{-ix\zeta}\displaystyle\int_{-\infty}^{x} q(t)\,dt\right| \leqq Ce^{x\operatorname{Im}\zeta}A_-(x) \\ \left|f_-'(x,\zeta) + i\zeta e^{-ix\zeta} - \dfrac{1}{2}e^{-ix\zeta}\displaystyle\int_{-\infty}^{x} q(t)\,dt\right| \leqq Ce^{x\operatorname{Im}\zeta}A_-(x) \end{cases}$$

$$\text{ただし } A_-(x) = \int_{-\infty}^{x} |q(t)|dt$$

をみたす(5.35)の解として定義できる．$f_\pm(x,\zeta)$ を **Jost 解**という．$\zeta=\kappa\in\mathbb{R}\backslash\{0\}$ のときは $\{f_+(x,\kappa), f_+(x,-\kappa)\}$, $\{f_-(x,\kappa), f_-(x,-\kappa)\}$ が(5.35)の一次独立な解になるので，ある $a(\kappa)$, $b(\kappa)\in\mathbb{C}$ があり

$$(5.38)\qquad \begin{cases} f_+(x,\kappa) = a(\kappa)f_-(x,-\kappa)+b(\kappa)f_-(x,\kappa) \\ f_-(x,\kappa) = a(\kappa)f_+(x,-\kappa)-b(-\kappa)f_+(x,\kappa) \end{cases}$$

となる．ここで

$$a(\kappa) = \frac{[f_+(\cdot,\kappa), f_-(\cdot,\kappa)]}{[f_-(\cdot,-\kappa), f_-(\cdot,\kappa)]}, \quad b(\kappa) = \frac{[f_+(\cdot,\kappa), f_-(\cdot,-\kappa)]}{[f_-(\cdot,\kappa), f_-(\cdot,-\kappa)]}$$

であるが(5.36), (5.37)より

$$\begin{aligned}[f_-(\cdot,-\kappa), f_-(\cdot,\kappa)] &= f_-(x,-\kappa)f_-'(x,\kappa)-f_-'(x,-\kappa)f_-(x,\kappa) \\ &= e^{ix\kappa}(-i\kappa)e^{-ix\kappa}-i\kappa e^{ix\kappa}e^{-ix\kappa} = -2i\kappa\end{aligned}$$

であるから $a(\kappa)$, $b(\kappa)$ はそれぞれ

$$(5.39)\qquad \begin{cases} a(\kappa) = \dfrac{1}{2i\kappa}(f_+'(0,\kappa)f_-(0,\kappa)-f_+(0,\kappa)f_-'(0,\kappa)) \\[2ex] b(\kappa) = \dfrac{1}{2i\kappa}(f_-'(0,-\kappa)f_+(0,\kappa)-f_-(0,-\kappa)f_+'(0,\kappa)) \end{cases}$$

である．次の補題が成立する．

補題 5.13 $\kappa\in\mathbb{R}\backslash\{0\}$ のとき

(i) $1+|b(\kappa)|^2 = |a(\kappa)|^2, \quad a(\kappa) = \overline{a(-\kappa)}, \quad b(\kappa) = \overline{b(-\kappa)}$.

(ii) 散乱行列 $(s_{ij}(\kappa))$ は次のようになる．

$$\begin{cases} s_{11}(\kappa) = s_{22}(\kappa) = a(\kappa)^{-1}, \\ s_{12}(\kappa) = b(\kappa)a(\kappa)^{-1}, \quad s_{21}(\kappa) = -b(-\kappa)a(\kappa)^{-1}. \end{cases}$$

[証明] 関係式 $\overline{f_\pm(x,\kappa)} = f_\pm(x,-\kappa)$ より $a(\kappa)=\overline{a(-\kappa)}$, $b(\kappa)=\overline{b(-\kappa)}$ は自明である．また(5.38)より

$$\begin{aligned}2i\kappa = [f_+(\cdot,-\kappa), f_+(\cdot,\kappa)] &= a(\kappa)a(-\kappa)[f_-(\cdot,\kappa), f_-(\cdot,-\kappa)]\\ &\quad +b(\kappa)b(-\kappa)[f_-(\cdot,-\kappa), f_-(\cdot,\kappa)]\\ &= 2i\kappa(|a(\kappa)|^2-|b(\kappa)|^2)\end{aligned}$$

となり(i)がでる．(ii)は $f_\pm$ の漸近挙動(5.36)，(5.37)より自明である． ∎

注意 5.14　散乱行列 $S(\kappa)=(s_{ij}(\kappa))$ は a, b の性質(i)よりユニタリー行列になる．

ここでさらに $a(\kappa)$, $b(\kappa)$ の性質を調べておく．

補題 5.15　ポテンシャル q が条件(5.30)をみたすとき

(i)　$a(\kappa)$, $b(\kappa)$ はそれぞれ $\mathbb{R}_+$, $\mathbb{R}$ 上の実可積分関数 $\alpha(t)$, $\beta(t)$ により次のように表現できる．

$$\begin{cases} a(\kappa) = 1-(2i\kappa)^{-1}\left\{\int_{\mathbb{R}} q(t)\,dt + \int_{\mathbb{R}_+} e^{2i\kappa t}\alpha(t)\,dt\right\} \\ b(\kappa) = (2i\kappa)^{-1}\int_{\mathbb{R}} e^{2i\kappa t}\beta(t)\,dt\,. \end{cases}$$

(ii)　$a(\kappa)$ は $\mathbb{C}_+$ に正則関数 $a(\zeta)$ として拡張できるが，$a(\zeta)$ の $\overline{\mathbb{C}}_+\backslash\{0\}$ での零点は単純で，すべて $i\mathbb{R}_+$ にのっており個数は有限である．

［証明］　$a(\kappa)$, $b(\kappa)$ の定義式(5.39)に $f_\pm(x,\zeta)$ の定義(5.32)を代入すると $\alpha(t)$, $\beta(t)$ が $K_\pm(0,t)$, $\dfrac{\partial K_\pm}{\partial x}(0,t)$, $\dfrac{\partial K_\pm}{\partial t}(0,t)$ を使い表現できる．このとき評価(5.33)を使う．$a(\zeta)$ は $\zeta=\kappa\in\mathbb{R}\backslash\{0\}$ なら補題5.13の(i)より $|a(\kappa)|\geqq 1$ であるから a は零点をもたない．ある $\zeta\in\mathbb{C}_+$ で $a(\zeta)=0$ とする．a は

$$a(\zeta) = \frac{1}{2i\zeta}[f_+(\cdot,\zeta), f_-(\cdot,\zeta)] \tag{5.40}$$

であるから $a(\zeta)=0$ なら $f_+(x,\zeta)$ と $f_-(x,\zeta)$ が一次従属であることが分かる．$f_\pm$ は $x\to\pm\infty$ で指数関数的に減少するのでこの ζ では $f_\pm$ が $L^2(\mathbb{R})$ に入り，作用素 $L=-\dfrac{d^2}{dx^2}+q$ の固有関数になる．L は自己共役であるから $\zeta^2\in\mathbb{R}$ つまり $\zeta\in i\mathbb{R}_+$ となる．(i)より $a(\zeta)=1+O(|\zeta|^{-1})$ $(|\zeta|\to\infty)$ であるから a の零点の個数は任意の $\varepsilon>0$ に対して領域 $\{\zeta\in\overline{\mathbb{C}}_+;\ |\zeta|\geqq\varepsilon\}$ で有限個である．したがって a の $\overline{\mathbb{C}}_+\backslash\{0\}$ での零点が集積する可能性は0でのみあるが，0が零点の集積点にならないことの証明は巻末のMarchenkoを参照してほしい．

最後に零点の単純性であるが，$a(\zeta)=0$ $(\zeta\in\mathbb{C}_+)$ とすると(5.40)より

$$a'(\zeta)=-i\int_{\mathbb{R}}f_+(x,\zeta)f_-(x,\zeta)\,dx$$

となるが，$\zeta\in i\mathbb{R}_+$ のとき $f_\pm(x,\zeta)\in\mathbb{R}$ であるから，f_+,f_- の一次従属性より $a'(\zeta)\neq 0$ が分かる． ∎

$a(\zeta)$ の $\mathbb{C}_+$ での零点を $\{i\xi_k\}_{k=1}^n$ $(0\leqq n<\infty)$ とし

$$m_k^\pm=\left\{\int_{\mathbb{R}}f_\pm(x,i\xi_k)^2dx\right\}^{-1}>0\quad(k=1,2,\cdots,n)$$

とおく．$\{s_{21}(\kappa),\xi_k,m_k^+\ (1\leqq k\leqq n)\}$, $\{s_{12}(\kappa),\xi_k,m_k^-\ (1\leqq k\leqq n)\}$ をそれぞれポテンシャル q の右**散乱データ**，左散乱データとよぶ．

注意 5.16 $a(\zeta)$ は $|s_{12}(\xi)|=|s_{21}(\xi)|$ と $\{\xi_k\}_{k=1}^n$ により

$$a(\zeta)=\prod_{k=1}^n\frac{\zeta-i\xi_k}{\zeta+i\xi_k}\exp\left\{-\frac{1}{2\pi i}\int_{\mathbb{R}}\frac{\log(1-|s_{12}(\kappa)|^2)}{\kappa-\zeta}d\kappa\right\}\tag{5.41}$$

と決まることが分かっている(Marchenko 参照)．したがって散乱行列は $\{s_{12}(\kappa),\{\xi_k\}_{k=1}^n\}$ により一意的に定まる．

ここで右散乱データと K_+ との関係を導こう．補題 5.15 より

$$s_{21}(\kappa)=-b(-\kappa)/a(\kappa)=O(|\kappa|^{-1})\quad(|\kappa|\to\infty)$$

であり，補題 5.13 より $|s_{21}(\kappa)|\leqq 1$ $(\kappa\in\mathbb{R})$ でもあるので $s_{21}\in L^2(\mathbb{R})$ となる．したがって

$$F_+^0(x)=\frac{1}{\pi}\int_{\mathbb{R}}s_{21}(\kappa)e^{2i\kappa x}d\kappa\in L^2(\mathbb{R})$$

となる．また(5.38)より

$$s_{22}(\kappa)f_-(x,\kappa)e^{i\kappa x}-1=\overline{f_+(x,\kappa)}e^{i\kappa x}-1+s_{21}(\kappa)f_+(x,\kappa)e^{i\kappa x}$$

であるが，κ について逆 Fourier 変換をすることにより，$t>0$ で

$$\begin{aligned}&\frac{1}{\pi}\int_{\mathbb{R}}\{s_{22}(\kappa)f_-(x,\kappa)e^{i\kappa x}-1\}e^{2i\kappa t}d\kappa\\&=K_+(x,t)+F_+^0(x+t)+\int_0^\infty F_+^0(x+t+s)K_+(x,s)\,ds\end{aligned}$$

が成立することが分かる．左辺の{ }内はκについて$\mathbb{C}_+$で有理型関数であり$\zeta=i\xi_k$で1位の極をもつ．したがって

$$左辺 = 2i\sum_{k=1}^{n} a'(i\xi_k)^{-1} f_-(x, i\xi_k)e^{-\xi_k(x+2t)}$$

となるが，等式

$$ia'(i\xi_k)m_k^+ f_+(x, i\xi_k) = f_-(x, i\xi_k)$$

に注意すれば

$$左辺 = -2\sum_{k=1}^{n} m_k^+ \left\{1+\int_0^\infty K_+(x,s)e^{-\xi_k s}ds\right\}e^{-2\xi_k(x+t)}$$

が分かる．よって

$$F_+(x) = F_+^0(x)+2\sum_{k=1}^{n} m_k^+ e^{-2\xi_k x} \tag{5.42}$$

とおけば$t>0$, $x\in\mathbb{R}$で方程式

$$K_+(x,t)+F_+(x+t)+\int_0^\infty F_+(x+t+s)K_+(x,s)\,ds = 0 \tag{5.43}$$

を得る．これは(a)の局所理論における Gelfand–Levitan 方程式に対応する方程式である．アプリオリには$F_+\in L^2(\mathbb{R}_+)$しか分かっていないが，K_+に対する評価(5.33)より容易に

$$\begin{cases} |F_+(x)| \leqq CA_+(x), \\ |F_+'(x)-q(x)| \leqq CA_+(x)^2 \quad (x\geqq 0) \end{cases}$$

となることが分かる．したがってF_+は絶対連続関数で条件

$$\int_0^\infty |F_+(x)|\,dx+\int_0^\infty (1+x)\,|F_+'(x)|\,dx < \infty$$

をみたす．したがって明らかに

$$\int_0^\infty |F_+^0(x)|\,dx+\int_0^\infty (1+x)\,|F_+^{0\prime}(x)|\,dx < \infty \tag{5.44}$$

となる．逆に次のことが知られている．

定理 5.17 (Marchenko–Faddeev)　$\{s_{21}(\kappa),\ \xi_k,\ m_k^+,\ 1\leqq k\leqq n\}$ が条件

(5.30)をみたすポテンシャル q の右散乱データになるための必要十分条件は次の(i)–(iv)である.

(i) $s_{21}(\kappa)$ は $\mathbb{R}\backslash\{0\}$ で連続で $s_{21}(\kappa)=\overline{s_{21}(-\kappa)}$ をみたし

$$|s_{21}(\kappa)| \leqq 1-\frac{c\kappa^2}{1+\kappa^2}\ (c>0), \quad s_{21}(\kappa)=O(|\kappa|^{-1})\ (|\kappa|\to\infty).$$

(ii) $F_+^0(x)=\dfrac{1}{\pi}\displaystyle\int_{\mathbb{R}} s_{21}(\kappa)e^{2i\kappa x}d\kappa$ は $\mathbb{R}$ の有限区間で絶対連続で(5.44)の可積分性をみたす.

(iii) $a(\zeta)$ を(5.41)で定義すれば, $\zeta a(\zeta)$ は $\overline{\mathbb{C}}_+$ で連続になり

$$\lim_{\kappa\to 0}\kappa a(\kappa)(s_{21}(\kappa)+1)=0.$$

(iv)

$$F_-^0(x)=-\frac{1}{\pi}\int_{\mathbb{R}} s_{21}(-\kappa)\frac{a(-\kappa)}{a(\kappa)}e^{-i\kappa x}d\kappa$$

とおくと, F_-^0 は $\mathbb{R}$ の有限区間上で絶対連続になり F_-^0 は可積分性の条件(5.44)を $\mathbb{R}_-$ でみたす. □

$q(x)$ は方程式(5.43)を解き

$$q(x)=-\frac{\partial K_+}{\partial x}(x,0)$$

で与えられるが局所理論のときと同様に次の直接的表現をもつ.

定理 5.18 定理 5.17 の条件の下で $q(x)$ は

$$q(x)=-2\frac{d^2}{dx^2}\log\det(I+F_+^x)$$

で与えられる. F_+^x は各 $x\in\mathbb{R}$ に対して定義される $L^2(\mathbb{R}_+)$ 上の Fredholm 型積分作用素

$$F_+^x f(t)=\int_0^\infty F_+(x+t+s)f(s)\,ds$$

である. ここで $F_+(x)$ は(5.42)で与えられる.

例題 5.19 (5.30)をみたすポテンシャルが無反射ポテンシャル, つまり $s_{21}(\kappa)=0$ $(\kappa\in\mathbb{R})$ をみたすなら q は次のようになる.

$$q(x)=-2\frac{d^2}{dx^2}\log\theta(x),$$

$$\theta(x) = \det(I + (a_{ij}(x))), \quad a_{ij}(x) = \frac{\sqrt{m_i^+ m_j^+}}{\xi_i + \xi_j} e^{-(\xi_i + \xi_j)x}.$$

［解］ $s_{21}(\kappa) = 0$ であるから

$$F_+(x) = 2 \sum_{k=1}^{n} m_k^+ e^{-2\xi_k x}$$

であるが，これに定理5.18を適用すればよい．∎

注意 5.20　第3章で導入した $h_\pm(\lambda)$ は $f_\pm$ を使い

$$h_+(\lambda) = -\frac{f_+(0, \sqrt{\lambda})}{f_+'(0, \sqrt{\lambda})}, \quad h_-(\lambda) = \frac{f_-(0, \sqrt{\lambda})}{f_-'(0, \sqrt{\lambda})} \quad (\lambda \in \mathbb{C}_+)$$

と表わせる．$f_\pm$ の性質より $\xi > 0$ に対して有限な極限 $h_\pm(\xi + i0)$ が存在することが分かるが，さらに

$$h_+(\xi + i0) + \overline{h_-(\xi + i0)} = \frac{-2i\sqrt{\xi}\, b(\sqrt{\xi})}{f_+'(0, \sqrt{\xi})\, \overline{f_-'(0, \sqrt{\xi})}} \tag{5.45}$$

となる．したがって，ある $\mathbb{R}_+$ の区間 I 上で $b(\kappa) = 0$ ならば(5.45)より $h_+(\xi + i0) + \overline{h_-(\xi + i0)} = 0$ $(\sqrt{\xi} \in I)$，つまり周期的ポテンシャルの場合の条件(4.9)をみたしている．

(c)　逆散乱問題の KdV 方程式への応用

19世紀末に Korteweg と de Vries は浅水重力波の方程式として非線形方程式(**KdV 方程式**)

$$\frac{\partial u}{\partial t} - 6u \frac{\partial u}{\partial x} + \frac{\partial^3 u}{\partial x^3} = 0 \quad (u = u(t, x)) \tag{5.46}$$

を導出した．一方1967年 Gardner，Greene，Kruskal，Miura は，$u(t, x)$ を x の関数としてポテンシャルとみなしたとき固有値が t に無関係であること，また散乱データについてもその t-依存性が非常に単純に現われることを示した．その後 Lax は，このようなスペクトル保存性の構造を明らかにした．鍵になる事実は次の補題である．

補題 5.21　$u(t, x)$ を $(t, x) \in \mathbb{R}^2$ について滑らかな関数とすると，u が(5.46)をみたすことと u に関する作用素の方程式

Hilbert の問題と逆散乱問題

散乱行列 $S(\kappa)$ と Jost 解の間には次の関係がある.

$$\begin{pmatrix} f_-(x,-\kappa)e^{-i\kappa x} \\ -f_+(x,-\kappa)e^{i\kappa x} \end{pmatrix} = \begin{pmatrix} s_{11}(\kappa) & s_{12}(\kappa)e^{-2i\kappa x} \\ s_{21}(\kappa)e^{2i\kappa x} & s_{22}(\kappa) \end{pmatrix} \begin{pmatrix} f_+(x,\kappa)e^{-i\kappa x} \\ -f_-(x,\kappa)e^{i\kappa x} \end{pmatrix}.$$

左辺の変形された Jost 解は κ について $\mathbb{C}_-$ に解析接続可能であり，右辺のそれは $\mathbb{C}_+$ に解析接続可能である．$x\in\mathbb{R}$ を固定するとこれは次のように定式化できる.「$T(\kappa)$ $(\kappa\in\mathbb{R}\cup\{\infty\})$ を 2×2 行列値連続関数とする．このとき $\mathbb{C}_\pm$ で正則で $\overline{\mathbb{C}}_\pm\cup\{\infty\}$ で連続なベクトル値関数 $\Phi_\pm(\zeta)$ で

$$\Phi_-(\kappa) = T(\kappa)\Phi_+(\kappa), \quad \kappa\in\mathbb{R}\cup\{\infty\}$$

をみたすものが存在するか.」この問題を，(ベクトル値) Hilbert の問題という．これは $T(\kappa)$ が各 $\kappa\in\mathbb{R}$ について非特異行列であり，行列 $T_0(\kappa)=I-T(\kappa)$ の要素が $L^1(\mathbb{R})$ の Fourier 変換になっているときに，Gohberg–Krein はこの Hilbert の問題が可解であることを示した．この方法でも逆散乱問題を考察することは可能である.

この問題は Hilbert により 1905 年に($\mathbb{R}\cup\{\infty\}$ のかわりに)，一般の領域 S^+ と S^+ の境界 L, $S^-=(S^+\cup L)^c$ に対して定式化された．Hilbert はこれを S^+, S^- 上の Neumann 問題の Green 関数を使い Fredholm 型の積分方程式に変換して解いた．その後 Picard，Plemelj，Gakhov らにより特異積分の問題として考察されたが，Krein，Gohberg–Krein により $L=\mathbb{R}\cup\{\infty\}$，$S_\pm=\mathbb{C}_\pm$ の場合に $T(\kappa)$ の factorization の問題として一般的に解かれた．これは $T(\kappa)$ を

$$T(\kappa) = \mathcal{F}_+(\kappa)\mathcal{D}(\kappa)\mathcal{F}_-(\kappa)$$

と 3 つの行列に分解するもので，$\mathcal{F}_\pm$ はそれぞれ $\mathbb{C}_\pm$ 上の正則関数であり $\mathcal{D}$ は対角行列である．この分解は片側 Wiener–Hopf 方程式

$$f(x)+\int_0^\infty t_0(x-y)f(y)\,dy = g(x)$$

の解法に応用される.

(5.47)
$$\frac{d}{dt}L_u=[A_u,L_u]$$

をみたすことは同値である．ただし $D=d/dx$ として

$$L_u=-D^2+u,\quad A_u=-4D^3+6uD+3Du\,.$$

［証明］　等式 $[A_u,L_u]=6uu'-u'''$ $('=D)$ より明らか． ∎

そこで $u(t,x)$ が実の滑らかな関数で KdV 方程式(5.46)の解とする．さらに x について条件(5.30)をみたすとする．t を固定して $u(t,x)$ をポテンシャルとみなし，対応する Jost 解を $f_\pm(x,\zeta,t)$ とする．方程式

$$-f_\pm''(x,\zeta,t)+u(t,x)f_\pm(x,\zeta,t)=\lambda f_\pm(x,\zeta,t)$$

の両辺を t で微分すると

$$\frac{\partial u}{\partial t}f_\pm+L_u\frac{\partial f_\pm}{\partial t}=\lambda\frac{\partial f_\pm}{\partial t}$$

となるが，Lax の関係式(5.47)より次を得る．

$$(L_u-\lambda)\Big(\frac{\partial f_\pm}{\partial t}-A_uf_\pm\Big)=0\,.$$

つまり $\partial f_\pm/\partial t-A_uf_\pm$ も L_u の固有方程式の解である．ところが

$$\frac{\partial f_\pm}{\partial t}-A_uf_\pm\sim 4(\pm i\zeta)^3e^{\pm i\zeta x},\quad x\to\pm\infty$$

であるから Jost 解の一意性より

(5.48)
$$\frac{\partial f_\pm}{\partial t}-A_uf_\pm=4(\pm i\zeta)^3f_\pm$$

が分かる．ここで $a(\kappa,t)$, $b(\kappa,t)$ の t–依存性を調べよう．(5.38)の第1式を t で微分して(5.48)を代入すると，

$$\begin{aligned}
&A_uf_++4(i\kappa)^3f_+\\
&=\frac{\partial a}{\partial t}\overline{f_-}+a\frac{\partial\overline{f_-}}{\partial t}+\frac{\partial b}{\partial t}f_-+b\frac{\partial f_-}{\partial t}\\
&=\frac{\partial a}{\partial t}\overline{f_-}+\frac{\partial b}{\partial t}f_-+a(A_u\overline{f_-}+4(i\kappa)^3\overline{f_-})+b(A_uf_-+4(-i\kappa)^3f_-)\\
&=\frac{\partial a}{\partial t}\overline{f_-}+\Big(\frac{\partial b}{\partial t}-8(i\kappa)^3b\Big)f_-+A_uf_++4(i\kappa)^3f_+
\end{aligned}$$

となるので，結局

$$\frac{\partial a}{\partial t}=0, \quad \frac{\partial b}{\partial t}-8(i\kappa)^3 b=0\,,$$

つまり次を得る．

(5.49) $$a(\kappa,t)=a(\kappa,0), \quad b(\kappa,t)=b(\kappa,0)\,\exp(8(i\kappa)^3 t)\,.$$

したがって $a(\zeta,t)$ $(\zeta\in\mathbb{C}_+)$ の零点は t に無関係で

$$s_{21}(\kappa,t)=-\frac{b(-\kappa,t)}{a(\kappa,t)}=s_{21}(\kappa,0)\,\exp(8(i\kappa)^3 t)$$

となる．また m_k^+ については

$$c(t)=\int_{\mathbb{R}} f_+(x,i\xi_k,t)^2 dx$$

を t で微分して等式(5.48)を使うと

$$\begin{aligned}\frac{1}{2}c'(t)&=\int_{\mathbb{R}} f_+(-4f_+'''+6uf_+'+3u'f_+-4\xi_k^3 f_+)\,dx\\&=-4\xi_k^3 c(t)\end{aligned}$$

となる．ここで部分積分して

$$\begin{cases}\displaystyle\int_{\mathbb{R}} f_+f_+'''dx=-\int_{\mathbb{R}} f_+'f_+''dx=-\frac{1}{2}\int_{\mathbb{R}}\{(f_+')^2\}'dx=0\,,\\ \displaystyle\int_{\mathbb{R}} u'f_+^2 dx=-2\int_{\mathbb{R}} uf_+f_+'dx\end{cases}$$

となることを使った．したがって

$$m_k^+(t)=m_k^+(0)\,\exp(8\xi_k^3 t)$$

となる．これを整理すると

定理 5.22 $u(t,x)$ を滑らかな KdV 方程式の実数解で，x について条件(5.30)をみたすとすると，ポテンシャル $u(t,x)$ に対応する右散乱データは次をみたす．

$$\begin{cases} n,\ \{\xi_k\}_{k=1}^{n}\ \text{は}\ t\ \text{に無関係}, \\ s_{21}(\kappa,t) = s_{21}(\kappa,0)\exp(8(i\kappa)^3 t), \\ m_k^+(t) = m_k^+(0)\exp(8\xi_k^3 t) \quad (1 \leqq k \leqq n). \end{cases}$$

□

系 5.23　初期値 $u(0,x)$ が無反射ポテンシャル$(s_{21}(\kappa)=0)$とすると KdV 方程式の解 $u(t,x)$ も無反射ポテンシャルになり次の形で与えられる.

$$(5.50)\quad \begin{cases} u(t,x) = -2\dfrac{d^2}{dx^2}\log\theta(t,x), \\ \theta(t,x) = \det(I+(a_{ij}(t,x))), \\ a_{ij}(t,x) = \dfrac{\sqrt{m_i^+ m_j^+}}{\xi_i+\xi_j}\exp\{4(\xi_i^3+\xi_j^3)t-(\xi_i+\xi_j)x\}. \end{cases}$$

［証明］　例題 5.19 と定理 5.22 より $u(t,x)$ は上の表現をもつ．この u が KdV 方程式の解であることは直接計算による． ■

$n=1$ のときは $m=m_1^+$, $\xi=\xi_1$ とおくと

$$u(t,x) = -2\xi^2\operatorname{sech}^2\xi(x-4\xi^2 t-\delta) \quad \left(\delta = \frac{1}{2\xi}\log\frac{m}{2\xi}\right)$$

となり速度 $4\xi^2$ で進む波を表わしている．$n=2$ のときは $m_1=m_1^+$, $m_2=m_2^+$ として

$$\begin{aligned}\theta(t,x) = 1 &+ \frac{m_1}{2\xi_1}\exp(8\xi_1^3 t-2\xi_1 x) + \frac{m_2}{2\xi_2}\exp(8\xi_2^3 t-2\xi_2 x) \\ &+ \frac{(\xi_1-\xi_2)^2 m_1 m_2}{4\xi_1\xi_2(\xi_1+\xi_2)^2}\exp(8(\xi_1^3+\xi_2^3)t-2(\xi_1+\xi_2)x)\end{aligned}$$

となる．これを(5.50)に代入すると u が求まるが，$t\to\pm\infty$ での漸近形を計算すると

(5.51)

$$u(t,x) \sim -2\xi_1^2\operatorname{sech}^2\xi_1(x-4\xi_1^2 t-\delta_1^{\pm}) - 2\xi_2^2\operatorname{sech}^2\xi_2(x-4\xi_2^2 t-\delta_2^{\pm})$$

となる．ただし $\delta_j^{\pm}$ は ξ_1, ξ_2, m_1, m_2 から定まる定数である．(5.51)は $t\to-\infty$ で 2 つに分離した波が徐々に干渉しあい，再び $t\to+\infty$ では同じ形の 2 つの波に分離していくことを示している．このような事実があるのでこの解

に従う波はソリトン(soliton)とよばれている．$n \geqq 3$ のときも同様の現象が起こる．

§5.2　拡散過程型作用素の逆スペクトル問題

M を $[0,l)$ 上の右連続な非減少関数とし作用素

$$L = -\frac{d}{dM}\frac{d}{dx} \tag{5.52}$$

を拡散過程型作用素という．L は境界 $0, l$ で適当な境界条件を課すと $L^2([0,l), dM)$ 上の自己共役作用素として実現され，Schrödinger 型作用素と同様に一般展開定理が成り立つ．証明は第3章の議論と平行した議論によりできるのでここでは結果のみを述べておく．

$\varphi_\lambda(x), \psi_\lambda(x)$ を次の積分方程式の解とする．

$$\begin{cases} \varphi_\lambda(x) = 1 - \lambda \displaystyle\int_0^x (x-y)\varphi_\lambda(y)\,dM(y) \\ \psi_\lambda(x) = x - \lambda \displaystyle\int_0^x (x-y)\psi_\lambda(y)\,dM(y). \end{cases} \tag{5.53}$$

微分方程式の形で書けば，

$$\begin{cases} \dfrac{d}{dM}\dfrac{d\varphi_\lambda}{dx} = -\lambda\varphi_\lambda, \quad \dfrac{d}{dM}\dfrac{d\psi_\lambda}{dx} = -\lambda\psi_\lambda \\ \varphi_\lambda(0) = \psi'_\lambda(0) = 1, \quad \varphi'_\lambda(0) = \psi_\lambda(0) = 0 \end{cases}$$

となるが正確には(5.53)で理解しなければならない．dM は測度として

$$dM(x) = \sum_{j=1}^{\infty} m_j \delta_{\{x_j\}}(dx), \quad m_j \geqq 0, \quad 0 \leqq x_1 < x_2 < \cdots < x_j < \cdots$$

となるときには，$y_j = \varphi_\lambda(x_j)$ とおけば φ_λ は差分方程式

$$l_j^{-1}(y_{j+1} - y_j) - l_{j-1}^{-1}(y_j - y_{j-1}) = -\lambda y_j m_j \quad (l_j = x_{j+1} - x_j)$$

より定まる．つまり(5.52)は2階の差分作用素も含んだ形である．

$$\boldsymbol{H} = L^2([0,l), dM), \quad \boldsymbol{H}_0 = \{f \in \boldsymbol{H}\,;\, f \text{ の台はコンパクト}\}$$

とおき $f \in \boldsymbol{H}_0$ に対して

$$\widehat{f}(\lambda)=\int_0^l f(x)\varphi_\lambda(x)dM(x)$$

とおく．$\mathbb{R}$ 上の測度 σ ですべての $f\in \boldsymbol{H}_0$ に対して

$$\int_0^l |f(x)|^2 dM(x)=\int_{\mathbb{R}} |\widehat{f}(\xi)|^2\sigma(d\xi)$$

をみたすもの全体を $\boldsymbol{V}$ で表わし，$\boldsymbol{V}$ の中で台が $[0,+\infty)$ に含まれるもの全体を $\boldsymbol{V}_+$ で表わす．

定理 5.24（M. G. Krein）　(5.52)の L は 0 での境界条件として Neumann 条件($\varphi'(0)=0$)をもつとする．

（i）　$l\,(\leqq+\infty)$ が極限点型になるための必要十分条件は

$$\int_0^l x^2 dM(x)=\infty$$

となることであり，このとき L の自己共役拡大は一意的であり，$\#\boldsymbol{V}=\#\boldsymbol{V}_+=1$ となる．

（ii）　l が極限円型の場合には $\boldsymbol{V}$ の元 σ と $\mathbb{C}_+$ 上の Herglotz 関数 $\Omega(\lambda)$ とは次の等式で1対1に対応する．

$$\frac{C(\lambda)+\Omega(\lambda)D(\lambda)}{A(\lambda)+\Omega(\lambda)B(\lambda)}=\int_{\mathbb{R}}\frac{\sigma(d\xi)}{\xi-\lambda}+l_0 \quad (l_0=\inf\operatorname{supp} dM)\,.$$

ここで $A(\lambda)=1+\lambda(\varphi_\lambda,x)$，$B(\lambda)=-\lambda(\varphi_\lambda,1)$，$C(\lambda)=\lambda(\psi_\lambda,x)$，$D(\lambda)=1-\lambda(\psi_\lambda,1)$ とした．さらに $\Omega(\lambda)=\kappa\in\mathbb{R}\cup\{\infty\}$ であることと $\{\widehat{f};\, f\in\boldsymbol{H}_0\}$ が $L^2(\sigma)$ で稠密であることは同値である．

（iii）　$\#\boldsymbol{V}_+=1$ となるための条件は

$$l_\infty+M(l_\infty)=\infty \quad (l_\infty=\sup\operatorname{supp} dM)$$

であり，$l_\infty+M(l_\infty)<\infty$ のとき $\sigma\in\boldsymbol{V}_+$ と Herglotz 関数 $\Omega(\lambda)$ で $(-\infty,0)$ で非負の連続な境界値をもつものとは等式

$$\frac{\psi_\lambda(l_\infty)+\Omega(\lambda)\psi'_\lambda(l_\infty)}{\varphi_\lambda(l_\infty)+\Omega(\lambda)\varphi'_\lambda(l_\infty)}=\int_0^\infty\frac{\sigma(d\xi)}{\xi-\lambda}+l_0$$

により1対1に対応している．$\Omega(\lambda)=\kappa\in[0,\infty]$ と L の正定値の自己共役拡大とは1対1に対応していて，l_∞ での境界条件は $u(l_\infty)+\kappa u'(l_\infty)=0$ とな

る. □

以下では正定値の自己共役拡大のみを考察する. $l_\infty = \sup \operatorname{supp} dM$ とし, $l_\infty + M(l_\infty) < \infty$ ならば L の正値自己共役拡大 A は定理 5.24 の(iii)より $\kappa \in [0,\infty]$ と対応しているが M を l_∞ から $l = l_\infty + \kappa$ までは定数 $M(l_\infty)$ で延長すると, $\kappa < \infty$ なら

$$\varphi_\lambda(l_\infty) + \kappa\varphi'_\lambda(l_\infty) = \varphi_\lambda(l), \quad \psi_\lambda(l_\infty) + \kappa\psi'_\lambda(l_\infty) = \psi_\lambda(l)$$

となるので, A のスペクトル測度 σ は

$$\frac{\psi_\lambda(l)}{\varphi_\lambda(l)} = \int_0^\infty \frac{\sigma(d\xi)}{\xi - \lambda} + l_0 \quad (l_0 = \inf \operatorname{supp} dM)$$

と表わせる. $\kappa = \infty$ のときにも

$$\lim_{x\to\infty} \frac{\psi_\lambda(x)}{\varphi_\lambda(x)} = \frac{\psi'_\lambda(l_\infty)}{\varphi'_\lambda(l_\infty)} = \int_0^\infty \frac{\sigma(d\xi)}{\xi - \lambda} + l_0$$

と解釈できる. そこで L の正値自己共役拡大 A と M の定義域を自明に κ だけ延長することとを同一視する. そして $l \in [0,\infty]$ と $[0,l)$ 上の右連続非減少関数 M の組 (l, M) の全体を $\mathcal{M}$ とする. M をひもの質量分布と見なし $\mathcal{M}$ の元を **string** という. $(l, M) \in \mathcal{M}$ に対して Herglotz 関数

$$h(\lambda) = \lim_{x\to l} \frac{\psi_\lambda(x)}{\varphi_\lambda(x)} = \int_0^\infty \frac{\sigma(d\xi)}{\xi - \lambda} + l_0 \tag{5.54}$$

が定義できるが, この対応を **Krein 対応**という. dM が離散的な測度の場合にこの対応を見ておこう. $l_0 \geqq 0$, $l_j > 0$ $(j \geqq 1)$ に対して

$$x_j = l_0 + l_1 + \cdots + l_{j-1} \quad (j \geqq 1)$$

とし, $dM = \sum_{j=1}^\infty m_j \delta_{\{x_j\}}(dx)$ $(m_j > 0)$ とおく. 一般に $0 < a < b < l$ に対して $\varphi_\lambda(x, a)$, $\psi_\lambda(x, a)$ を a で初期条件をつけた φ_λ, ψ_λ に対応する解とすると

$$\begin{aligned} \frac{\psi_\lambda(b)}{\varphi_\lambda(b)} &= \frac{\psi_\lambda(a)\varphi_\lambda(b,a) + \psi'_\lambda(a+0)\psi_\lambda(b,a)}{\varphi_\lambda(a)\varphi_\lambda(b,a) + \varphi'_\lambda(a+0)\psi_\lambda(b,a)} \\ &= \frac{\psi_\lambda(a) + \psi'_\lambda(a+0)h(\lambda,b,a)}{\varphi_\lambda(a) + \varphi'_\lambda(a+0)h(\lambda,b,a)} \end{aligned} \tag{5.55}$$

となる. ここで $h(\lambda, b, a) = \psi_\lambda(b,a)/\varphi_\lambda(b,a)$ とした. (5.55)より $a = l_0$, $b =$

x_j とおけば

$$\frac{\psi_\lambda(x_j)}{\varphi_\lambda(x_j)} = \frac{l_0+(1-\lambda l_0 m_1)h(\lambda,x_j,l_0)}{1-\lambda m_1 h(\lambda,x_j,l_0)}$$

$$= l_0 + \cfrac{1}{-\lambda m_1 + \cfrac{1}{h(\lambda,x_j,l_0)}}$$

となるので，この操作を続けていくと次の連分数表現を得る．

$$l_0+\int_0^\infty \frac{\sigma(d\xi)}{\xi+\lambda} = l_0 + \cfrac{1}{\lambda m_1 + \cfrac{1}{l_1 + \cfrac{1}{\lambda m_2 + \ddots}}}. \tag{5.56}$$

これより

$$l_0 = \lim_{\lambda\to\infty} h(-\lambda), \quad m_1^{-1} = \lim_{\lambda\to\infty} \lambda(h(-\lambda)-l_0) = \int_0^\infty \sigma(d\xi),$$

$$l_1^{-1} = \lim_{\lambda\to\infty}\{(h(-\lambda)-l_0)^{-1}-\lambda m_1\} = \int_0^\infty \xi\sigma(d\xi)\left(\int_0^\infty \sigma(d\xi)\right)^{-2}, \quad \cdots$$

等となり，$\{m_{j+1}, l_j\}$ は σ の j 次までのモーメントを使い表現できることが分かる．それでは一般の M の場合には M は σ から一意的に再生できるだろうか．またどのような σ が M のスペクトル測度になりうるだろうか．このような疑問に M. G. Krein は 1952 年に完全な解答を与えた．

$[0,\infty)$ 上の測度 σ で条件

$$\int_0^\infty \frac{\sigma(d\xi)}{\xi+1} < \infty$$

をみたすもの全体を Σ とする．

定理 5.25 (M. G. Krein)　$(l, M)\in\mathcal{M}$ と $(l_0,\sigma)\in[0,\infty)\times\Sigma$ とは Krein 対応で全単射に対応する．　□

$\sigma\in\Sigma$ がすべてのモーメントをもつとする．このとき連分数展開(5.56)に

より $\{l_j, m_j\}_{j=1}^{\infty}$ が定まる．しかしモーメントから σ が一意的にきまっていない場合には

$$\sum_{j=1}^{\infty} l_j + \sum_{j=1}^{\infty} m_j < \infty$$

となり，M はさらに延長できることになる．つまりこの Krein の定理は Stieltjes のモーメント問題の拡張と考えられる．

一方§5.1 の Gelfand–Levitan の方法を応用することもできる．$\sigma \in \Sigma$ に対して

$$\phi_0(x) = \int_0^{\infty} \frac{1-\cos\sqrt{\xi}\,x}{\xi}\sigma(d\xi), \quad m_0^{-1/2} = \lim_{x\to 0}\frac{\phi_0(x)}{|x|}$$

とおき，$\phi(x) = \phi_0(x) - m_0^{-1/2}|x|$ が定理 5.6 の条件をみたすならポテンシャル q が定まり§3.1 の(a)の方法により M が定まる．この場合 ϕ が C^{n+3}–級ならば q は C^n–級になり M は C^{n+3}–級になる．ここで $m_0 = M'(0)$ となる．この方法は ϕ_0 が C^2–級のときも修正すれば可能であり，このとき M は C^2–級になる．

一般の M に対しては h または ϕ_0 から M を構成するアルゴリズムは今のところない．定理 5.25 の Krein 自身による証明は論文にはされていないので不明であるが，M の一意性は M に付随する Volterra 作用素の unicellularity と同値である．$l+M(l)<\infty$ とし $\boldsymbol{H} = L^2([0,l), dM)$ 上の Volterra 作用素 V を

$$Vf(x) = \int_0^x (x-y)f(y)dM(y), \quad f \in \boldsymbol{H}$$

で定義する．

定理 5.26　$\boldsymbol{H}_1, \boldsymbol{H}_2$ を $\boldsymbol{H}$ の閉部分空間でいずれも V で不変とする．このとき $\boldsymbol{H}_1 \subset \boldsymbol{H}_2$ または $\boldsymbol{H}_2 \subset \boldsymbol{H}_1$ となる．　□

これらの定理は深い結果であり本書で証明を述べることはできないが，幅広い応用がある．特に確率論においては定常過程の線形予測の問題，1 次元拡散過程に関する極限定理の証明等において重要な役割を果たしている．

《要約》

5.1　Sturm–Liouville 作用素のスペクトル測度を求める問題をスペクトル順問題，スペクトル測度より作用素の係数を求める問題をスペクトル逆問題という．

5.2　一般にスペクトル逆問題の方が数学的には困難な問題であり，Hilbert の問題，Volterra 作用素の unicellularity，作用素の分解問題などと深い関連がある．

演習問題

5.1　$L=-d^2/dx^2$ とし，L を $[0,\infty)$ 上 0 で Neumann 境界条件で考えたときのスペクトル測度 σ_1 は $(\pi\sqrt{\xi})^{-1}d\xi$ となる．L を $[0,a]$ 上 $0,a$ で Neumann 条件で考えたときのスペクトル測度 σ_2 は

$$\sigma_2(d\xi)=\frac{1}{a}\delta_{\{0\}}(d\xi)+\frac{2}{a}\sum_{n=1}^{\infty}\delta_{\{\xi_n\}}(d\xi),\quad \xi_n=\left(\frac{\pi}{a}n\right)^2$$

である．このとき

$$\phi_i(x)=\int_0^\infty\frac{1-\cos\sqrt{\xi}x}{\xi}\sigma_i(d\xi)\quad(i=1,2)$$

とおけば等式 $\phi_1(x)=\phi_2(x)$ $(|x|\leqq 2a)$ を示せ．

5.2　$q(t,x)$ を KdV 方程式の解で x について周期 l をもつとする．このときポテンシャル $q(t,x)$ $(t\in\mathbb{R}$ 固定$)$ の判別式は t に無関係であることを示せ．

5.3　string $(l,M)\in\mathcal{M}$ に対応する Herglotz 関数を $h(\lambda)$ とする．

$$\widehat{M}(x)=\inf\{y\geqq 0;\ M(y)\geqq x\},$$
$$l+M(l)=\infty \text{ のとき } \hat{l}=M(l),\quad l+M(l)<\infty \text{ のとき } \hat{l}=\infty$$

とすれば，string $(\hat{l},\widehat{M})$ に対応する Herglotz 関数は $-(\lambda h(\lambda))^{-1}$ となることを示せ．$(\hat{l},\widehat{M})$ を (l,M) の **dual string** という．

5.4　q を $[0,a]$ 上の実連続関数とする．作用素 $L=-d^2/dx^2+q$ について a で Dirichlet 条件，0 で Dirichlet 条件をつけたときの固有値 $\{\lambda_n\}_{n=1}^{\infty}$ と 0 で Neumann 条件に変えたときの固有値 $\{\mu_n\}_{n=1}^{\infty}$ が分かったとき q が一意的に決まることを示せ．

6 固有関数の零点

本章では Sturm–Liouville 作用素の固有関数の零点の個数やその配置について考察する．弦の振動を例にとると，固有関数の零点とは，弦が固有振動するときの節目の点に相当する．高いモードの振動ほど，節目の点の数は増えるが，その増え方については，ある普遍的な法則が成り立つ．この性質が，数学のさまざまな問題の解析に意外な形で役立つのである．

まず§6.1で，Sturm の零点比較定理を述べる．これは，多くの教科書に載っている標準的な結果である．ついで§6.2で，空間1次元の2階放物型偏微分方程式に対して普遍的に成立する「零点数非増大則」と呼ばれる原理を用いて Sturm の定理を精密化し，その応用について論じる．

なお，「まえがき」にも述べたように，本章を読むのに以前の章の知識はほとんど必要としないので，第1章に目を通した後，いきなり本章に進んでも差し支えない．

§6.1 Sturm の零点比較定理

(a) 零点比較定理

有限区間 $0<x<l$ 上の2階常微分作用素

$$L = a(x)\frac{d^2}{dx^2} + b(x)\frac{d}{dx} + c(x)$$

の固有値問題を考えよう．ここで係数 a, b, c は閉区間 $0 \leqq x \leqq l$ 上で連続な関数で，$a>0$ とする．Dirichlet 境界条件(第1種境界条件)下での固有値問題は

$$(6.1)\qquad \begin{cases} a\varphi''+b\varphi'+c\varphi=-\lambda\varphi \quad (0<x<l) \\ \varphi(0)=\varphi(l)=0 \end{cases}$$

という形に書かれる．一方，Neumann 境界条件(第2種境界条件)の場合は

$$(6.2)\qquad \begin{cases} a\varphi''+b\varphi'+c\varphi=-\lambda\varphi \quad (0<x<l) \\ \varphi'(0)=\varphi'(l)=0 \end{cases}$$

という形になる．また，Robin 境界条件(第3種境界条件)

$$\varphi'(0)+\alpha\varphi(0)=0, \quad \varphi'(l)+\beta\varphi(l)=0$$

を考えることもしばしばある．いま，

$$p(x)=\exp\left(\int_0^x \frac{b(y)}{a(y)}dy\right), \quad m(x)=\frac{p(x)}{a(x)}$$

とおくと，これらの固有値問題は，

$$(6.3)\qquad \begin{cases} (p(x)\varphi')'+m(x)c(x)\varphi=-\lambda m(x)\varphi \quad (0<x<l) \\ \text{境界条件} \end{cases}$$

という Sturm–Liouville 型の問題に変換される．

第3章で述べたように，上の固有値問題の固有値はすべて実数であり，それらを大きさの順に並べると，

$$\lambda_1<\lambda_2<\lambda_3<\cdots\to\infty$$

となる．第3章を読んでいない読者のために次の例題を掲げておく．

例題 6.1　上の固有値問題の固有値はすべて実数であることを示せ．

[解]　$\varphi(x)$ を固有値 λ に属する固有関数とする．微分作用素 $\widetilde{L}$ を

$$\widetilde{L}=\frac{d}{dx}\left(p(x)\frac{d}{dx}\right)+m(x)c(x)$$

と定める．部分積分と $\widetilde{L}$ の対称性から，

$$\begin{aligned}\lambda\int_0^l |\varphi|^2 m\,dx &= \int_0^l (\lambda\varphi)\overline{\varphi} m\,dx \\ &= -\int_0^l (\widetilde{L}\varphi)\overline{\varphi}\,dx \\ &= -\int_0^l \varphi(\widetilde{L}\overline{\varphi})\,dx \\ &= \overline{\lambda}\int_0^l |\varphi|^2 m\,dx\,.\end{aligned}$$

よって $\lambda=\overline{\lambda}$. すなわち λ は実数である. ∎

次に，各固有値の重複度が 1 であることを示そう．ここで，固有値の重複度とは，広義固有空間の次元を指す．したがって，固有値 λ の重複度が 1 であるためには，

（1） 固有空間の次元が 1 に等しい

（2） 広義固有空間が固有空間に一致する

が成り立たねばならない．したがって示すべきことは，各固有値 λ に対し，

$$(6.4)\qquad \begin{cases} L\varphi+\lambda\varphi=0 & (0<x<l) \\ \text{境界条件} \end{cases}$$

の解空間の次元が 1 であること，および，その解を φ とするとき，

$$(6.5)\qquad \begin{cases} L\psi+\lambda\psi=\varphi & (0<x<l) \\ \text{境界条件} \end{cases}$$

が解をもたないことの二点である．まず，(1)を示そう．$\varphi, \widetilde{\varphi}$ を(6.4)の任意の 2 つの解(ただし $\varphi\neq 0$)とし，Dirichlet 境界条件の場合は

$$w(x)=\widetilde{\varphi}(x)-\frac{\widetilde{\varphi}'(0)}{\varphi'(0)}\varphi(x),$$

Neumann 境界条件の場合は

$$w(x)=\widetilde{\varphi}(x)-\frac{\widetilde{\varphi}(0)}{\varphi(0)}\varphi(x)$$

とおくと，w は方程式

$$Lw+\lambda w=0 \quad (0<x<l)$$

および $w(0)=w'(0)=0$ をみたす．よって2階常微分方程式に対する初期値問題の解の一意性定理から，$w(x)\equiv 0$ が得られ，$\tilde{\varphi}$ が φ の定数倍であることがわかる．

次に，(6.5)が解 ψ をもつと仮定しよう．$\widetilde{L}$ を例題6.1で定めた微分作用素とすると，

$$\big(\widetilde{L}+\lambda m(x)\big)\varphi=0, \quad \big(\widetilde{L}+\lambda m(x)\big)\psi=m(x)\varphi$$

が成り立つ．部分積分をほどこすと，$\widetilde{L}$ の対称性から，

$$\begin{aligned}0&=\int_0^x \big((\widetilde{L}+\lambda m)\varphi\big)\psi\,dx\\&=\int_0^x \varphi(\widetilde{L}+\lambda m)\psi\,dx\\&=\int_0^x m\varphi^2dx\,.\end{aligned}$$

ところが $m(x)>0$, $\varphi(x)\not\equiv 0$ であるから最後の積分は0になり得ない．これは矛盾である．以上より，λ の重複度が1であることが示された．

こうして，各固有値 $\lambda_1<\lambda_2<\lambda_3<\cdots$ に属する固有関数は定数倍を除いて一意的に定まることがわかったから，それらを $\varphi_1,\varphi_2,\varphi_3,\cdots$ とおく．すると次の定理が成り立つ．

定理 6.2（**Sturm の零点比較定理**）

（i） 各自然数 k に対して，固有関数 $\varphi_k(x)$ は区間 $0<x<l$ 内にちょうど $k-1$ 個の零点をもつ．

（ii） それら $k-1$ 個の零点を $0<x_1<x_2<\cdots<x_{k-1}<l$ とし，$x_0=0$, $x_k=l$ とおくと，各部分区間 $x_{j-1}<x<x_j$ $(j=1,2,\cdots,k)$ の中に $\varphi_{k+1}(x)$ の零点がちょうど1つずつ存在する． □

例 6.3　$L=d^2/dx^2$ として Dirichlet 境界条件を課すと

$$\lambda_k=\left(\frac{k\pi}{l}\right)^2, \quad \varphi_k(x)=\sin\frac{k\pi}{l}x \quad (k=1,2,3,\cdots)$$

となる．$\varphi_k(x)$ の隣り合う零点の間に $\varphi_{k+1}(x)$ の零点がちょうど1つずつあるのは容易にわかる(図6.1参照)． □

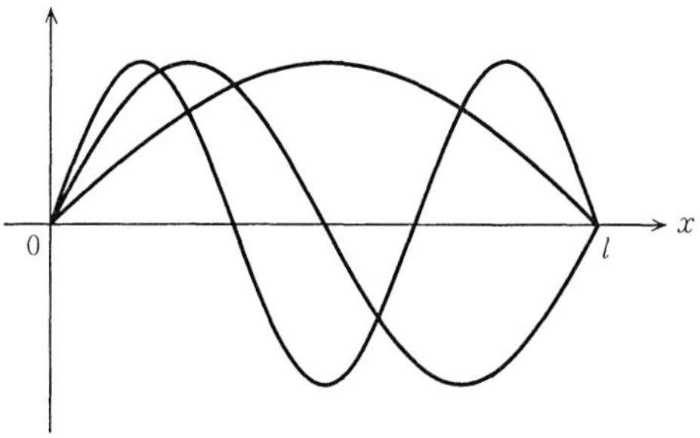

図 6.1　$\varphi_1, \varphi_2, \varphi_3$ のグラフ

(b)　定理の証明

他の境界条件の場合もほとんど同様に議論できるので，Dirichlet 境界条件の場合だけを考える．また，L の係数と固有値は実数ゆえ，固有関数は実数値のものだけ考えればよい．まず，2 つの補題を用意する．

補題 6.4　$\varphi(x), \psi(x)$ を，それぞれ固有値 λ, μ に属する(6.1)の固有関数とし，$y_0 < y_1$ を $\varphi(x)$ の隣り合う零点とする．

(i)　$\lambda < \mu$ ならば区間 (y_0, y_1) 内に $\psi(x)$ の零点が少なくとも 1 つ存在する．

(ii)　$\lambda = \mu$ で $\varphi(x), \psi(x)$ が一次独立なら，(i) と同じ結果が成り立つ．

［証明］　(i) 結論を否定すると，$\psi(x)$ は区間 (y_0, y_1) 上で定符号となるから，以下が成り立つとして一般性を失わない．

$$\varphi(x) > 0 \ (y_0 < x < y_1), \quad \varphi(y_0) = \varphi(y_1) = 0,$$
$$\psi(x) > 0 \ (y_0 < x < y_1).$$

$\widetilde{L}$ を例題 6.1 に現れる微分作用素とすると，

$$\psi \widetilde{L} \varphi - \varphi \widetilde{L} \psi = (\mu - \lambda) m(x) \varphi \psi,$$

両辺を積分して

$$(6.6) \qquad \int_{y_0}^{y_1} (\psi \widetilde{L} \varphi - \varphi \widetilde{L} \psi) dx = (\mu - \lambda) \int_{y_0}^{y_1} m(x) \varphi \psi \, dx > 0.$$

一方，部分積分により

$$\text{式(6.6)の左辺} = [p(\psi\varphi' - \varphi\psi')]_{y_0}^{y_1} = [p\psi\varphi']_{y_0}^{y_1}.$$

しかるに，点 y_0, y_1 において，$p>0$，$\psi \geqq 0$，$\varphi'(y_0)>0$，$\varphi'(y_1)<0$ であるから，

$$[p\psi\varphi']_{y_0}^{y_1} = p(y_1)\psi(y_1)\varphi'(y_1) - p(y_0)\psi(y_0)\varphi'(y_0) \leqq 0\,.$$

よって，式(6.6)の 左辺$\leqq 0$ となり，矛盾である.

(ii) 結論を否定してみよう．式(6.6)を導くところまでは(i)と同様である．ただし今の場合

$$\text{式}(6.6)\text{の右辺} = 0$$

となる．一方，φ, ψ は同じ2階常微分方程式をみたし，かつ一次独立であるから，同時に0になることはない．よって $\psi(y_0)>0$，$\psi(y_1)>0$ が成り立つ．これより

$$\text{式}(6.6)\text{の左辺} = [p\psi\varphi']_{y_0}^{y_1} < 0\,.$$

これは矛盾である. ∎

系 6.5　固有関数 $\varphi_k(x)$ は区間 $0<x<l$ 内に少なくとも $k-1$ 個の零点をもつ.

［証明］　補題6.4より，

$$(\varphi_{k+1}\text{の零点の個数}) \geqq (\varphi_k\text{の零点の個数})+1 \quad (k=1,2,3,\cdots)$$

が成り立つ．これと数学的帰納法から系の主張が従う. ∎

補題 6.6　固有関数 $\varphi_k(x)$ と $\varphi_{k+1}(x)$ の区間 $0<x<l$ 内における零点の個数は，高々1しか違わない.

［証明］　任意に与えられた実数 λ に対して，初期値問題

$$\begin{cases} a(x)w''+b(x)w'+(c(x)+\lambda)w=0 \quad (x>0) \\ w(0)=0, \quad w'(0)=1 \end{cases}$$

の解を $w(x;\lambda)$ と表すことにし，区間 $0<x<l$ 内における $w(x;\lambda)$ の零点の個数を $z(\lambda)$ とおく．また，ww' 平面上の曲線 Γ_λ を

$$\Gamma_\lambda = \{(w(x;\lambda), w_x(x;\lambda)) \mid 0 \leqq x \leqq l\}$$

で定める．ここで $w_x = \partial w/\partial x$ である．Γ_λ は始点が $(0,1)$，終点が $P_\lambda := (w(l;\lambda), w_x(l;\lambda))$ の曲線であり，パラメータ λ の値を変えるとその形が変形する(図6.2)．上で定義した $z(\lambda)$ は，Γ_λ と直線 $w=0$ の交点の個数に一

致することは明らかである(ここで，始点と終点は交点に含めない)．2 階常微分方程式に対する初期値問題の解の一意性定理から，曲線 Γ_λ は決して原点を通らない．また，容易にわかるように，Γ_λ は直線 $w=0$ とつねに 0 でない角度で交わり，決して接することはない．これらのことから，パラメータ λ を動かしたときに $z(\lambda)$ の値が変化するのは，Γ_λ の終点 P_λ が直線 $w=0$ を通過するときに限ることがわかる．$\lambda=\lambda^*$ のときに P_λ が直線 $w=0$ 上にきたとすると，w は境界条件 $w(0;\lambda^*)=w(l;\lambda^*)=0$ をみたすから，(6.1)の固有関数になる．したがって，次のことが成り立つ．

（1）　λ^* が $z(\lambda)$ の不連続点であれば，(6.1)の固有値である．

（2）　各不連続点 λ^* において，$z(\lambda^*+0) = z(\lambda^*)+1$ または $z(\lambda^*-0) = z(\lambda^*)+1$ となる．

これらから，隣り合った固有値に属する固有関数どうしの零点の個数は，高々 1 しか違わないことがわかる．よって補題が示された．　■

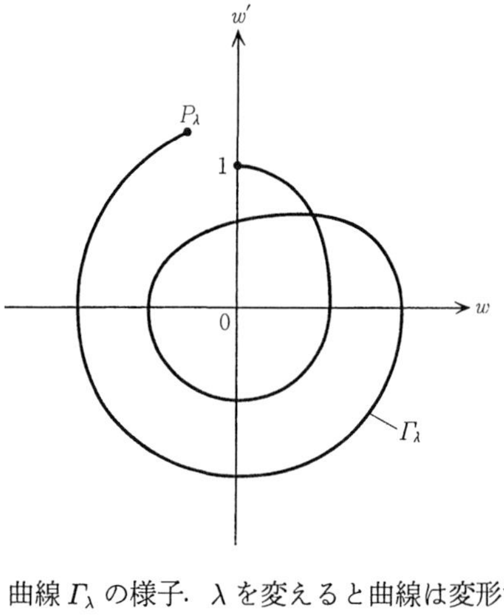

図 6.2　曲線 Γ_λ の様子．λ を変えると曲線は変形する．

系 6.7　固有関数 $\varphi_k(x)$ の区間 $0<x<l$ 内の零点の個数は高々 $k-1$ である．

［証明］　$\varphi_1(x)$ が区間 $0<x<l$ 内に零点をもたないことをいえば，補題 6.6 より系の結論が従う．いま，

$$c(x)+\lambda<0 \quad (0 \leqq x \leqq l)$$

となるように λ を選ぶと，$w(x;\lambda)$ は区間 $0<x<l$ 内に零点をもたない．なぜなら，もし零点をもったとすると，適当な点 x^* $(0<x^*<l)$ で w は正の最大値をとるが，すると

$$w''(x^*) \leqq 0, \quad w'(x^*)=0, \quad (c(x^*)+\lambda)w(x^*)<0$$

となって，方程式がみたされず矛盾を得るからである．よって十分小さなすべての λ に対し $z(\lambda)=0$ が成り立つ．これより，点 P_λ が直線 $w=0$ 上にくるような最小の λ の値 λ_1 に対して $z(\lambda_1)=0$ となることがわかる．∎

［定理6.2の証明］　系6.5と系6.7より，定理の主張(i)は明らかである．このことから，固有関数 $\varphi_k(x)$ は区間 $0<x<l$ 内にちょうど $k-1$ 個の零点をもち，$\varphi_{k+1}(x)$ はちょうど k 個の零点をもつ．これと補題6.4より，定理の主張(ii)が従う．∎

注意6.8　系6.7は，変分原理から導くこともできる．変分原理を用いると，この結果を次に述べる周期境界条件の場合や高次元の問題に拡張できる．詳細は付録Bに解説した．

(c)　周期境界条件の場合

作用素 L に周期境界条件を課した場合の固有値問題は，次の形に書かれる．

$$(6.7) \qquad \begin{cases} a\varphi''+b\varphi'+c\varphi=-\lambda\varphi \quad (0<x<l) \\ \varphi(0)=\varphi(l), \quad \varphi'(0)=\varphi'(l) \end{cases}$$

これは，区間 $[0,l]$ の両端点を同一視して得られる円周の上で方程式 $L\varphi=-\lambda\varphi$ を考えるのと同等である．

Dirichlet 境界条件や Neumann 境界条件の場合と異なり，(6.7)は一般には Sturm–Liouville 型の境界値問題

$$(6.8) \qquad \begin{cases} (p(x)\varphi')'+r(x)\varphi=-\lambda m(x)\varphi \\ \varphi(0)=\varphi(l), \quad \varphi'(0)=\varphi'(l) \end{cases}$$

に変形できない．なぜなら，無理にこういう形に変形すると，多くの場合

$p(x)$ が不連続(すなわち $p(0)\neq p(l)$)となり，方程式中の微分自体が意味をもたなくなり得るからである．このような状況下では，自己共役作用素の一般論が適用できず，固有値が実数であることや，固有関数系の直交性，完全性などの性質が必ずしも成り立たない．

例えば $l=2\pi$ で

$$L=\frac{d^2}{dx^2}+\frac{d}{dx}$$

の場合，Fourier 級数展開を用いて計算すると，固有値は

$$k^2\pm ik \quad (k=0,1,2,\cdots)$$

となることがわかる(演習問題 6.1)．周期境界条件の場合のスペクトルの構造については，より詳しい話が§4.1 に述べられているので参照されたい．

一般の(6.7)の固有関数の性質を調べるのは難しいが，方程式が最初から(6.8)の Sturm–Liouville 型に書かれている場合は，(6.1)や(6.2)と類似の議論ができる．まず，第 2 章の Hilbert–Schmidt の展開定理で示したように，自己共役作用素の一般論から次のことがただちに従う(例題 6.1 と演習問題 6.2 参照)．

（1） 固有値がすべて実数．

（2） 固有関数系は直交系にできる．すなわち

$$\int_0^l m(x)\varphi_k(x)\varphi_j(x)\,dx=0 \quad (k\neq j)\,.$$

（3） 固有関数系の $L^2(0,l)$ における完全性．

ただし Dirichlet や Neumann 境界条件の場合と違って，(6.8)の固有値は単純とは限らないが，2 階常微分方程式であるから各固有空間の次元は高々 2 である．(6.8)の固有値を，小さいものから順に重複度も考慮して並べたものを

$$\lambda_1\leqq\lambda_2\leqq\lambda_3\leqq\cdots$$

とし，対応する固有関数を $\varphi_1,\varphi_2,\varphi_3,\cdots$ とおく．すると定理 6.2 の変形版である次の定理が成り立つ．

定理 6.9 (周期境界条件下での Sturm の定理)

(i)　λ_1 は単純固有値で $\varphi_1(x)$ は零点をもたない．

(ii)　各自然数 j に対して，$\lambda_{2j-1}<\lambda_{2j}$ が成り立つ．

(iii)　各自然数 j に対して，$\varphi_{2j}(x)$ と $\varphi_{2j+1}(x)$ は区間 $0\leqq x\leqq l$ 上にちょうど $2j$ 個の零点をもつ(ただし両端点 $0,l$ は同一の点とみなす)．

(iv)　$\varphi(x),\psi(x)$ をそれぞれ固有値 λ,μ (ただし $\lambda<\mu$)に属する固有関数とすると，$\varphi(x)$ の隣り合う2つの零点の間に $\psi(x)$ の零点が少なくとも1つ存在する．

(v)　$\varphi(x),\psi(x)$ を同一の固有値に属する一次独立な固有関数とすると，$\varphi(x)$ の隣り合う2つの零点の間に $\psi(x)$ の零点がちょうど1つ存在する．

[証明]　補題6.4は周期境界条件でもそのまま成り立つから，これより(iv)，(v)が従う．他は省略する．∎

例6.10　$l=2\pi$ で $L=d^2/dx^2$ の場合，(6.8)の固有値は

$$\lambda_1=0,\quad \lambda_{2j}=\lambda_{2j+1}=2j\quad (j=1,2,3,\cdots)$$

であり，対応する固有関数を次のように選べる．

$$\varphi_1(x)=1,\quad \varphi_{2j}(x)=\cos jx,\quad \varphi_{2j+1}(x)=\sin jx\quad (j=1,2,3,\cdots).$$

この固有関数系が定理6.9の(i)–(v)をみたすことは容易に確かめられる．□

§6.2　Sturm の定理の精密化

本節では，Sturm の零点比較定理の一般化として，複数の固有関数の線形結合で表される関数

$$c_1\varphi_{k_1}(x)+c_2\varphi_{k_2}(x)+\cdots+c_N\varphi_{k_N}(x)$$

の零点の個数について考えてみよう．この問題は，常微分方程式の枠内で議論するよりも，放物型偏微分方程式の一般論から導いた方がわかりやすい．まず準備として，2階放物型偏微分方程式の最大値原理から述べよう．

(a)　放物型方程式の最大値原理

次の方程式を考える．

$$u_t=a(x,t)u_{xx}+b(x,t)u_x+c(x,t)u,\quad (x,t)\in D. \tag{6.9}$$

ここで D は xt 平面内の矩形領域 $\{(x,t)\in\mathbb{R}^2 \mid 0<x<l,\ t_1<t<t_2\}$ とし，係数 $a(x,t)$, $b(x,t)$, $c(x,t)$ は有界な関数で $a>0$ とする．D の部分領域 D_1 に対し，

$$\Sigma_1 = \partial D_1 \cap \{(x,t)\in\mathbb{R}^2 \mid t<t_2\}$$

とおく．ここで ∂D_1 は D_1 の境界である．次の補題が成り立つ．

補題 6.11　$u(x,t)$ は $\overline{D_1}$ 上で連続な関数で，D_1 上で方程式(6.9)をみたし，Σ_1 上で $u=0$ とする．このとき $\overline{D_1}$ 上で $u=0$ が成立する．□

上の補題は 2 階放物型偏微分方程式に対する最大値原理の特別の場合である．後の議論で必要となるので証明を与えておく．

［証明］　実数 λ を，D_1 上で $\lambda>c(x,t)$ が成り立つように選び，$v(x,t)=e^{-\lambda t}u$ とおくと，v は次の方程式をみたす．

$$v_t = a\,v_{xx} + b\,v_x + (c-\lambda)v\,. \tag{6.10}$$

いま仮に，u が $\overline{D_1}$ のどこかの点で正の値をとったとすると，v もその点で正になる．$\overline{D_1}$ 上で v が最大値を達成する点を (x^*,t^*) とおく．すると

$$v(x^*,t^*)>0\,.$$

もし $t^*=t_2$ であれば，λ を十分大きくとり直すことにより，新しい v が $t^*<t_2$ をみたすようにできる．そこで最初から $t^*<t_2$ として一般性を失わない．さらに，仮定より Σ_1 上で $v=0$ だから，点 (x^*,t^*) は D_1 の境界点ではない．よって点 (x^*,t^*) を通る微小な水平線分(x 軸に平行な線分)は D_1 に含まれる．これより

$$v_{xx}(x^*,t^*)\leqq 0, \quad v_x(x^*,t^*)=0\,.$$

よって(6.10)の右辺は点 (x^*,t^*) で負の値になる．一方，t 軸方向の変化を考えると，

$$v_t(x^*,t^*)=0\,.$$

すなわち(6.10)の左辺は点 (x^*,t^*) で 0 になる．これは矛盾である．以上より，u は $\overline{D_1}$ で正の値をとり得ないことがわかった．同様に負の値もとり得ない．ゆえに $\overline{D_1}$ 上で $u=0$．■

上の補題の変形版である次の補題も，後で第 2 種や第 3 種の境界条件を扱う際に役に立つ．

補題 6.12　$u(x,t)$ は $\overline{D_1}$ 上で連続な関数で，D_1 上で方程式(6.9)をみたし，$\Sigma_1\cap\{0<x<l\}$ 上で $u=0$ とする．また，$\Sigma_1\cap\{x=0,l\}$ 上では適当な定数 $M>0$ に対して $|u_x|\leqq M|u|$ をみたすとする．このとき $\overline{D_1}$ 上で $u=0$ が成立する．

［証明］　$\overline{D_1}$ 上で

$$\gamma l > M, \quad \lambda > c(x,t)+a(x,t)(\gamma^2 l^2+2\gamma)+|b(x,t)|\gamma l$$

が成り立つように定数 γ,λ を選び，

$$v(x,t) = e^{-\lambda t-\gamma(x-l/2)^2}u$$

とおくと，v は次の方程式をみたす．

$$v_t = a\,v_{xx}+\widetilde{b}\,v_x+\widetilde{c}\,v\,.$$

ここで

$$\widetilde{b} = b+4a\gamma\left(x-\frac{l}{2}\right), \quad \widetilde{c} = c-\lambda+a\left(4\gamma^2\left(x-\frac{l}{2}\right)^2+2\gamma\right)+2b\gamma\left(x-\frac{l}{2}\right).$$

また，

$$v_x(0,t) = e^{-\lambda t-\gamma l^2/2}(u_x(0,t)+\gamma l u(0,t)),$$
$$v_x(l,t) = e^{-\lambda t-\gamma l^2/2}(u_x(l,t)-\gamma l u(l,t))$$

より，v は直線 $x=0$, $x=l$ 上で正の最大値をとることはない．一方，仮定から，$\Sigma_1\cap\{a<x<b\}$ 上で $u=0$．よって v が $\overline{D_1}$ 上のどこかの点で正の値をとったとすると，$\overline{D_1}$ 上で v が最大値を達成する点 (x^*,t^*) は Σ_1 上にはない．これより，補題 6.11 と同様の議論で矛盾が導かれる．∎

(b)　関数の符号変化数

数直線 $\mathbb{R}$ 上に区間 $[0,l]$ をとり，これを固定する．$[0,l]$ 上で定義された実数値関数 $w(x)$ に対し，その「符号変化数」$z[w]$ を

(6.11)

$$z[w] = \sup\left\{ m\in\mathbb{N} \;\middle|\; \begin{array}{l} w(x_i)w(x_{i+1})<0\ (i=1,\cdots,m-1)\ \text{をみたす} \\ \text{点}\ a<x_1<x_2<\cdots<x_m<b\ \text{が存在する} \end{array} \right\}$$

と定義する．ただし，w が定符号，すなわち $w\geqq 0$ または $w\leqq 0$ で，かつ恒

等的に 0 でないときは $z[w]=1$ とし，$w\equiv 0$ のときは $z[w]=0$ と定めておく．容易にわかるように，$w(x)$ が C^1 級関数で，区間 $(0,l)$ 内に単純零点のみを有するならば，

$$z[w] = \text{区間}\,(0,l)\,\text{内での}\,w\,\text{の零点の数}+1$$

が成り立つ．

なお，周期境界条件を扱う際には，区間 $[0,l]$ の両端点を同一視して，$w(x)$ を円周上で定義された関数と見なすのが自然であるが，この場合も符号変化数が同様に定義できる．

例 6.13　$l=2\pi$ のとき，

$$z[\sin kx] = 2k, \quad z[\cos kx] = 2k+1 \quad (k=1,2,3,\cdots).$$

ただし，0 と 2π を同一視して，円周上の関数と見なした場合は，

$$z[\sin kx] = z[\cos kx] = 2k \quad (k=1,2,3,\cdots).$$

□

符号変化数 $z[\cdot]$ には，以下に見るようにある種の下半連続性がある．

命題 6.14　区間 $[0,l]$ 上の関数列 $w_k(x)$ $(k=1,2,3,\cdots)$ が $k\to\infty$ のとき関数 $w(x)$ に各点収束するならば，

$$\liminf_{k\to\infty} z[w_k] \geqq z[w].$$

□

証明はやさしいので省略する．とくに $w(x)$ が連続関数の場合は，ほとんどすべての x に対して $w_k(x)$ が $w(x)$ に収束するという仮定で十分である．

(c)　零点数非増大則

定理 6.15（零点数非増大則）　$u(x,t)$ は領域 $D=(0,l)\times(T_1,T_2)$ で方程式(6.9)をみたし，$\overline{D}$ 上で連続であるとする．このとき，$z[u(\cdot,t)]$ は，t の関数として，区間 $T_1<t<T_2$ 上で単調非増大である．

［証明］　$T_1<t_1<t_2<T_2$ をみたす t_1,t_2 を任意にとる．

$$z[u(\cdot,t_1)] \geqq z[u(\cdot,t_2)]$$

を示せばよい．z の定義から，線分 $\Gamma_2=\{(x,t_2)\,|\,0<x<l\}$ 上に順に並んだ点 $P_1,P_2,\cdots,P_N$（ただし $N=z[u(\cdot,t_2)]$）で

$$u(P_j)u(P_{j+1})<0 \quad (j=1,2,\cdots,N-1)$$

をみたすものが存在する．いま，$\overline{D}$ の部分集合 A_+,A_- を

$$A_+ = \{(x,t) \mid t_1 \leqq t \leqq t_2,\ 0 \leqq x \leqq l,\ u(x,t) > 0\},$$
$$A_- = \{(x,t) \mid t_1 \leqq t \leqq t_2,\ 0 \leqq x \leqq l,\ u(x,t) < 0\}$$

と定義すると，各 P_j は A_+ または A_- に属する．集合 A_+ または A_- の連結成分で点 P_j を含むものを D_j とおく．

さて D_j が線分 $\Gamma_1 = \{(x,t_1) \mid 0 < x < l\}$ と共通部分をもつことを示そう．まず Dirichlet 条件の場合に，もし $D_j \cap \Gamma_1 = \varnothing$ であれば，集合 $\Sigma_j = \partial D_j \cap \{(x,t) \mid t < t_2\}$ 上で $u=0$ となる．よって補題 6.11 より，D_j 上で $u=0$ となってしまい，$P_j \in D_j$ という仮定に反する．同様に Neumann 条件や Robin 条件の場合も，$D_j \cap \Gamma_1 = \varnothing$ であれば補題 6.12 より矛盾が得られる．よっていずれの場合にも，

$$D_j \cap \Gamma_1 \neq \varnothing$$

が示された．

Q_j を $D_j \cap \Gamma_1$ に属する点とすると，D_j が連結であることから，点 P_j と Q_j を D_j 内の曲線で結ぶことができる．この曲線を C_j とおくと，曲線 C_j 上で u は定符号であり，C_j と C_{j+1} 上では逆の符号になる．よって曲線 C_j と C_{j+1} は交わらない．これより，点 $Q_1, Q_2, \cdots, Q_N$ は線分 Γ_1 上に左からこの順序で並んでいることがわかる(図 6.3 参照)．$u(P_j)$ と $u(Q_j)$ は同符号だから，

$$u(Q_j)u(Q_{j+1}) < 0 \quad (j = 1, 2, \cdots, N-1)$$

が成り立つ．したがって $z[u(\cdot, t_1)] \geqq N = z[u(\cdot, t_2)]$．∎

(d)　放物型方程式と固有関数展開

$u(x,t)$ を方程式

(6.12)　　$u_t = a(x)u_{xx} + b(x)u_x + c(x)u, \quad (x,t) \in D$

の解とする．境界 $x = 0, l$ において適当な境界条件をおく(第1種–第3種)．すると §3.2 で学んだように，解 $u(x,t)$ は次の形に固有関数展開される．

$$u(x,t) = \sum_{k=1}^{\infty} e^{-\lambda_k t} \varphi_k(x)\,.$$

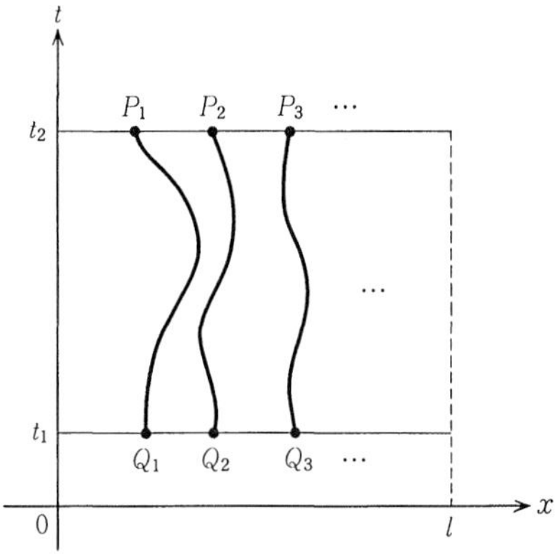

図 6.3　点 P_j と Q_j の配置

ここで λ_k $(k=1,2,3,\cdots)$ は微分作用素 $-L=-a(x)\dfrac{d^2}{dx^2}-b(x)\dfrac{d}{dx}-c(x)$ (に境界条件を課したもの)の固有値で，$\varphi_k(x)$ $(k=1,2,3,\cdots)$ は対応する固有関数である．とくに方程式が，

$$u_t=(p(x)u_x)_x+r(x)u$$

という Sturm–Liouville 型をしている場合は，周期境界条件の場合にも上の展開式が成り立つ．

(e)　Sturm の定理の精密化——部分空間の特徴付け

さて，いよいよ本節の主題をなす定理を述べよう．

定理 6.16　固有値問題(6.1)あるいは(6.2)の固有値を $\lambda_1<\lambda_2<\lambda_3<\cdots$ とし，対応する固有関数を $\varphi_1,\varphi_2,\varphi_3,\cdots$ とする．このとき，任意の自然数 $m\leqq n$ と定数 $c_m,c_{m+1},\cdots,c_n$ (ただし $c_m,c_n\neq 0$)に対し

$$z[\varphi_m]\leqq z\left[\sum_{k=m}^{n}c_k\varphi_k\right]\leqq z[\varphi_n]$$

が成立する．

［証明］

$$u(x,t)=\sum_{k=m}^{n}c_ke^{-\lambda_kt}\varphi_n(x)$$

とおくと，u は放物型偏微分方程式(6.12)を $0<x<l$, $t\in\mathbb{R}$ でみたし，かつ所定の境界条件(Dirichlet や Neumann など)を満足する．よって，定理6.15より，

$$z[u(\cdot,t)]\leqq z[u(\cdot,0)]=z\left[\sum_{k=m}^{n}c_k\varphi_k\right]\quad(t\geqq 0),$$

$$z[u(\cdot,t)]\geqq z[u(\cdot,0)]=z\left[\sum_{k=m}^{n}c_k\varphi_k\right]\quad(t\leqq 0)$$

が成り立つ．しかるに

$$z[u(\cdot,t)]=z[e^{\lambda_m t}u(\cdot,t)]=z\left[c_m\varphi_m+\sum_{k=m+1}^{n}c_k e^{(\lambda_m-\lambda_k)t}\varphi_k\right]$$

であり，$t\to\infty$ のとき

$$c_m\varphi_m(x)+\sum_{k=m+1}^{n}c_k e^{(\lambda_m-\lambda_k)t}\varphi_k(x)\to c_m\varphi_m(x)$$

が任意の $x\in[0,l]$ に対して成り立つから，命題6.14より，

$$\lim_{t\to\infty}z\left[c_m\varphi_m+\sum_{k=m+1}^{n}c_k e^{(\lambda_m-\lambda_k)t}\varphi_k\right]\geqq z[c_m\varphi_m]=z[\varphi_m]$$

が成り立つ．よって，$z[\varphi_m]\leqq z[u(\cdot,0)]$ が示された．

次に，2番目の不等式を示そう．

$$z[u(\cdot,t)]=z[e^{\lambda_n t}u(\cdot,t)]=z\left[c_n\varphi_n+\sum_{k=m}^{n-1}c_k e^{(\lambda_n-\lambda_k)t}\varphi_k\right]$$

と変形し，$t\to-\infty$ のとき

$$c_n\varphi_n(x)+\sum_{k=m}^{n-1}c_k e^{(\lambda_n-\lambda_k)t}\varphi_k(x)\to c_n\varphi_n(x)$$

となることに注意する．この収束は，区間 $[0,l]$ 上の一様収束であり，また，導関数も一様収束する．このことと，$\varphi_n(x)$ が退化した零点(すなわち $\varphi_n(x)=\varphi_n'(x)=0$ となる点)をもたないことから，絶対値の十分大きな負の t に対して

$$z\left[c_n\varphi_n+\sum_{k=m}^{n-1}c_k e^{(\lambda_n-\lambda_k)t}\varphi_k\right]=z[c_n\varphi_n]=z[\varphi_n]$$

が成り立つ．こうして，$z[u(\cdot,0)] \leqq z[\varphi_n]$ が示された． ∎

上の定理は，無限級数の場合に拡張できる．すなわち次の系が成り立つ．

系 6.17　m を勝手な自然数，$c_m, c_{m+1}, c_{m+2}, \cdots$ を級数

$$\sum_{k=m}^{\infty} c_k \varphi_k(x)$$

が収束するような実数列(ただし $c_m \neq 0$)とすると，

$$z\left[\sum_{k=m}^{\infty} c_k \varphi_k\right] \geqq z[\varphi_m]$$

が成り立つ．

［証明］　定理 6.16 の証明と同じ考え方で，$t \to \infty$ のとき

$$c_m \varphi_m(x) + \sum_{k=m+1}^{\infty} c_k e^{(\lambda_m - \lambda_k)t} \varphi_k(x) \to c_m \varphi_m(x)$$

がほとんどすべての x に対して成り立つことをいえばよい．上の収束は，少なくとも平均収束の意味で成立する．平均収束する関数列からは，必ず各点収束する部分列がとれるから，適当な実数列 $t_1 < t_2 < t_3 < \cdots \to \infty$ を見つけて，左辺で $t = t_j$ とおいたものが $j \to \infty$ のとき右辺に(ほとんどいたるところで)各点収束するようにできる．これと命題 6.14 の後の注意から系の結論が従う． ∎

§6.3　応　用

定理 6.16 には，さまざまな応用がある．とりわけ 1980 年代半ばに，この定理が空間 1 次元の非線形拡散方程式が生成する力学系の構造安定性の研究に役立つことがわかり，近年ふたたび注目されるようになった．そうした理論の詳細を述べるのは本書の範囲を超えているので，ここでは比較的やさしい応用例を 2 つ紹介することにする．

(a)　凸閉曲線の曲率

平面上の単純閉曲線 Γ が囲む領域を D とする．曲線 Γ が凸であるとは，

Γ 上の任意の2点を結ぶ線分が $D\cup\Gamma$ に含まれることをいう.

Γ が C^2 級の曲線であれば，その各点 P における曲率が定まる．これを $k(P)$ で表そう．曲率 $k(P)$ が一定となるのは Γ が円の場合である．また，いたるところ $k(P)>0$ をみたす単純閉曲線が凸であることも容易に確かめられる．次の命題が成り立つ.

命題 6.18　Γ の曲率 k はいたるところ正で，かつ Γ は円ではないとする．このとき，k は Γ 上で少なくとも2個の極大点と極小点をもつ．　□

証明に入る前に，まず凸曲線に対する便利なパラメータ表示を導入しておこう．Γ 上の各点 P に対し，P を始点とする外向き法線ベクトルが x 軸となす角を $\theta(P)$ とおくと，対応

$$P\longmapsto\theta(P)$$

は Γ から区間 $[0,2\pi]$（ただし0と 2π は同一視する）への1対1写像をなす．つまり，曲線 Γ 上の点は θ を与えるごとに一意的に定まるので，Γ は θ によってパラメータ表示できる．そこで，曲率 k も θ の関数とみなして $k(\theta)$ と書くことにする.

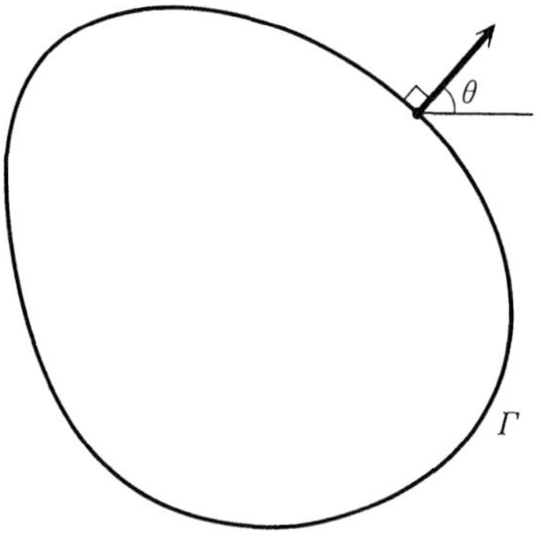

図 6.4　凸閉曲線とその法線ベクトル

[命題 6.18 の証明]　弧長パラメータを s とおくと，

$$d\theta=k\,ds,\quad dx=-\sin\theta\,ds,\quad dy=\cos\theta\,ds$$

となる．Γ は閉曲線だから，

$$\int_\Gamma dx = \int_\Gamma dy = 0\,.$$

ゆえに

$$-\int_0^{2\pi} \frac{\sin\theta}{k(\theta)}d\theta = \int_0^{2\pi} \frac{\cos\theta}{k(\theta)}d\theta = 0\,. \tag{6.13}$$

いま，関数 $w(\theta) := 1/k(\theta)$ の Fourier 級数展開を

$$w(\theta) = \frac{a_0}{2} + \sum_{k=1}^{\infty} a_k \cos k\theta + \sum_{k=1}^{\infty} b_k \sin k\theta$$

とおくと，(6.13)より $a_1 = b_1 = 0$．よって

$$w(\theta) - \frac{a_0}{2} = \sum_{k=2}^{\infty} (a_k \cos k\theta + b_k \sin k\theta)\,.$$

Γ は円でないと仮定したから，上式の左辺は恒等的に 0 にはならない．よって定理 6.16 と例 6.13 より $w(\theta) - \dfrac{a_0}{2}$ は少なくとも 4 回符号を変える．これから，$w(\theta)$ は少なくとも 2 個の極大点と 2 個の極小点をもつことがわかる．$w(\theta)$ の極大点と極小点は，それぞれ $k(\theta)$ の極小点と極大点であるから，命題の結論が成り立つ． ∎

例えば Γ が楕円の場合，その曲率はちょうど 2 点で最大値をとり，ちょうど 2 点で最小値をとる．

(b)　相異なる作用素の固有空間どうしの関係

有限閉区間上での Sturm–Liouville 型作用素，あるいはこれに変形できる 2 階の常微分作用素の固有関数系が完全直交系をなすことは，第 2 章で学んだ Hilbert–Schmidt の展開定理の帰結である．この完全性という性質から，関数空間 $L^2(0,l)$（より正確には(6.8)に現れる $m(x)$ を重み関数とする L^2 空間(演習問題 6.3 参照)）に属する任意の関数は，与えられた作用素の固有関数によって展開できる．係数が変われば固有関数系も変わるが，異なる微分作用素どうしの固有関数を混在させても，完全性は保たれるという驚くべき性質がある．このことについて述べよう．

いま，区間 $0 < x < l$ 上で 2 つの微分作用素

$$L_1 = a_1(x)\frac{d^2}{dx^2} + b_1(x)\frac{d}{dx} + c_1(x)$$

および

$$L_2 = a_2(x)\frac{d^2}{dx^2} + b_2(x)\frac{d}{dx} + c_2(x)$$

が与えられているとする．適当な境界条件(第1種–第3種)の下での $-L_1$ と $-L_2$ の固有値を，それぞれ

$$\lambda_1 < \lambda_2 < \lambda_3 < \cdots, \quad \mu_1 < \mu_2 < \mu_3 < \cdots$$

とし，対応する固有関数を，それぞれ

$$\varphi_1(x),\ \varphi_2(x),\ \varphi_3(x),\ \cdots, \quad \psi_1(x),\ \psi_2(x),\ \psi_3(x),\ \cdots$$

とする．このとき，次の命題が成立する．

命題 6.19　N を勝手な自然数とすると，関数系

$$\psi_1(x),\ \cdots,\ \psi_N(x),\ \varphi_{N+1}(x),\ \varphi_{N+2}(x),\ \cdots$$

は，$L^2(0,l)$ の中で完全系をなす．すなわち $L^2(0,l)$ に属する任意の関数が，上の関数系を用いた級数で表される．

［証明］　関数 $\psi_1(x),\cdots,\psi_N(x)$ で張られる $L^2(0,l)$ の部分空間を X とおき，$\varphi_{N+1}(x),\ \varphi_{N+2}(x),\ \cdots$ で張られる部分空間(すなわちこれらの関数の線形結合全体のなす空間の閉包)を Y とおくと，

$$\dim X = N, \quad \operatorname{codim} Y = N$$

が成り立つ．したがって，X と Y の共通部分が0であることを示せば，$X+Y$ が全空間 $L^2(0,l)$ に一致することがいえ，これより命題の結論が従う．しかるに，定理6.16より，

$$z[u] \leqq N\ (\forall u \in X), \quad z[v] \geqq N+1\ (\forall v \in Y,\ v \neq 0)$$

となるから，X と Y の共通部分が0であるのは明らかである．∎

《要約》

6.1　Sturm–Liouville 型作用素の固有関数の零点の性質を調べた．

6.2　与えられた固有関数が何番目の固有値に属するかを調べるのは，安定性

解析などに重要であるが，Sturm–Liouville 型作用素の場合は，零点の個数だけから，かなりの情報が引き出せる．

6.3 複数の固有関数の線形結合で表される関数についても零点の個数の評価が得られる．

6.4 その結果を，凸閉曲線の曲率の問題などに応用した．

演習問題

6.1 区間 $[0,2\pi]$ で周期境界条件を課したときの，微分作用素 $L=\dfrac{d^2}{dx^2}+\dfrac{d}{dx}$ の固有値を決定せよ．

6.2 $\varphi(x), \psi(x)$ を Sturm–Liouville 型の固有値問題(6.3)の相異なる固有値に属する固有関数とする．このとき次の直交関係を示せ．

$$\int_0^l m(x)\varphi(x)\psi(x)dx = 0\,.$$

6.3 初期境界値問題

$$\begin{cases} u_t = u_{xx}+4u & (0<x<\pi,\ t>0) \\ u(x,0) = u_0(x) & (0<x<\pi) \\ u(0,t) = u(\pi,t) = 0 & (t>0) \end{cases}$$

を考える．ここで，$u_0(x)$ は，$u_0(0)=u_0(\pi)=0$ をみたす区間 $[0,\pi]$ 上の連続関数である．

(1) 解 $u(x,t)$ を固有関数展開を用いて計算せよ．

(2) もし $u(x,t)\to 0$ $(t\to\infty)$ であるならば，各 $t>0$ に対して

$$u(\xi,t)=0, \quad 0<\xi<\pi$$

を満たす点 ξ が 2 個以上存在することを示せ．

6.4 付録 B で扱った多次元領域上の固有値問題(B.1)の固有関数に対しても，問題 6.2 と同様の直交関係が成り立つことを示せ．

付録 A Herglotz 関数

$\mathbb{C}_+$ を複素平面 $\mathbb{C}$ 内の上半平面 $\{z\in\mathbb{C};\ \mathrm{Im}\, z>0\}$ とする．$\mathbb{C}_+$ 上の正則関数でその虚部が非負のものを Herglotz 関数という．この関数は 20 世紀初頭に Carathéodory，Schur，F. Riesz，Herglotz，Nevanlinna らに考察され人によって呼び名が一定していない．ここではあまり根拠はないが，最近多くの人がそう呼んでいるので Herglotz 関数ということにする．まずその表現定理を考えよう．

補題 A. 1　f を $\mathbb{C}$ 内の単位円 $D=\{z\in\mathbb{C};\ |z|<1\}$ 上で正則で虚部が非負とすると，f は $\alpha\in\mathbb{R}$ と $[0,2\pi)$ 上の測度 μ により積分表現

$$f(z)=\alpha+\frac{i}{2\pi}\int_0^{2\pi}\frac{e^{i\theta}+z}{e^{i\theta}-z}\mu(d\theta)$$

をもつ．

［証明］　$r<1$ とし $u_r(z)=\mathrm{Im}\, f(rz)$ とおくと u_r は $\overline{D}$ で連続で D で調和になるので Poisson 核により

$$\begin{aligned}u_r(z)&=\frac{1}{2\pi}\int_0^{2\pi}\frac{1-|z|^2}{|e^{i\theta}-z|^2}u_r(e^{i\theta})\,d\theta\\&=\mathrm{Im}\,\frac{i}{2\pi}\int_0^{2\pi}\frac{e^{i\theta}+z}{e^{i\theta}-z}u_r(e^{i\theta})\,d\theta\end{aligned}$$

と表現できる．したがって $\mu_r(d\theta)=u_r(e^{i\theta})d\theta$ とおくと f は

$$f(rz)=\mathrm{Re}\, f(0)+\frac{i}{2\pi}\int_0^{2\pi}\frac{e^{i\theta}+z}{e^{i\theta}-z}\mu_r(d\theta)$$

となる．仮定より μ_r は $[0,2\pi)$ 上の測度になるが，$\mu_r([0,2\pi))=2\pi\,\mathrm{Im}\, f(0)$

で r に無関係となるので，0 と 2π を同一視することにより，ある列 $r_n \uparrow 1$ と $[0, 2\pi)$ 上の測度 μ が存在して μ_{r_n} は μ に弱収束する(Helly の選出定理). ▮

定理 A. 2　h を Herglotz 関数とすると，ある $\alpha \in \mathbb{R}$, $\beta \geqq 0$ と $\mathbb{R}$ 上の測度 σ が存在して h は次の表現をもつ.

$$h(\lambda) = \alpha + \beta\lambda + \int_{\mathbb{R}} \left(\frac{1}{\xi - \lambda} - \frac{\xi}{1+\xi^2} \right) \sigma(d\xi) \quad \left(\int_{\mathbb{R}} \frac{\sigma(d\xi)}{1+\xi^2} < \infty \right).$$

［証明］　$z = (\lambda - i)/(\lambda + i)$ とおくと $\lambda \in \mathbb{C}_+$ のとき $z \in D$ であるから

$$f(z) = h\left(i\frac{1+z}{1-z} \right)$$

は D 上で正則で非負の虚部をもつ．したがって補題より f は

$$f(z) = \alpha + \frac{i}{2\pi} \int_0^{2\pi} \frac{e^{i\theta} + z}{e^{i\theta} - z} \mu(d\theta)$$

となる．そこで $\beta = \mu(\{0\})/2\pi$ とおくと，変数変換

$$\frac{\sigma(d\xi)}{1+\xi^2} = \frac{\sigma(d\theta)}{2\pi}, \quad e^{i\theta} = \frac{\xi - i}{\xi + i} \quad (\lambda \in \mathbb{C}_+,\ \xi \in \mathbb{R})$$

により定理の結論を得る. ▮

Herglotz 関数 h に対して定理 A. 2 の測度 σ を h の表現測度という．表現測度の h からの導出については

定理 A. 3　σ を Herglotz 関数 h の表現測度とすると有限区間 $I\,(\subset \mathbb{R})$ に対してもし $\sigma(\partial I) = 0$ なら

$$\sigma(I) = \frac{1}{\pi} \lim_{\varepsilon \downarrow 0} \int_I \operatorname{Im} h(\xi + i\varepsilon)\, d\xi .$$

［証明］　h が定理 A. 2 の表現をもつとすると $x + i\varepsilon \in \mathbb{C}_+$ に対し

$$\operatorname{Im} h(x + i\varepsilon) = \beta\varepsilon + \int_{\mathbb{R}} \frac{\varepsilon}{(x-\xi)^2 + \varepsilon^2} \sigma(d\xi)$$

となるので $\varphi \in C_0(\mathbb{R})$ (台がコンパクトな連続関数) とすると

$$\int_{\mathbb{R}} \varphi(x) \frac{1}{\pi} \operatorname{Im} h(x + i\varepsilon)\, dx = \frac{\beta\varepsilon}{\pi} \int_{\mathbb{R}} \varphi(x)\, dx + \int_{\mathbb{R}} (p_\varepsilon * \varphi)(\xi) \sigma(d\xi)$$

となる．ただし p_ε は $\mathbb{C}_+$ 上の Poisson 核で

$$p_\varepsilon(x)=\frac{1}{\pi}\frac{\varepsilon}{x^2+\varepsilon^2}$$

である．$\varepsilon\searrow 0$ とすれば上式の右辺は $\int_{\mathbb{R}}\varphi(\xi)\sigma(d\xi)$ に収束するので定理の結論を得る． ∎

定理 A.4　h が Herglotz 関数で，ある $0<\gamma<2$ に対して

$$\int_1^\infty \frac{\operatorname{Im} h(iy)}{y^\gamma}dy<\infty$$

をみたすなら表現測度 σ は

$$\int_{\mathbb{R}}\frac{\sigma(d\xi)}{1+|\xi|^\gamma}<\infty$$

をみたし $\beta=0$ となる．さらにこのとき $y\to+\infty$ なら

$$y\operatorname{Im} h(iy)\nearrow\sigma(\mathbb{R})\leqq\infty.$$

［証明］

$$\operatorname{Im} h(iy)=\beta y+\int_{\mathbb{R}}\frac{y}{\xi^2+y^2}\sigma(d\xi)$$

であるから定理 A.4 の仮定より明らかに $\beta=0$ である．さらにこのとき

$$\int_1^\infty\frac{\operatorname{Im} h(iy)}{y^\gamma}dy=\int_{\mathbb{R}}\sigma(d\xi)\int_1^\infty\frac{y^{1-\gamma}}{\xi^2+y^2}dy$$

となるが，$\int_1^\infty y^{1-\gamma}dy/(\xi^2+y^2)=O(|\xi|^{-\gamma})$ $(|\xi|\to\infty)$ に注意すればただちに定理を得る． ∎

次の Herglotz 関数の指数関数表示もしばしば有効である．

定理 A.5　h を Herglotz 関数とすると，ある $\alpha\in\mathbb{R}$ により

$$h(\lambda)=\exp\left\{\alpha+\frac{1}{\pi}\int_{\mathbb{R}}\left(\frac{1}{\xi-\lambda}-\frac{\xi}{1+\xi^2}\right)\arg h(\xi+i0)d\xi\right\}.$$

［証明］　$\log z$ を $\mathbb{C}_+$ 上で $\log i=\frac{\pi}{2}i$ をみたすように正則関数として定義すると，h が Herglotz 関数で $\operatorname{Im} h$ が 0 にならないとき，$H(\lambda)=\log h(\lambda)$ も $\operatorname{Im} H(\lambda)=\arg h(\lambda)\in(0,\pi)$ であるから Herglotz 関数となる．この場合には $\operatorname{Im} H(\lambda)$ は有界であるから補題の証明で用いた $u_r(e^{i\theta})$ も有界になる．したがって測度 $\mu_r(d\theta)$ の弱極限 $\mu(d\theta)$ は $d\theta$ に関して絶対連続になる．その密度を

$\rho(\theta)$ とすると，一般に $\rho\in L^1(d\theta)$ ならば a.e. θ に関して $u_r(e^{i\theta})\to\rho(\theta)$ $(r\to 1)$ となることが知られている．したがって λ–変数にもどせば $\operatorname{Im}H(\xi+i\varepsilon)\to \arg h(\xi+i0)$ (a.e. $\xi\in\mathbb{R}$) が分かる．よって定理 A.3 より

$$H(\lambda)=\alpha+\beta\lambda+\frac{1}{\pi}\int_{\mathbb{R}}\left(\frac{1}{\xi-\lambda}-\frac{\xi}{1+\xi^2}\right)\arg h(\xi+i0)\,d\xi$$

となるが，$\operatorname{Im}H$ の有界性より $\beta=0$ でなければならない． ∎

付録B 多次元領域における固有関数の零点

2階常微分作用素の固有関数については，その零点の個数や配置に強い規則性があることを第6章で学んだ．その結果の一部は，弱い形ながら，多次元領域における2階偏微分作用素に対しても成り立つことが知られている．第6章では，領域の次元が1であるという特殊性に根ざした議論を展開したが，高次元では同じやり方は通用しない．本質的に別のアプローチが必要となる．その鍵となるのが，変分原理による固有値と固有関数の特徴づけである．本付録では，固有関数の零点の性質を調べるのに変分原理がどう生かされているかについて，大筋を解説することにしよう．

§B.1 対称微分作用素に対する固有値問題

第6章で扱ったSturm–Liouville型の固有値問題

$$\frac{d}{dx}\left(p(x)\frac{d\varphi}{dx}\right)+r(x)\varphi=-\lambda m(x)\varphi$$

の大きな特徴の一つは，左辺に現れる微分作用素

$$\widetilde{L}=\frac{d}{dx}p(x)\frac{d}{dx}+r(x)$$

が，第1種–第3種境界条件の下で，

$$\int_0^l \varphi(\widetilde{L}\psi)dx=\int_0^l (\widetilde{L}\varphi)\psi\,dx$$

という対称性をもつことにあった．この性質により，$\widetilde{L}$ は空間 $L^2(0,l)$ 上の

自己共役作用素に拡張され，上記の固有値問題に対して第2章で述べた自己共役作用素の一般論が適用できた．

上記の固有値問題を，一般の n 次元に拡張すると次のような形になる．簡単のため，Dirichlet 境界条件の場合だけを記しておく．

$$
\text{(B.1)} \quad \begin{cases} \displaystyle\sum_{i,j=1}^{n} \frac{\partial}{\partial x_i}\left(p_{ij}(x)\frac{\partial \varphi}{\partial x_j}\right) + r(x)\varphi = -\lambda m(x)\varphi & (x \in \Omega) \\ \varphi = 0 & (x \in \partial\Omega). \end{cases}
$$

ここで Ω は n 次元 Euclid 空間 $\mathbb{R}^n$ 内の有界領域で，その境界 $\partial\Omega$ は滑らかであるとする．また，係数 $p_{ij}(x)$, $r(x)$, $m(x)$ は $\overline{\Omega}$ 上で定義された滑らかな関数で，$m(x)>0$ であり，

$$
p_{ij}(x) = p_{ji}(x)
$$

および適当な定数 $M, \delta > 0$ に対して以下が成り立つと仮定する．

$$
\text{(B.2)} \quad \delta|\xi|^2 \leqq \sum_{i,j=1}^{n} p_{ij}(x)\xi_i\xi_j \leqq M|\xi|^2 \quad (\forall \xi = (\xi_1, \cdots, \xi_n) \in \mathbb{R}^n).
$$

上の条件(B.2)は，(B.1)の左辺に現れる微分作用素

$$
\text{(B.3)} \quad L = \sum_{i,j=1}^{n} \frac{\partial}{\partial x_j}\left(p_{ij}(x)\frac{\partial}{\partial x_i}\right) + r(x)
$$

が**一様楕円型**であることを意味している(村田・倉田著『楕円型・放物型偏微分方程式』(岩波書店，2006)参照)．

Dirichlet 境界条件をみたす C^2 級関数 u, v に対し，Green の定理から

$$
\int_{\Omega} u(Lv)dx = \int_{\Omega} (Lu)v\,dx
$$

がしたがう．この性質により，L は空間 $L^2(\Omega)$ における自己共役作用素に一意的に拡張できる．

典型的な例として，$p_{ij} \equiv 0$ $(i \neq j)$, $p_{ii} \equiv 1$ $(i = 1, 2, \cdots, n)$, $m \equiv 1$ のとき，(B.1)は

$$
\text{(B.4)} \quad \begin{cases} \Delta\varphi + r(x)\varphi = -\lambda\varphi & (x \in \Omega) \\ \varphi = 0 & (x \in \partial\Omega) \end{cases}
$$

という Schrödinger 型の固有値問題に帰着する．（ここで $\Delta=\partial^2/\partial x_1^2+\cdots+\partial^2/\partial x_n^2$ は Laplace 作用素である．）

§B.2　固有関数の節

固有値問題(B.1)，すなわち

$$
\text{(B.5)}\qquad \begin{cases} L\varphi=-\lambda m(x)\varphi & (x\in\Omega) \\ \varphi=0 & (x\in\partial\Omega) \end{cases}
$$

の固有値を小さいものから重複度を込めて並べたものを

$$\lambda_1\leqq\lambda_2\leqq\lambda_3\leqq\cdots$$

とし，対応する固有関数を

$$\varphi_1,\ \varphi_2,\ \varphi_3,\ \cdots$$

とする．各固有値は単純とは限らないから，例えば k 番目の固有関数といっても一意には定まらない．曖昧さによる混乱を避けるため，以下では，(B.5)の固有値 λ が‘k 番目の固有値’であるとは，λ より小さな固有値の総数(ただし重複度を込めて数える)が $k-1$ に等しいことと定義する．

この定義によれば，λ が k 番目の固有値であることと，$\lambda=\lambda_k$ かつ $\lambda_{k-1}<\lambda_k$ であることとは同値である．また，$\lambda_{k-1}<\lambda_k=\lambda_{k+1}$ のとき，φ_k も φ_{k+1} も k 番目の固有値に属する固有関数である．

$\varphi(x)$ を固有値問題(B.5)の固有関数とするとき，$\overline{\Omega}$ の部分集合

$$K_\varphi=\{x\in\overline{\Omega}\mid\varphi(x)=0\}$$

を φ の**節**(node)と呼ぶ．$n=1$ のとき K_φ は有限個の点の集まりであり，$n=2$ のとき一般に K_φ は曲線あるいは曲線の集まり，$n=3$ のときは曲面あるいは曲面の集まりになる．弦や膜の振動の問題を例にとれば，固有関数の節は，弦や膜が固有振動をする際に動かない場所，すなわち通常の意味での節に対応する．次の定理が成り立つ．

定理 B.1　$\varphi(x)$ を(B.5)の k 番目の固有値に属する固有関数とする．このとき，$\varphi(x)$ の節は，領域 Ω を高々 k 個の部分領域に分割する．　□

図B.1に，単位円板上の $-\Delta$ の固有関数の節の様子を示した．陰影部と白ヌキの部分の境界が節である．これは(B.4)で $r(x)\equiv 0$ とした場合に相当する．この場合，

$$0<\lambda_1<\lambda_2=\lambda_3<\lambda_4=\lambda_5<\lambda_6<\lambda_7=\lambda_8<\lambda_9=\lambda_{10}<\cdots$$

であり，$\lambda_1, \lambda_2, \lambda_4, \lambda_6, \lambda_7, \lambda_9$ に属する固有関数の様子が図の(a)，(b)，(c)，(d)，(e)，(f)に示されている．この例からもわかるように k 番目の固有値に属する固有関数の節によって分けられる部分領域の個数は，ちょうど k とは限らない．

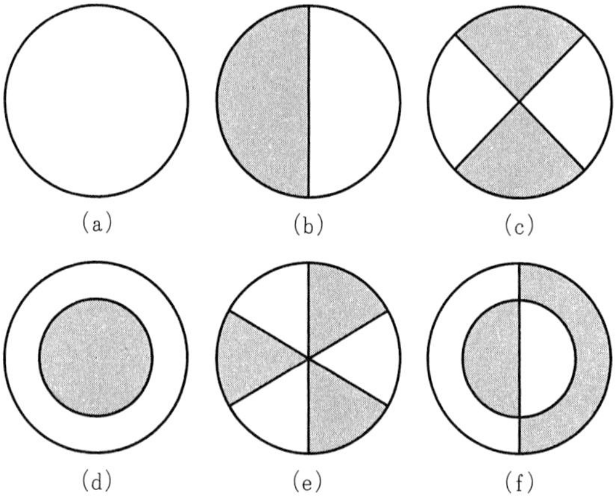

図B.1　円板上のLaplace作用素の固有関数

§B.3　変分原理による固有値問題の定式化

弦や膜の固有振動を見出す有力な方法として，古くからさまざまな形の変分原理が役立ってきた．§2.4で解説したミニマックス原理はその代表例である．本付録で以下扱う変分原理は，ミニマックス原理そのものではないが，基本的な考え方は似通っている．

まず，固有値問題(B.5)の固有値と固有関数をさきほどと同じように

(B.6)　$$\lambda_1 \leqq \lambda_2 \leqq \lambda_3 \leqq \cdots$$

(B.7)
$$\varphi_1,\ \varphi_2,\ \varphi_3,\ \cdots$$

と書き表しておく．この固有関数は，直交関係

$$\int_\Omega m(x)\varphi_i(x)\varphi_j(x)dx = 0 \quad (i \neq j)$$

をみたす(演習問題 6.4 参照)．いま，$\overline{\Omega}$ 上の勝手な C^2 級関数 $u(x)$ をとり，その固有関数展開を

(B.8)
$$u(x) = \sum_{k=1}^{\infty} c_k\varphi_k(x)$$

とすると，

$$-Lu = \sum_{k=1}^{\infty} c_k\lambda_k m(x)\varphi_k(x)$$

だから，上記の直交性より

$$-\int_\Omega uLu\,dx = \sum_{k=1}^{\infty} c_k^2\lambda_k \int_\Omega m(x)\varphi_k^2\,dx$$

となる．一方，部分積分(Green の定理)より，u が $\partial\Omega$ 上で Dirichlet 境界条件をみたせば

$$-\int_\Omega uLu\,dx = \int_\Omega \left(\sum_{i,j=1}^{n} p_{ij}(x)u_{x_i}u_{x_j} - r(x)u^2 \right) dx$$

となる．以上より，Dirichlet 境界条件をみたす C^2 級関数 $u(x)$ に対して

(B.9)
$$\int_\Omega \left(\sum_{i,j=1}^{n} p_{ij}(x)u_{x_i}u_{x_j} - r(x)u^2 \right) dx = \sum_{k=1}^{\infty} c_k^2\lambda_k \int_\Omega m(x)\varphi_k^2\,dx$$

が成り立つことがわかった．また，$\{\varphi_k\}_{k=1}^{\infty}$ の直交性から

(B.10)
$$\int_\Omega m(x)u^2\,dx = \sum_{k=1}^{\infty} c_k^2 \int_\Omega m(x)\varphi_k^2\,dx$$

となるのも明らかである．

さて，(B.9)の左辺の積分を $\mathcal{H}[u]$ とおこう．これは一種の汎関数である．関係式(B.9)は，u が C^2 級関数でなくても，両辺がきちんと意味をもつような関数のクラスに属すれば成立する．(C^2 級関数による近似列を考え，極限移行すればよい．) 具体的な関数のクラスとしては，仮定(B.2)より

$$\delta|\nabla u|^2 \leqq \sum_{i,j=1}^{n} p_{ij}(x)u_{x_i}u_{x_j} \leqq M|\nabla u|^2$$

となることから，

$$\int_\Omega |\nabla u|^2 dx < \infty, \quad \int_\Omega u^2 dx < \infty$$

が成り立つ関数のクラス，すなわち u もその1階偏導関数も $L^2(\Omega)$ に属するような関数の全体が，汎関数 $\mathcal{H}[u]$ が自然に意味をもつクラスである．さらに境界条件も考慮すると，境界 $\partial\Omega$ 上で $u=0$ でなければならない．これらの条件をみたす関数全体のなす空間は，Sobolev 空間と総称される関数空間の1つで，$W_0^{1,2}(\Omega)$ と書き表される．この空間に属する任意の関数 $u(x)$ に対して(B.9)が成立する．しかしこのような空間に慣れていない読者は，$W_0^{1,2}(\Omega)$ の部分空間である次の空間を考えても後述の議論の展開には支障がない．

$\overline{\Omega}$ 上で区分的に C^1 級で，$\partial\Omega$ 上で0になる関数全体の空間．

この空間を，以下，X と書き表そう．

さて，λ_k を(B.5)の k 番目の固有値とする．すなわち $\lambda_{k-1}<\lambda_k$ が成り立つとする．X の部分空間 X_{k-1} を

$$X_{k-1}=\left\{u \in X \;\middle|\; \int_\Omega m(x)u\varphi_j\, dx = 0 \ (j=1,2,\cdots,k-1)\right\}$$

と定める．$u \in X_{k-1}$ であることと，u の固有関数展開(B.8)において $c_1=c_2=\cdots=c_{k-1}=0$ が成り立つこととは同値である．したがって $u \in X_{k-1}$ のとき，

$$\frac{\mathcal{H}[u]}{\int_\Omega m(x)u^2 dx} = \frac{\sum_{j=k}^{\infty} c_k^2 \lambda_k \int_\Omega m(x)\varphi_k^2 dx}{\sum_{j=k}^{\infty} c_k^2 \int_\Omega m(x)\varphi_k^2 dx}$$

が成り立つ．これよりただちに以下の命題が得られる．

命題 B.2　固有値問題(B.5)の k 番目の固有値 λ_k は，

$$\lambda_k = \min_{u \in X_{k-1}, u \neq 0} \frac{\mathcal{H}[u]}{\int_\Omega m(x)u^2 dx} \tag{B.11}$$

で与えられる．また，(B.11)の右辺の最小値を達成する関数は，すべて λ_k に属する固有関数である．

［証明］ λ_k の重複度を r，すなわち

$$\lambda_{k-1} < \lambda_k = \lambda_{k+1} = \cdots = \lambda_{k+r-1} < \lambda_{k+r} \leqq \cdots$$

とすると，(B.11)の右辺の最小値は，

$$c_{k+r} = c_{k+r+1} = c_{k+r+2} = \cdots = 0$$

のとき，またそのときに限り達成されるのは明らかである．これより命題の結論が従う． ∎

§B.4　定理 B.1 の証明

結論を否定し，$\varphi(x)$ の節が領域 Ω を $k+1$ 個以上の部分領域 $\Omega_1, \Omega_2, \cdots, \Omega_k, \Omega_{k+1}, \cdots, \Omega_m$ に分割したとしよう．関数 $w_1(x), \cdots, w_k(x)$ を以下で定義する．

$$w_\nu(x) = \begin{cases} \varphi(x) & (x \in \Omega_\nu) \\ 0 & (x \in \overline{\Omega} \setminus \Omega_\nu) \end{cases} \quad (\nu = 1, 2, \cdots, k).$$

関数 $\varphi(x)$ は領域 Ω_ν の境界上で 0 になるから，$w_\nu(x)$ は連続関数であり，したがって $\overline{\Omega}$ 上で区分的に C^1 級である．よって w_ν は空間 X に属する．また部分積分により，

$$\mathcal{H}[w_\nu] = -\int_{\Omega_\nu} \varphi L\varphi\, dx = \lambda_k \int_{\Omega_\nu} m(x)\varphi^2\, dx = \lambda_k \int_\Omega m(x) w_\nu^2\, dx \tag{B.12}$$

が得られる．いま，関数 $w \in X$ を

$$w(x) = \alpha_1 w_1(x) + \cdots + \alpha_k w_k(x)$$

と定める．ここで定数 $\alpha_1, \cdots, \alpha_k$ は，$\alpha_1^2 + \cdots + \alpha_k^2 > 0$，かつ

$$\sum_{\nu=1}^{k} \alpha_\nu \int m(x) w_\nu \varphi_j\, dx = 0 \quad (j = 1, 2, \cdots, k-1)$$

が成り立つように選ぶ．未知数が k 個で，方程式が $k-1$ 個だから，これは必ず自明でない解をもつ．このとき，$w\in X_{k-1}$ であり，また，部分領域 $\Omega_1,\Omega_2,\cdots,\Omega_k$ が共通部分をもたないことから

$$\mathcal{H}[w]=\sum_{\nu=1}^{k}\mathcal{H}[\alpha_\nu w_\nu]=\sum_{\nu=1}^{k}\alpha_\nu^2\mathcal{H}[w_\nu],$$

$$\int_\Omega m(x)w^2dx=\sum_{\nu=1}^{k}\alpha_\nu^2\int_\Omega m(x)w_\nu^2dx.$$

これと(B.12)より

$$\frac{\mathcal{H}[w]}{\displaystyle\int_\Omega m(x)w^2\,dx}=\lambda_k$$

が成り立つ．よって命題B.2より，w は固有値 λ_k に属する固有関数であり，したがって楕円型の偏微分方程式

$$Lw=-\lambda_k w\quad(x\in\Omega)$$

をみたす．しかも，$w(x)$ の作り方から，この関数は部分領域 Ω_{k+1} 上でいたるところ0になる．すると2階の楕円型方程式に対する解の一意接続定理から，Ω 全体で $w\equiv 0$ となってしまい，$w\not\equiv 0$ であることに矛盾する．背理法により，定理が証明された．

注意 B.3　2階楕円型偏微分方程式に対する解の一意接続定理については，偏微分方程式論に関する多くの教科書に載っているので参照されたい(たとえば村田・倉田著『楕円型・放物型偏微分方程式』)．論法がやや技巧的で冗長になることをいとわなければ，証明の最後の部分で一意接続定理を用いずにすます方法もある．詳細はクーラン–ヒルベルト『数理物理学の方法』を参照されたい．

注意 B.4　定理B.1は，§6.1(b)の系6.7の結果を多次元に拡張したものである．その証明から明らかなように，この結果は，§6.1(c)で扱った周期境界条件下での固有値問題(すなわち円周上の固有値問題)や曲面などの一般の多様体上のSturm–Liouville型固有値問題に対してもそのまま成り立つ．

現代数学への展望

まえがきにも書いたように，Sturm–Liouville 作用素の固有値問題あるいは固有関数展開の問題は，1970 年代に入って，KdV 方程式などの完全可積分系と呼ばれるクラスの非線形方程式を解く有力な手段として旧来の理論が見直され，急速に新しい方向に進展した．本書でもその一部を Floquet 指数と呼ばれる量を導入することにより，少し新しい視点から解説した．完全可積分系の方程式との関連については，もはや議論しつくされた感があり，展望として述べるのは差し控えておく．興味ある読者は参考文献としてあげたシリーズ『現代数学への入門』「現代数学の流れ 1」(岩波書店，2004)を参照していただきたい．

Sturm–Liouville 作用素は，第 1 章で述べたように物理の問題と深く関係している．特に量子力学とは密接な関連があり，そのため，Sturm–Liouville 作用素にまつわる数学上の問題も量子力学に由来するものが多い．その中でも著者が特に面白いと考えている問題は，ポテンシャルが概周期的あるいはランダムな場合のスペクトルの性質である．この問題は不規則系の物理学より生じたもので，動機は結晶構造が微妙に乱れたり，不純物が混じった場合に物性がどのように変化するかということにある．この問題は 1 次元でもなお未解決の部分が多くあり，さまざまな数学者が挑戦している．容易に想像できるように，ポテンシャルの性質が周期系から離れてゆくと，スペクトルの構造にはギャップがいたるところに現れ，Cantor 集合的(現代的に呼べばフラクタル集合的)な様相を呈してくる．したがってその数学的解析は非常に複雑になる．この状況下では，Floquet 指数が中心的な役割を果たす．この辺の話については，参考文献としてあげた Pastur–Figotin を参照していただきたい．

固有値問題，あるいはもっと広くスペクトルの問題は，多次元でも定式化されるものである．たとえば第5章に述べた逆散乱問題は現在多次元に興味の中心が移っている．関連する話題については岩波講座『現代数学の展開』「散乱理論」を参考にしていただきたい．しかしながら多次元の場合には逆散乱問題は未だ基本的には解決されていない問題である．なお，付録Bでは，違った角度から，多次元の問題を扱っている．

固有値問題はRiemann幾何とも深い関係がある．このことは第1章ですこし触れたが，基本的にはラプラシアンのスペクトルについての情報からRiemann多様体の構造がどれだけ分かるかという問題である．これについては参考文献としてあげた『基本群とラプラシアン』,『Eigenvalues in Riemannian geometry』を参考にしていただきたい．

まえがきでも触れたが，第6章で述べた固有関数の零点の個数や配置についての普遍的な性質が，1980年代に入って，非線形拡散方程式が生成する無限次元力学系の構造安定性の証明に役立つことがわかり，その後，この性質を利用したさまざまな研究が急速に進展した．構造安定性に関わる研究については，次の2篇の論文を参照されたい．

D. B. Henry, Some infinite dimensional Morse-Smale systems defined by parabolic differential equations, *J. Differential Equations* **59**(1985), 165–205.

S. B. Angenent, The Morse-Smale property for a semilinear parabolic equation, *J. Differential Equations* **62**(1986), 427–442.

Sturm–Liouville作用素の固有値問題は，歴史的には弦の振動の研究に端を発するものであるが，今日では非常に大きな広がりをもったテーマに発展している．本書を通して，その広がりと奥行きの一端を実感していただけたかと思う．

参考書

以下に本書を執筆するにあたり参考にした書物，文献をあげる．また，将来，固有値問題を勉強する上で参考になるであろう文献もあげておく．

固有値問題の物理的側面がよく書かれている本は

1. R. クーラン・D. ヒルベルト，数理物理学の方法 第2巻，齋藤利弥監訳，銀林浩訳，東京図書，1973.

である．ここには付録Bの内容と第6章の内容の一部も含まれている．また固有値問題について，歴史的な価値と同時に現在でも辞書的な役割をもつ本に

2. E. C. Titchmarsh, *Eigenfunction expansion Part 1*, Oxford Univ. Press, 1962.

がある．Sturm–Liouville 作用素についてモーメント問題との関連から書かれた興味ある本に

3. N. I. Akhiezer, *The classical moment problem*, Oliver & Boyd, 1965.

がある．現代的な立場から Sturm–Liouville 作用素を詳述してあるものでは

4. V. A. Marchenko, *Sturm-Liouville operators and applications*, Birkhäuser, 1986.

が適当であろう．また KdV 方程式との関連について述べられた良書として

5. 田中俊一・伊達悦朗，KdV 方程式(紀伊國屋数学叢書 16)，紀伊國屋書店，1979.

があげられる．その後の進展についての簡明な記述が

6. 上野健爾・砂田利一・深谷賢治・神保道夫，現代数学の流れ1(シリーズ『現代数学への入門』)，2004.
7. 木村達雄・高橋陽一郎・村瀬元彦・木上淳・坂内英一，現代数学の広がり2，岩波書店，2005.

にある．

スペクトル問題から派生した(と思われる)関数解析の問題を集大成したものに

8. I. C. Gohberg and M. G. Krein, *Theory and application of Volterra operators in Hilbert space*, Transl. Math. Monographs 24, Amer. Math. Soc., 1970.

がある．第5章の Krein のスペクトル逆問題に関連した本として

9. L. de Branges, *Hilbert spaces of entire functions*, Prentice-Hall, 1968.

があるが読みやすいものではない.

概周期的なポテンシャルをもつSchrödinger作用素のスペクトルを論じたものに

10. L. A. Pastur and A. L. Figotin, *Spectra of random and almost-periodic operators*, Springer GMW 297, 1992.

がある. Riemann幾何学との関連では

11. 砂田利一, 基本群とラプラシアン(紀伊國屋数学叢書29), 紀伊國屋書店, 1988.

12. I. Chavel, *Eigenvalues in Riemannian geometry*, Academic Press, 1984.

をあげておく. 直交多項式, モーメント問題については

13. 上野健爾・青本和彦・砂田利一・深谷賢治, 現代数学の広がり1, 岩波書店, 2005.

14. 高橋陽一郎, 実関数とFourier解析, 岩波書店, 2006.

に簡明な解説がある. 本書の第2, 3章と比べていただきたい.

問解答

第2章

問1　$t\in\mathbb{R}$ のとき不等式 $|t+1|^p+|t-1|^p \leqq 2^{p-1}(1+|t|^p)$ より，$|f(x)+g(x)|^p+|f(x)-g(x)|^p \leqq 2^{p-1}(|f(x)|^p+|g(x)|^p)$ がただちに得られるが，両辺を μ で積分すれば目的の不等式が示せる．

問2　$\boldsymbol{H}$ が無限次元とすると可算個の正規直交系 $\{e_n\}_{n=1}^{\infty}$ がとれる．$e_n\in B$（＝単位球）であるから B がコンパクトとすると，ある部分列 $\{n_k\}_{k=1}^{\infty}$ が存在して $\{e_{n_k}\}$ はある $\boldsymbol{H}$ の元にノルムの距離で収束する．しかし $n\neq m$ なら $\|e_n-e_m\|=\sqrt{2}$ であるからこれは矛盾である．

問3　$\|f_n-f\|^2=(f_n,f_n)-(f_n,f)-(f,f_n)+(f,f)$ より自明．

問4　$\boldsymbol{H}$ の完備性より容易である．

問5　(1) $\lambda\in\rho(A)$ に対し $R_\lambda=(A-\lambda I)^{-1}$ とおく．$\lambda,\mu\in\rho(A)$ なら $R_\lambda-R_\mu=(\mu-\lambda)R_\lambda R_\mu$ が成立するので $\partial R_\lambda/\partial\lambda=R_\lambda^2$ である．したがって $\varphi'(\lambda)=(R_\lambda^2 f,g)$ となり φ は正則になる．正確には Neumann 級数による評価が必要である．

(2) $\rho(A)=\mathbb{C}$ とすると φ は $\mathbb{C}$ 上で正則になる．一方 Neumann 級数の議論により $\|R_\lambda\|\leqq(|\lambda|-\|A\|)^{-1}$ となるので φ は $\mathbb{C}$ 上有界で $|\lambda|\to\infty$ では 0 に収束する．したがって $\varphi(\lambda)$ は 0 に等しい．これが任意の $f,g\in\boldsymbol{H}$ に対して成立するので $(A-\lambda I)^{-1}=0$ となってしまうがこれは矛盾である．

問6　$r(A)=0$ とすると，任意の $\lambda\in\mathbb{C}\setminus\{0\}$ に対して $A-\lambda I$ は逆行列をもつ．したがって固有多項式 $\det(A-\lambda I)$ の零点は 0 のみである．Cayley–Hamilton の公式より A はベキ零行列になる．

問7　$r(R)<1$ より $I-R$ は有界な逆作用素 S をもつ．したがって $A=I-\widetilde{K}=I-R-K=(I-R)(I-SK)=(I-R)(I-K_1)$ となる．ここで $K_1=SK\in\boldsymbol{B}_c(\boldsymbol{H})$ である．よって $A(\boldsymbol{H}),A^*(\boldsymbol{H})$ は閉部分空間となる．また $\operatorname{Ker}A=\operatorname{Ker}(I-K_1)$ であるからこの空間の有限次元性も定理 2.32 に帰着される．$\dim\operatorname{Ker}A=\dim\operatorname{Ker}A^*$ も同様．

問8　略．

問9　$\mathcal{D}(A^*)=\{f\in C(\mathbb{R})\cap\boldsymbol{H};\, f$ は絶対連続で $f'\in\boldsymbol{H}\}$ となり，$f\in\mathcal{D}(A^*)$ に対し $A^*f=if'$ である．また $\mathcal{D}(A^{**})\subset\mathcal{D}(A^*)$ で $f\in\mathcal{D}(A^{**})$ なら $A^{**}f=A^*f$ も容

易に分かる．そこで $f,g\in\mathcal{D}(A^*)$ のとき $\varphi=f\overline{g}\in\boldsymbol{H}$ で $\varphi'=f'\overline{g}+f\overline{g'}\in\boldsymbol{H}$ となることに注意すれば

$$\varphi(x)=\int_{-\infty}^{x}\varphi'(y)\,dy$$

とならざるを得ないが，$\varphi\in\boldsymbol{H}$ より $\varphi(+\infty)=0$ を得る．したがって

$$\int_{\mathbb{R}}f'(x)\overline{g(x)}\,dx=-\int_{\mathbb{R}}f(x)\overline{g'(x)}\,dx$$

が分かる．これは $A^{**}=A^*$ を意味している．

問 10　(i) $f\in\mathcal{D}(A^*)$ で $A^*f=if$ とすると超関数として $f'=f$ であるから $f=$ 定数$\times e^x$ となる．$f\in\boldsymbol{H}$ であるから $f=0$ とならざるを得ない．$A^*f=-if$ も同様である．したがって $n_\pm=0$．(ii) $n_+=0$, $n_-=1$．(iii) $n_+=n_-=1$．

第4章

問 1　等式(4.13)で両辺の虚部をとり両辺を $\mathrm{Im}\,\widehat{h}_\pm(\lambda,\theta_x q)$ で割ればよい．

演習問題解答

第2章

2.1　$\{f_n\}_{n=1}^{\infty} \subset \boldsymbol{H}$ が弱収束するとする．f_n に対して $\boldsymbol{H}$ 上の連続な半ノルム p_n を $p_n(\varphi) = |(f_n, \varphi)|$ で定義すると，p_n は $\varphi \in \boldsymbol{H}$ を固定すれば n について有界である．したがって Banach–Steinhaus の定理により，ある $M < \infty$ があり $|(f_n, \varphi)| \leqq M\|\varphi\|$ となる．つまり $\|f_n\| \leqq M$ となり $\{f_n\}$ は有界になる．

そこで F が非有界とすると，任意の $n \geqq 1$ に対してある $f_n \in F$ があり $\|f_n\| \geqq n$ となるが，もし $\{f_n\}$ から弱収束する部分列がとり出せれば，その部分列は有界となり矛盾である．

2.2　Δ を $\boldsymbol{H}$ の単位球とする．$F = \{Af;\ f \in \Delta\}$ とおく．$g_n = Af_n\ (f_n \in \Delta)$ とすると，Δ は有界なので定理 2.18 より $\{f_n\}$ から弱収束する部分列 $\{f_{n_k}\}$ をとり出せる．このとき仮定より $\{g_{n_k}\}$ も弱収束する．したがって問題 2.1 より F は有界になり A は有界作用素になる．

2.3　$A\colon L^2(\mathbb{R}) \to L^2(\mathbb{R})$ を $Af = \rho f$ で定義する．$\{f_n\}$ が f に $L^2(\mathbb{R})$ で弱収束すると，$g \in L^2(\mathbb{R})$ に対して $\rho\overline{g} \in L^2(\mathbb{R})$ だから

$$
\begin{aligned}
(Af_n, g) &= \int_{\mathbb{R}} \rho(\xi) f_n(\xi)\, \overline{g(\xi)}\, d\xi = \int_{\mathbb{R}} f_n(\xi) \rho(\xi)\, \overline{g(\xi)}\, d\xi \\
&\to \int_{\mathbb{R}} f(\xi) \rho(\xi)\, \overline{g(\xi)}\, d\xi = (Af, g)
\end{aligned}
$$

となり A は弱収束列を弱収束列にうつす．問題 2.2 により A は有界作用素になる．このことと $L^1(\mathbb{R})$ 上の有界線形汎関数は $L^\infty(\mathbb{R})$ になることより ρ の有界性がでる．

2.4　(1) Schwarz の不等式より

$$
|Kf(x)|^2 \leqq \int_{\mathbb{R}} |k(x-y)|\, dy \int_{\mathbb{R}} |k(x-y)|\, |f(y)|^2 dy,
$$

$$
\int_{\mathbb{R}} |Kf(x)|^2 dx \leqq \|k\|_1^2 \|f\|_2^2
$$

となり K は $L^2(\mathbb{R})$ で有界作用素になり $\|K\| \leqq \|k\|_1$ となる．

(2) $\lambda \in \mathbb{C}$, $f, g \in L^2(\mathbb{R})$ に対して方程式

$$
g(x) = \lambda f(x) - Kf(x) = \lambda f(x) - k * f(x)
$$

を考え両辺を Fourier 変換すると

$$\widehat{g}(\xi)=\lambda\widehat{f}(\xi)-\widehat{k}(\xi)\widehat{f}(\xi)=(\lambda-\widehat{k}(\xi))\widehat{f}(\xi)$$

となる．$S=\{\widehat{k}(\xi);\ \xi\in\mathbb{R}\}\cup\{0\}$ とおくと，$\widehat{k}(\xi)$ が連続で $|\xi|\to\infty$ のとき $\widehat{k}(\xi)\to 0$ となることより S は $\mathbb{C}$ 内で閉集合になる．そこで $\lambda\in\mathbb{C}\backslash S$ とすると，ある $c>0$ があり $|\lambda-\widehat{k}(\xi)|\geqq c\ (\xi\in\mathbb{R})$ となる．したがって $|\lambda-\widehat{k}(\xi)|^{-1}\leqq c^{-1}$ となり $\|f\|_2=\|\widehat{f}\|_2\leqq c^{-1}\|g\|_2$ が分かる．つまり $\lambda I-K$ は有界な逆作用素をもつ．逆に $\lambda\in\rho(K)$ とすると，ある $b<\infty$ があり任意の $\widehat{f}\in L^2(\mathbb{R})$ に対し

$$\int_{\mathbb{R}}|\widehat{f}(\xi)|^2d\xi\leqq b\int_{\mathbb{R}}|\lambda-\widehat{k}(\xi)|^2|\widehat{f}(\xi)|^2d\xi$$

となる．$\gamma(\xi)=b|\lambda-\widehat{k}(\xi)|^2$ とおき $N_n=\{\xi\in\mathbb{R};\ \gamma(\xi)=0,\ |\xi|\leqq n\}$ とする．$\widehat{f}(\xi)=1_{N_n}(\xi)$ とおくと上の不等式より $\mu(N_n)=0$ とする（μ は $\mathbb{R}$ 上の Lebesgue 測度）．したがって $\gamma(\xi)\neq 0$ a.e. ξ となる．$\rho(\xi)=\sqrt{b}^{-1}|\lambda-\widehat{k}(\xi)|^{-1}$ とおくと容易に ρ は問題 2.3 の条件をみたすことが分かるので，ある $M<\infty$ があり $|\lambda-\widehat{k}(\xi)|^{-1}\leqq M$ つまり $|\lambda-\widehat{k}(\xi)|\geqq M^{-1}$ となることが分かる．よって $\xi\in\mathbb{C}\backslash S$ となり $S=\sigma(K)$ が分かる．

2.5　まず次の **Wirtinger** の不等式に注意する．

$$\int_a^b|f'(x)|^2dx\geqq\pi^2(b-a)^{-2}\int_a^b|f(x)|^2dx,\quad f(a)=f(b)=0.$$

D は凸領域であるから $D=\{(x,y)\in\mathbb{R}^2;\ a(y)\leqq x\leqq b(y),\ \alpha\leqq y\leqq\beta\}$ としてよい．したがって $M=\max\{b(y)-a(y);\ \alpha\leqq y\leqq\beta\}$ とおくと

$$\begin{aligned}\int_{a(y)}^{b(y)}|f_x(x,y)|^2dx&\geqq\pi^2(b(y)-a(y))^{-2}\int_{a(y)}^{b(y)}|f(x,y)|^2dx\\&\geqq\pi^2M^{-2}\int_{a(y)}^{b(y)}|f(x,y)|^2dx\end{aligned}$$

となる．両辺を $y\in[\alpha,\beta]$ について積分すると

$$\int_D|f_x(x,y)|^2dx\geqq\pi^2M^{-2}\int_D|f(x,y)|^2dx.$$

f_y についても同様の不等式を得るので問題の不等式が成立する．

第3章

3.1　A の単位の分解を $\{E(\varDelta)\}$ とすると一般に

$\sigma(A)=\{\xi\in\mathbb{R};$ 任意の $\varepsilon>0$ に対して $E((\xi-\varepsilon,\xi+\varepsilon))\neq 0\}$

が成立するが ξ が $\sigma(A)$ で孤立していれば $E(\{\xi\})\neq 0$ となる．したがって $f\in \boldsymbol{H}$ で $u=E(\{\xi\})f\neq 0$ となるものをとれば $u\in \mathcal{D}(A)$ で $Au=\xi u$ となり $\xi\in\sigma_{\mathrm{p}}(A)$ が分かる．

3.2 $\lambda\in\rho(A)$ に対して $K(\lambda)=(A-\lambda I)^{-1}K$ とおくと

$$B-\lambda I = A-\lambda I-K = (A-\lambda I)(I-K(\lambda))$$

となるが，$K(\lambda)$ もコンパクト作用素であるから Riesz–Schauder の定理により $\lambda\in\sigma(B)$ と $\mathrm{Ker}(I-K(\lambda))\neq 0$ とは同値であり，$\lambda\in\sigma(B)$ のとき λ は B の有限重の固有値になる．そこで $\lambda_0\in\mathbb{C}\backslash\sigma_{\mathrm{ess}}(A)$ とする．そして $\lambda_0\in\sigma_{\mathrm{ess}}(B)$ と仮定すると λ_0 は B の孤立した無限重の固有値か $\sigma(B)$ の無限列 $\{\lambda_n\}$ で λ_0 に収束するものが存在する．$\lambda_0\in\sigma(A)$ としても λ_0 は $\sigma(A)$ の中で孤立しているので $\lambda_n\in\rho(A)$ としてよい．したがって上の考察より，いずれにしても $\{f_n\}\subset\boldsymbol{H}$ で $Bf_n=\lambda_n f_n$, $\|f_n\|=1$ となるものが存在する．B は自己共役であるから $(f_n, f_m)=\delta_{n,m}$ となる．$\{f_n\}$ は 0 に弱収束する(Bessel の不等式)ので K のコンパクト性より Kf_n は 0 に強収束する．したがって

$$0=(B-\lambda_n I)f_n=(A-\lambda_0 I)f_n+(\lambda_0-\lambda_n)f_n-Kf_n$$

より $\{(A-\lambda_0 I)f_n\}$ は 0 に強収束することになる．一方 $\mathrm{Ker}(A-\lambda_0 I)$ への射影を P とすると $\lambda_0\in\mathbb{C}\backslash\sigma_{\mathrm{ess}}(A)$ よりある $c>0$ が存在して

$$\|(A-\lambda_0 I)(I-P)f\|\geqq c\|(I-P)f\|$$

となる．よって $\{(I-P)f_n\}$ は 0 に強収束する．また $\{Pf_n\}\subset\mathrm{Ker}(A-\lambda_0 I)$ であるが $\mathrm{Ker}(A-\lambda_0 I)$ は仮定より高々有限次元であるから $\{Pf_n\}$ から強収束する部分列をとり出すことが可能である．したがって $\{f_n\}$ のある部分列が 0 に強収束することになるがこれは $\|f_n-f_m\|=\sqrt{2}\ (n\neq m)$ に矛盾する．以上より $\sigma_{\mathrm{ess}}(B)\subset\sigma_{\mathrm{ess}}(A)$ が示せたが，同様に $\sigma_{\mathrm{ess}}(A)\subset\sigma_{\mathrm{ess}}(B)$ も示せるので $\sigma_{\mathrm{ess}}(A)=\sigma_{\mathrm{ess}}(B)$ が分かる．

3.3 A の 0 での境界条件は Neumann 条件 $u'(0)=0$ とする．他の境界条件でも同様である．$a>0$ に対して $q_a(x)=q(x\vee a)$ $(x\vee y=\max\{x,y\})$ とし，$A_a=-d^2/dx^2+q_a$ とおく．$\lambda<\inf_{x\geqq 0}q(x)$ を固定すると $\sigma(A), \sigma(A_a)\subset(\inf q,\infty)$ であるから

$$K=(A-\lambda I)^{-1}-(A_a-\lambda I)^{-1}=(A-\lambda I)^{-1}(q_a-q)(A_a-\lambda I)^{-1}$$

となるが，K は連続核

$$K(x,y)=\int_0^a R_\lambda(x,z)(q(a)-q(z))G_\lambda(z,y)\,dz$$

をもつ．ここで $R_\lambda(x,y), G_\lambda(x,y)$ はそれぞれ A, A_a の Green 関数である．ところが一般に Green 関数は一方の変数を固定すれば他方の変数について $L^2([0,\infty))$ に属するので核 K は 2 変数の関数として 2 乗可積分になる．したがって K は Hilbert–Schmidt 作用素となるのでコンパクト作用素になる．$m(a)=\min\{q_a(x); x\geqq 0\}$ とおくと，$\sigma(A_a)\subset[m(a),\infty)$ であるから問題 3.2 の結果より

$$\sigma_{\mathrm{ess}}((A-\lambda_0 I)^{-1})=\sigma_{\mathrm{ess}}((A_a-\lambda_0 I)^{-1})\subset[0,(m(a)-\lambda_0)^{-1}]$$

となる．したがって $\sigma_{\mathrm{ess}}(A)\subset[m(a),\infty)$ が分かるが q に対する条件より $m(a)\to\infty$ $(a\to\infty)$ であるから $\sigma_{\mathrm{ess}}(A)=\varnothing$ となる．

3.4　$u\in l^2(\mathbb{Z})$ のとき $\widehat{u}(\theta)=\sum e^{in\theta}u(n)$ とおくと，$\widehat{Lu}(\theta)=\cos\theta\,\widehat{u}(\theta)$ となるので作用素 L は $L^2([0,2\pi),d\theta)$ 上の掛け算作用素 $\cos\theta$ と Fourier 級数を通じてユニタリー同値になる．したがって $\sigma(L)=[-1,1]$ となる．

3.5　例題 3.29 の Carleman の判定法を使ってもよいが，ベキ級数

$$\varphi(z)=\sum_{n=0}^{\infty}\frac{a_n}{n!}z^n$$

を導入すると，$\{a_n\}$ の条件より φ は $|z|<c^{-1}$ で収束し正則関数を定義する．σ を $\{a_n\}$ をモーメントとする測度とすると

$$\varphi(z)=\int_{\mathbb{R}}e^{\xi z}\sigma(d\xi),\quad |z|<c^{-1}$$

であるが，この表現より φ はシリンダー $\{|\mathrm{Re}\,z|<c^{-1}\}$ で正則になるので，一致の定理より σ の Fourier 変換 $\varphi(ix)$ は $\{a_n\}$ により一意的に決まり，結局 σ は $\{a_n\}$ より決まる．

3.6　$\{a_n\}$ の表現測度を σ とする．$\{a_n\}$ が狭義正定値でないとすると，ある $\{c_n\}_{n=0}^{N}\subset\mathbb{C}$ で

$$\sum a_{n+m}c_n\overline{c_m}=0,\quad c_N\neq 0$$

となるものがある．この $\{c_n\}$ に対して $p(z)=\sum c_n z^n$ とおくと

$$\int_{\mathbb{R}}|p(\xi)|^2\sigma(d\xi)=\sum a_{n+m}c_n\overline{c_m}=0$$

となるので多項式 p は σ に関して a.e. に 0 になる．このことより σ は p の実の零点のみに集中した測度になる．σ の重みも $\{a_n\}$ より定まる．

3.7　実軸上非負になる多項式 $p(\lambda)$ はある多項式 $q(\lambda)$ により $p(\lambda)=q(\lambda)\overline{q(\overline{\lambda})}$ と表わせることを使う．

第4章

4.1　$\lambda, \mu \in \mathbb{C}_+$ とし λ と μ を線分 $\{t\mu+(1-t)\lambda\}$ で結ぶ.

$$w(\mu)-w(\lambda) = (\mu-\lambda)\int_0^1 w'(t\mu+(1-t)\lambda)\,dt$$

となるが, $\mathrm{Re}\,w'<0$ より $\mathrm{Re}(w(\mu)-w(\lambda))/(\mu-\lambda)<0$ が分かり, $\lambda\neq\mu$ なら $w(\mu) \neq w(\lambda)$ となる.

4.2　等式

$$\widehat{g}_\lambda^{\pm}(x+nl, q) = e^{\pm nlw(\lambda)}\widehat{g}_\lambda^{\pm}(x, q)$$

に注意すれば $y+(k-1)l \leqq x < y+kl$ $(k \geqq 1)$ のとき

$$R_\lambda^\rho(x,y) = \{\rho^{k-1}e^{-(k-1)lw(\lambda)}/(1-\rho^{-1}e^{lw(\lambda)})+\rho^k e^{klw(\lambda)}/(1-\rho e^{lw(\lambda)})\}R_\lambda(x,y)$$

となることが分かる.

4.3　$\theta(\lambda) = -iw(\lambda^2+\mu_0)$ とおく. $w(\lambda+\mu_0)$ は $\mathbb{C}_+$ から $\mathbb{C}_-$ へ $\mathbb{R}_-$ を通して解析接続でき $\overline{w(\overline{\lambda}+\mu_0)} = w(\lambda+\mu_0)$ となるので, w, $-iw$ が Herglotz 関数であることに注意すれば θ も Herglotz 関数になる. $\overline{\theta(-\overline{\lambda})} = -\theta(\lambda)$ で, $\mathrm{Im}\,\theta(\xi+i0) = \gamma(\xi^2+\mu_0)$ であるから

$$\begin{aligned}\theta(\lambda) &= \beta\lambda+\frac{1}{\pi}\int_{\mathbb{R}}\left\{\frac{1}{\xi-\lambda}-\frac{\xi}{1+\xi^2}\right\}\gamma(\xi^2+\mu_0)\,d\xi \\ &= \beta\lambda+\frac{\lambda}{\pi}\int_0^\infty \frac{\gamma(\xi+\mu_0)}{\sqrt{\xi}\,(\xi-\lambda^2)}d\xi \quad (\beta \geqq 0)\end{aligned}$$

となる. ところが, (4.32)より $|\lambda|\to\infty$ のとき

$$w(\lambda) = -\sqrt{-\lambda}\left(1-\frac{\overline{q}}{2\lambda}+o(-\lambda)^{-3/2}\right)$$

である. したがって $\beta=1$ でかつ

$$\overline{q}-\mu_0 = \frac{2}{\pi}\int_0^\infty \frac{\gamma(\xi+\mu_0)}{\sqrt{\xi}}d\xi \geqq 0$$

となる. これより $\overline{q} \geqq \mu_0$ がでる. また $\overline{q}=\mu_0$ なら $\gamma(\xi)=0$ a.e.$[\mu_0, \infty)$ となり, 跡公式(4.28)より $(N=0)$ $q(x)=\mu_0$ が分かる.

4.4　離散的な場合には $R_\lambda(x,x)$ を表現する測度はすべてのモーメントをもつので, dn もすべてのモーメントをもつ. 等式(4.15)より

$$w(\lambda)-\int_{\mathbb{R}}\log(\xi-\lambda)^{-1}n(d\xi) = 定数 \quad (\lambda\in\mathbb{C}_+)$$

となるが, 左辺の $\lambda\to\infty$ での漸近展開を求めれば 定数$=0$ が分かる. したがっ

て両辺の実部をとれば目的の等式を得る.

第5章

5.1　一般論よりも示せるが直接計算でも示せる.

5.2　$\lambda\in\mathbb{C}$ を固定して，$\varphi(x,t)=\varphi_\lambda(x,t)$, $\psi(x,t)=\psi_\lambda(x,t)$ とする．補題5.21より

$$(L_u-\lambda)\left(\frac{\partial\varphi}{\partial t}-A_u\varphi\right)=0,\quad (L_u-\lambda)\left(\frac{\partial\psi}{\partial t}-A_u\psi\right)=0$$

となるので $a=a(t)$, $b=b(t)$, $c=c(t)$, $d=d(t)$ があり

$$\frac{\partial\varphi}{\partial t}=A_u\varphi+a\varphi+b\psi,\quad \frac{\partial\psi}{\partial t}=A_u\psi+c\varphi+d\psi$$

となる．そこで $U=U(l,\lambda,t)$ のみたす関係式

$$(\varphi(x+l,t),\psi(x+l,t))=(\varphi(x,l),\psi(x,l))U$$

の両辺を t で微分して整理すると結局

$$\frac{\partial U}{\partial t}=[U,\Lambda],\quad \Lambda=\begin{bmatrix} a & c \\ b & d\end{bmatrix}$$

が分かる．したがって

$$\frac{\partial}{\partial t}\Delta(\lambda,t)=\frac{\partial}{\partial t}\operatorname{tr}U(l,\lambda,t)=\operatorname{tr}[U,\Lambda]=0$$

となり結論を得る.

5.3　dM が離散的な測度のときの $h(\lambda)$ の連分数による表現式(5.56)を見れば自明である.

5.4　0でDirichlet条件 a でDirichlet条件をつけたときの固有値は $\psi_\lambda(a)$ の零点 $\{\mu_n\}$ としてきまり，0でNeumann条件 a でDirichlet条件をつけたときの固有値は $\varphi_\lambda(a)$ の零点 $\{\lambda_n\}$ としてきまる．一方(5.9)より $\varphi_\lambda(a)$ $(\psi_\lambda(a))$ は λ について位数1/2の整関数になるので φ_λ (ψ_λ) は無限積表示

$$\varphi_\lambda(a)=A\prod_{n=1}^{\infty}\left(1-\frac{\lambda}{\lambda_n}\right),\quad \psi_\lambda(a)=B\prod_{n=1}^{\infty}\left(1-\frac{\lambda}{\mu_n}\right)$$

をもつ．ただし $A=\varphi_0(a)$, $B=\psi_0(a)$ である．$h(\lambda)=\psi_\lambda(a)/\varphi_\lambda(a)$ とおくと定理5.6より h から q が一意的に決まる．したがって $\{\lambda_n\},\{\mu_n\}$ より B/A が決まればよい．ところが $h(\lambda)=R_\lambda(0,0)$ の漸近的性質(4.25)より

$$2\sqrt{-\lambda}\,h(\lambda) \to 1 \quad (\lambda \to -\infty)$$

である．よって

$$\frac{B}{A} = \lim_{\lambda \to -\infty} \frac{1}{2\sqrt{-\lambda}} \prod_{n=1}^{\infty} \frac{1-\lambda/\lambda_n}{1-\lambda/\mu_n}$$

となる．$\varphi_0(a)=0$ または $\psi_0(a)=0$ のときは別に考える必要があるが同様の議論で示すことができる．

第6章

6.1 固有値 λ に属する固有関数 $\varphi(x)$ の Fourier 級数展開を

$$\varphi(x) = \frac{a_0}{2} + \sum_{k=1}^{\infty} a_k \cos kx + \sum_{k=1}^{\infty} b_k \sin kx$$

とすると，

$$\begin{aligned}(k^2-\lambda)a_k &= kb_k \\ (k^2-\lambda)b_k &= -ka_k\end{aligned} \qquad (k=1,2,3,\cdots).$$

これより，ある特定の k に対して $-(k/(k^2-\lambda))^2=1$ となることが示される．

6.2 補題 6.4 の証明と同様にして

$$\psi\widetilde{L}\varphi - \varphi\widetilde{L}\psi = (\mu-\lambda)m(x)\varphi\psi$$

の両辺を区間 $0 \leqq x \leqq l$ で積分し，境界条件を用いると，

$$(\mu-\lambda)\int_0^l m(x)\varphi\psi\,dx = [p(\psi\varphi'-\varphi\psi')]_0^l = 0\,.$$

ここで $\mu-\lambda \neq 0$ だから結論がしたがう．

6.3 (1) $u(x,t) = \sum_{k=1}^{\infty} c_n e^{(4-k^2)t} \sin kx$．ここで

$$c_k = \frac{2}{\pi}\int_0^{\pi} u_0(x)\sin kx\,dx\,.$$

(2) $t \to \infty$ のとき $u(x,t) \to 0$ となるためには，$c_1=c_2=0$ でなければならない．これに定理 6.16 を適用する．

6.4 Gauss–Green の定理により，

$$\int_{\Omega}(\psi L\varphi - \varphi L\psi)dx = \int_{\partial\Omega}\sum_{i,j=1}^{n} p_{ij}(\psi\varphi_{x_j} - \varphi\psi_{x_j})\nu_i dS_x\,.$$

ここで $\boldsymbol{\nu}=(\nu_1,\cdots,\nu_n)$ は Ω の境界 $\partial\Omega$ の各点での外向き単位法線ベクトルを表す．

φ, ψ がみたす境界条件から上式の 右辺$=0$. あとは問題 6.2 の解答と同様に議論すればよい.

欧文索引

和文索引

ア 行

カ 行

サ 行

タ 行

ナ 行

ハ 行

マ 行

ヤ 行

ラ 行

■岩波オンデマンドブックス■

微分方程式と固有関数展開

2006年6月9日　第1刷発行
2017年2月10日　オンデマンド版発行

著　者　小谷眞一（こたにしんいち）　俣野　博（またの　ひろし）

発行者　岡本　厚

発行所　株式会社　岩波書店
〒101-8002　東京都千代田区一ツ橋2-5-5
電話案内　03-5210-4000
http://www.iwanami.co.jp/

印刷／製本・法令印刷

ISBN 978-4-00-730577-1　　Printed in Japan